城市地下管线安全管理丛书

供水漏损管理专业知识与实务

单长练 代 毅 陈增兵 等 编著
中国测绘学会地下管线专业委员会 组织编写

中国建筑工业出版社

图书在版编目（CIP）数据

供水漏损管理专业知识与实务 / 单长练等编著；中
国测绘学会地下管线专业委员会组织编写. —北京：中
国建筑工业出版社，2023.7
（城市地下管线安全管理丛书）
ISBN 978-7-112-28739-0

Ⅰ. ①供… Ⅱ. ①单… ②中… Ⅲ. ①给水管道－水
管防漏 Ⅳ. ①TU991.61

中国国家版本馆 CIP 数据核字（2023）第 088917 号

本书以一种通俗易懂的语言，为供水企业致力于漏控工作员工提供漏控经验交流、方法和建议。本书收录全国各地部分中小供水企业的成功经典漏控案例和降低漏损的实用经验，同时提供了发达国家和我国经常面临的一些漏控常见问题的分析，通过实际案例研究，帮助供水企业管理者和漏控团队弄清楚他们所面临的问题，提供解决建议并可模仿案例来解决问题。

本书可作为中小供水企业漏水控制全过程管理技术方面教材和在实践工作中具有可操作性、可模仿性的指导用书。

责任编辑：高　悦　范业庶
责任校对：张　颖

城市地下管线安全管理丛书
供水漏损管理专业知识与实务
单长练　代　毅　陈增兵　等　编著
中国测绘学会地下管线专业委员会　组织编写

*

中国建筑工业出版社出版、发行（北京海淀三里河路 9 号）
各地新华书店、建筑书店经销
北京红光制版公司制版
北京圣夫亚美印刷有限公司印刷

*

开本：787 毫米×1092 毫米　1/16　印张：15¼　字数：376 千字
2024 年 3 月第一版　　2024 年 3 月第一次印刷
定价：55.00 元
ISBN 978-7-112-28739-0
（40813）

前　　言

供水企业漏损（漏失）已成为供水企业面临的严重问题，尤其是中小供水企业由于缺乏资金、缺乏技术、缺乏人才，加之供水基础设施的建设、维护相对薄弱，漏损问题更为严重，并且有些情况还在恶化，在某些地区因为管网大量漏水而供不上水，不得不采用定时供水，这种间歇供水变成了一件很平常的事。为了应对这些问题，本书由从事水务工作多年的县镇水司总经理和水务领域的研究者共同撰写，参考了国内外有关供水漏损过程控制的理论书籍和实际操作成功的案例经验。

本书以一种通俗易懂的语言，为供水企业致力于漏控工作的员工提供漏控经验交流、方法和建议。

书中所收集的案例都是来自供水一线的真实案例，有中小水司成功地快速降差实例；也有花了大量投资对管网 DMA 分区、采购先进探漏设备，产销差率仍然居高不下的失败原因分析。通过实际案例研究，帮助供水企业管理者和漏控团队弄清他们所面临的问题，并提供解决建议。根据供水企业面临漏控工作的共性问题和供水企业自身独有的问题，找到针对性的解决方法。

本书是由多名从事水务工作 20 年以上的中小水司现任总经理以及水务行业技术人员和基层听漏、营抄、维修等一线员工共同编撰及提供资料，是实践经验和技术积累的汇集，实操案例都来自供水一线，已经实践验证并取得良好效果，操作性强，极易模仿。本书收集了来自全国各地水司的"耳朵出道、听漏宗师"之称的听漏高手给出的大量听漏案例，笔者已分类整理到各个章节中，并在漏控管理的过程中有些基本观点和看法，首次在漏控理论界提出了供水漏控观与方法论的学术讨论。

在本书编写过程中，编撰人员深入走访多家中小供水企业，以座谈、问卷和现场查验方法收集素材，征求写作意见，来丰富书中内容。书中所有数据由编写水司分别建立场景记录或来自水司历史真实发生的数据，来源真实、可靠。

本书顾问由中国测绘学会地下管线专业委员会现任常务副秘书长刘会忠、中国城镇供水排水协会（中国水协）县镇委原副主任霍奎、上海市自来水公司原党委书记兼董事长、上海市水文协会现任副会长兼秘书长朱正国担任。

本书由原平顶山自来水公司原副总经理、调研员，中国水协县镇委原副主任，河南水协原县镇委主任，中国测绘学会管线专业委员会现任专家组成员单长练，深圳博铭维技术股份有限公司董事长、中国测绘学会地下管线专业委员会专家组成员代毅，深圳博铭维技术股份有限公司陈增兵主编，由上海东华大学环境学院教授、博士生导师、中国测绘学会地下管线专业委员会专家组成员舒诗湖主审。

参加编写人员和编写内容分工如下：

本书第一章引论，由单长练、代毅、陈增兵编写。本章节主要是对全书的中心思想、写作思路、背景和创作方向的简单概括叙述，以帮助读者理解供水漏控管理实用技术一书、漏控学科基础知识和管理技巧，力求写得全面而浅显，使读者对供水漏控有整体和系统的把握，为后续阅读打基础。

第二章主要介绍给水和制水生产过程中漏控管理。由广东中山市小榄水务有限公司现任总经理李志荣、安徽歙县自来水公司现任总经理汪均编写。本章内容包括净水工艺漏控攻略，构筑物池体泄漏修补，净水工艺间反冲洗水的回收，避免清水池溢流，送水泵站压力调控和防止 pH 值对管网电解腐蚀等。

第三章主要介绍输配管网资产与泄漏管理。由山西平遥县城乡供水总公司现任总经理孙贵新、山西太谷县自来水公司现任总经理牛志勇编写。本章主要内容包括管网漏损攻略，压力管理（稳定地运行、对管网压力地精确把控），主动漏控（原因分析、对症下药），资产管理（选择好的管材与施工技术、确定管网改造的优先级）和高效维修（快速维修、保证质量）。

第四章主要介绍管网听漏与检漏设备。由辽宁省东港市自来水公司现任总经理孙巍峰、河南禹州市市供水有限公司现任总经理王敏霞编写。本章介绍了声音的三个特性：音调、响度、音色。根据音调、响度、音色原理怎么区分管网漏水声。在查找漏水点方面以现代先进的供水管网查漏技术为主线，诸如供水管网机器人在管网漏水检测中的应用。

第五章主要介绍表计与商业漏损管理。由山东昌乐实康水业有限公司现任总经理丰立胜、河南清丰中州水务有限公司现任总经理雷继普编写。本章内容包括表观漏损攻略，增加计费计量用水量，水表管理（水表选型口径恰当、水表安装正确、维持水表良好运行），抄表管理（人工抄表准确、远传表抄表准确和数据传输正常），数据管理（数据质量探查、分析过滤错误），打击非法用水（监督与稽查、流程管理），规范用水秩序，客观准确统计免费用水量，逐步按计划降低计量损失等。

第六章主要介绍 DMA、PMA、MMA 分区与水量平衡表。由中国水协原县镇委主任、中国水务集团有限公司现任副总经理李兴平，深圳华龙污水处理厂单岳永编写。本章内容包括 DMA 分区流量计的选择，表具之间关联性裙带关系，DMA 分区中的三个测试条件，PMA 压力分区管理方法、水量平衡表的操作指南等。

第七章主要介绍中小供水企业漏控综合案例。由河南清泉凯瑞水务股份有限公司现任总经理陈如意、中国测绘学会地下管线专业委员会现任副主任许晋编写。所有案例均来自中小水司成功典范，包括项目背景与存在的问题、主要做法与经验、实施后取得的效果、借鉴与评价。

本书在编写过程中参阅了大量的国内外有关漏水控制书籍、专业文刊，同时也摘录了国际水协有关供水漏控的术语、算例和实例，还有些资料和案例源自网络，借此机会向这些文献的作者们表示谢意。

本书在编写过程中得到了中国测绘学会地下管线专业委员会部分专家的指导，以及深圳市博铭维技术股份有限公司的大力支持，特此鸣谢！本书在编写过程中，还得到了各地自来水公司的技术人员的大力帮助，提供了大量图片及漏控案例。参加资料整理的成员有盛华生（山东昌乐实康水业有限公司）、马晓晨（辽宁东港市自来水公司）、贾红军（沈阳市自来水公司）、林伟桦（广东中山市小榄水务有限公司）、贺利贞（河南清丰中州水务有限公司）、雷凌平（山西平遥县城乡供水总公司）、陈新芳（河南禹州市供水有限公司）、李晓鹏（河南清泉凯瑞水务股份有限公司）。书中插图制作单长练、黄缈。

希望本书对提高我国中小供水企业漏控管理水平起到推进作用，由于作者的水平有限，书中不足之处在所难免，欢迎广大读者批评指正。

本书在拟稿、审定、出版过程中由中国测绘学会地下管线专业委员会组织，由深圳市博铭维技术股份有限公司协助实施，再次向编写组织单位和全体工作人员致以诚挚的感谢！

目　　录

1 引　论

供水企业的漏控管理是一项从原水提升到最终用户水龙头全过程的管理，是一项复杂的系统工程，整个全过程管理体现两个方面：

一是供水企业领导要亲自挂帅、全员参与的一项工作，由领导统筹安排相关工作。

二是从原水的提升泵站到净化处理厂的输水管线的泄漏、净化站工艺间的耗水量、净化过程池体的渗漏、溢流、送水泵站压力控制和流量计的计量误差评估、供水管网的明漏暗漏的修复、新建管网的选材和施工质量管理、管网中的水锤防护、排气阀的安装位置、用户终端贸易水表的口径选择、安装环境、在役水表的流量模式、水表的使用年限和更新、水表的校验检定、抄表员的误抄漏抄、处理误差、大客户用水量的对比分析、居民住宅小表的马桶渗漏等，都会影响供水企业的无收益水量。

1.1　我国供水漏损管理的各项政策

供水管网漏损是世界各国普遍面临的难题。漏损不仅造成水资源浪费，也易引发地面沉陷等次生灾害，严重威胁供水安全与公共安全。开展漏损控制是提高用水效率，保障供水安全的重要举措。在政策层面上，2015年《国务院关于印发水污染防治行动计划的通知》（国发〔2015〕17号），业内称之为"水十条"，对节水提高用水效率的定位、方法、路径和实施效果做出明确部署，要求"到2020年全国公共供水管网漏损率控制在10%以内"。《国民经济和社会发展第十三个五年规划纲要》明确，要选择100个城市开展计量管理试点。指导地方以管网分区计量管理为抓手，用系统思路加强城镇供水管网漏损管控，提高管网精细化、信息化的管理水平，提升供水安全的保障能力。但到2020年，根据住房和城乡建设部统计数据，2020年中国城市公共供水管网漏损率为13.39%，尚未完成任务。

2021年12月8日至10日，中央经济工作会议对城市老旧管网改造作了重要批示，要求"十四五"期间，必须把管道改造和建设作为一项重要的基础设施工程来抓。

近几年，住房和城乡建设部先后发布了《城镇供水管网漏损控制及评定标准》CJJ 92—2016（以下简称《标准》）、《城镇供水管网分区计量管理工作指南——供水管网漏损管控体系构建（试行）》（建办城〔2017〕64号）（以下简称《指南》）等多项文件来指导和推进漏损控制工作，进一步加强公共供水管网漏损控制，提高水资源利用效率。

2022年1月《住房和城乡建设部办公厅、国家发展改革委办公厅关于加强公共供水管网漏损控制的通知》（以下简称《通知》）。《通知》要求，到2025年全国城市公共供水管网漏损率力争控制在9%以内。国家发展和改革委员会及住房和城乡建设部会遴选一批积极性高、示范效应好、预期成效佳的城市和县城开展公共供水管网漏损治理试点，实施公共供水管网漏损治理工程，总结推广典型经验。中央预算内资金对试点地区的公共供水管网漏损治理项目，予以适当支持，这是中央财政首次对公共管网漏损控制项目给予资金支持，侧面反映出国家对城市公共供水管网漏损控制的重视程度不断提高。

一般认为，日本（漏损率3%）和新加坡（漏损率5%）的漏损率代表了漏损控制的国际先进水平。近些年来，经过供水同仁的共同努力，通过借鉴消化再创新，我国逐步建立了适合我国管网特色的漏损管控技术与管理体系。我国部分县镇供水企业，例如山东昌乐实康水业、山西平遥水司、河南清泉水务等众多水司漏损率稳定保持在5%以下，达到了国际先进的水平。因此只要漏控管理方法正确，一定可以达到《通知》要求。

1.2　供水全过程漏损管理概念

漏损过程管理涵盖了原水提升、净化工艺、泵站压力控制、管线漏点探测、管线维修、表计管理、终端用水户营抄收费、居民用户的滴漏和马桶漏水等环节，是一个贯穿供水企业产、供、销全过程的管理，漏控指标体现了供水企业的经营水平和管理水平（图1-1）。

通常我国习惯把出厂水流量计安装在送水泵站（二泵站）的出口作为供水量的计量点。产销差率计算不包括从原水提升到净化系统的管网泄漏和池体渗漏、溢流和工艺间的损耗。而供水全过程漏控管理与产销差率管理不尽相同，区别在于系统供水量水表测量点上，供水全过程漏损管理系统水量的计量点安装在原水提升泵站出口处（一泵站），以此确定供水系统的供水量，在水量平衡中包括水的净化处理渗漏耗损、管路从原水开始输送分发漏失、出售原水和饮用水的抄收及计量误差等。水平衡审计法为包括从地表水源和地下水源中提取的水量，从其他来源接收的体积水量，原水、净化后进入分配系统的水量，送达用户计量的水量，交付给未计量用户的水量和对无表计量的估计水量的全过程漏损的控制方法。这是一种会计学和统计学的方法，将水归类为进水量（系统进水量）、供水量（泵站出水量）、售水量（收益水量）、产销差水量（无收益水量）。管理的要素是产销差水量最小化。在同一供水系统中，售水量越大、供水量越少，产销差水量就越少，产销差率就会越低。

1.3　供水漏损控制内涵与外延

概括讲，供水漏损管理的要素就是供水企业供水量与售水量之间的差量管理（产销差水量又称无收益水量）。水厂出厂水并非全部被终端贸易表用户使用，管网输送中存在泄漏，同时并非所有到达最终用户的水都被计量并收费，计量器具也存在着误差和非法用水。

1.3.1　产销差率计算方法

产销差率概念：产销差水量与供水量的比率。

产销差率 ＝［（供水量 － 售水量)/供水量］×100%

即：售水量/供水量×100＝ 供水效率；1－供水效率＝产销差率。

产销差水量定义为供水企业提供给城市输水配水系统的自来水总量与所有用户的用水

一张图了解 | 供水全过程漏损管理操控方法

原水提升泵站

一、原水泵站攻略：

可变频的压力管理，季节性降温水温冷胀时防范措施，防止缓闭式逆止阀不动作，泵站流速骤变水锤防护，防止地下水井群井泵底阀回水。

净化站

二、净水工艺攻略：

净水构筑物池体泄漏修补方法，工艺间反冲洗水的回收，清水池溢流，pH值对管网电解腐蚀，清水池容积法出厂流量计校验和提升、入厂、出厂三台流量计对比。

送水泵站

三、送水泵站攻略：

可变频的压力管理，季节性降温水温冷胀时防范措施，防止缓闭式逆止阀、排气阀不动作。

输配水管网

四、管网漏失攻略：

主动漏控：原因分析、对症下药；施工管理：选择好的管材与施工技术、确定管网改造的优先级效维修，快速维修、保证质量。

表观与商业损失

五、表观漏损攻略：

增加计费计量用水量；水表管理：水表选型口径恰当、水表安装正确、维持水表良好运行；抄表管理：人工抄表准确、远传表抄表准确和数据传输正常；数据管理：数据质量探查、分析过滤错误；打击非法用水：监督与稽查、流程管理，规范用水秩序；客观准确统计免费用水量。

六、水表误差：

任何水表的误差都不是常数正负2%，它不过是水表出厂时在常用流量点的标定值；所有类型的水表和流量计运行中经过水表的实际流量不同计量误差也不同；对于高流量误差变化小，对于小流量误差变化大。

七、你知道吗？

每秒1滴水每天滴水量为37.9L，每年13.83m³；每秒稳定流5滴水，每小时漏水6.3L，每天滴水量为151.4L，每月4.52m³，每年54.24m³，这样的滴水和马桶渗漏户表根本就不走。很多水司倡导水表防冻采取水嘴滴流方法，可想而知几十万块水表一天损失多少水量，户外水表防冻做好穿衣戴帽就可以了。

图 1-1 一张图了解供水全过程漏损管理操控方法

量总量中收费部分的差值。组成部分包括：

产销差水量（又称无收益水量）＝①未计费水量＋②失窃水量＋③管网漏失水量＋④由于水表精度误差损失水量。其中：

① 未计费水量＝消防用水＋园林绿化环卫水量＋市政用水＋公司自耗水量（含办公及宿舍用水、施工清洗管道用水量等）；

② 失窃水量＝用户偷盗水量＋黑户水量＋人情水量；

③ 管网漏失水量＝破管损失水量（明漏、暗漏、渗漏水量）＋抢修损失水量＋阀门、消火栓等供水设施漏水等；

④ 由于水表精度误差损失水量＝水表安装环境误差＋水表口径适配误差＋水表运行年限误差＋抄表数据误差。

1.3.2　产销差率与无收益水量的关系

前面所讲漏控管理就是产销差水量最小化的操控过程，对供水企业来说，实践操作往往以产销差率的计算替代产销差水量来评价漏损控制的状况及效果，这种方法有很大的局限性。由于供水企业产能规模不同，供水量与售水量的基数也不同。例如，大型自来水公司日均供水量 100 万 t，通过漏控管理降低产销差率 1％，日均降低产销差水量 10 万 t，而小型县级自来水公司日均供水量 1 万 t，产销差同样降低 1％，日均降低产销差水量 100t，两者产销差率可比性差异较大。如果日供水量 1 万 t 县级水司管网上出现一个暗漏的漏水量 10m³/h，日均产销差会增加 2.4％，同样的漏口对于日均供水量百万级大型水司的产销差率影响只是 0.024％，比率差距之大，说明了中小水司漏控管理难度和压力更大，降差难、保持成果更难，尤其是小型水司保持 10％以下漏控成果时刻要小心翼翼，稍加不注意产销差率就可能反弹。

产销差水量的下降包含着减少管网漏失和泵站管理的供水量下降，也包含了售水量的提升；只有售水量增加的部分是由无收益水量变为有收益水量，所以说通称的无收益水量概念模糊，供水量并非是收益水量，漏控管理称呼产销差水量管理比较确切。

1.4　产销差率与供水量、售水量的关系

在 DMA 分区中，售水量不变情况下，较小供水量由于基量小，稍微增加，会有更大产销差率上升变化。这也是产销差率较高区域漏损控制初期指标下降不太明显的主要原因，也是持续坚持漏损控制的必要性所在。而售水量的增加比同样供水量的降低带来更大的产销差率变化和效益增加。针对特定区域，随着供水量变小，产销差水量比供水量有更大的变化，产销差率有变小的趋势，因此供水高峰期间的产销差率有变小的可能。

1.5　供水漏控管理要点和对策

（1）压力控制：众所周知压力调控降低产销差率的是最有效的手段。首先，城区管网送水泵站可变频调速。采取每日时点变速调控，早、中、晚供水高峰压力适当增高，其他时间压力稍微降低，夜间压力再低一点。春、夏、秋、冬季节不同压力不同。压力的调控

取决于用水户的反映，逐日缓慢降压后首先要解决低压区供水需求，再缓慢降低压力，合理的出厂压力值既保证用水不利点的用水压力（必要时区域增压），又有效地降低出厂水的平均压力。管线地势高的地方要增设增压设备，地势低的管段要设置减压阀，确保管段间的压力平衡，既可减少爆管事故，也可减少供水量。其次提升售水量，查处违章用水，水表抄收应收尽收。

（2）管网更新改造：分区域制定旧管网改造规划以及新建管网方案应与城市建设规划相适应。综合考虑技术经济因素，根据设定的供水产销差、管网漏损率目标，按照突出重点和分步实施的原则，梳理改造范围内旧管网的布局，分区域合理安排旧管网改造的具体方案，包括管网改造依据、改造规划和工作计划、管材和配件的选用、管道施工、阀门管理、管损检测和修复等方面，明确各区域新建和改建供水管网计划。通过有计划的管网改造，使供水管网处于良好运行状态。

（3）表务管理：表务管理漏损控制包括选用水表、安装水表、换表、抄表等一系列的表务管理，是降低产销差率的一个重要因素。

（4）建立长效管理机制：积极建立与控制漏损率相关的长效管理机制，加大绩效考核力度；加强检漏队伍建设，不断探索检漏新举措；加强工程管理，提高施工质量；加强管网管理，积极构建供水数字化信息系统；实行精细化管理，优化营业、计量管理机制。

（5）完善供水管网信息共享平台：产销差和管网漏损率的控制是一个复杂的大型系统工程，应该以完善的管网信息共享平台为基础，通过供水管网无线自动计量监测系统、管网水力学模型管理以及流量压力均衡调控，集数据采集、数据处理分析、漏水探查、水表核查、管道探测、用户调查、压力调控、维修处理、系统维护于一体进行动态管理，需要从硬件和管理同时发力，为降低管网漏损率提供有力保障。解读水务信息化创新技术、智能管网运营与管网漏损识别系统创新技术等方面，吸收国内外先进理念和技术。为满足供水管网信息的管理需求，以网络地理信息系统为技术支持，建立供水管网信息系统，实现供水管网数据存储共享查询、分析预测等功能（图1-2）。

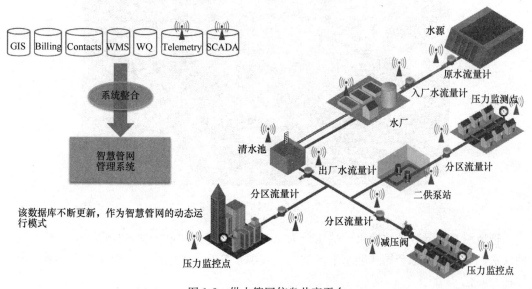

图 1-2 供水管网信息共享平台

1.6 供水企业漏损控制的组织形式

产销差牵一发而动全身，涉及水厂、调度、营业、管网、计量、检漏、维修、监察、客服、企管、财务、施工和物资采购等部门。在整个产销差控制生态链中，需要企业一把手直接挂帅指挥，统筹管理人、财、物等相关工作，是一项系统工程。

必须组建专业的管控供水漏损团队。团队的精髓是协同合作，是建立在相互信任基础上的各类技术人员在知识结构和技术水平上互补互助，既有分工又有合作，遇到问题及时交流，破解难题，共同攻关，每一阶段工作结束后立即评测总结，不断地完善和改进，提高工作效率。为确保团队每个人都能承担起自己对漏控整改的责任，必须做好三落实：

（1）任务落实：每个任务都必须有明确的分工；

（2）人员落实：任何一个人，不能让其只享有权利而不承担义务；

（3）组织落实：确保组织中的制度、流程、工具、技术协调一致，并有统一的激励措施明确每个人的责任。

1.7 供水过程中管网漏损的影响

管网漏水导致供水企业的供水成本升高。除了直接的制水和输水成本，供水企业还要承担因为漏水而发生的管道维修成本、电耗成本。停水的时候管道内形成真空，管道外的污染水会进入管道，特殊情况下的射吸现象也会产生对管道内水的污染。

管道漏水会导致城市地面塌陷。管道漏水会使土壤具有流动性，遇到附近有排水管道，土壤不断流失，地下形成空洞，诱发地面塌陷（图1-3）。

图1-3 供水漏损引发地面塌陷

管道漏水会导致城镇缺水。缺水分为水源型、工程型和水质型三种形式，无论是哪一种缺水，管道漏水都会导致缺水情况加剧，我国是普遍缺水的国家，但每年全国管道漏水却在100亿t以上。

管道漏水导致供水压力降低。管道漏水就意味着泄压，用户需要的供水压力就会降低，而这种压力降低是随机的，随着城市的发展，供水压力保证越来越难，而管道漏水让管网的水压管理变得更为复杂。

管道漏水导致供水能耗加大。为了输送更多的水量，保证用户的用水压力，管道漏水导致供水企业不得不消耗更多的电能。

管道漏水导致制水产能需求过高。管道漏水量可以成为供水能力，变成实际的有效供水量，但是因为有漏水存在，这部分生产能力被消耗掉，当城市需要增加供水能力时，还需要扩建产能，漏水导致产能远高于实际需求。

管道漏水导致地下水位上升。城区有供水管网覆盖的区域，地下水位因为管道持续漏水而变高，较高的地下水位使该区域地下工程施工面临难题，高寒地区冬季地面冻胀严重起包也和地下水位有直接关系，地下管道漏水的地方，会导致地面硬铺装凸凹不平（图1-4）。

图 1-4 寒冷地区管网漏水冰冻地面起包（源自：同江水司）

管道漏水导致水司增大支出。为了控制和降低管道漏水，水司会采取分区计量主动控漏、压力控制降低管漏措施，需要一定资金投入。

管道漏水影响水价制定。管道漏水为了不转嫁到水价里，国家发展和改革委员会制定水价政策规定，执行的水价调整成本审核意见：产销差率12%以下可计入调价成本，超出部分由供水企业自行承担。

1.8 供水企业漏损评价的类型

第一类是显而易见的漏损。例如，管网漏水反映到地面的明漏、管网的附件阀门井或水表坑漏水。这类水司产销差率大多在50%以上，存在跑冒滴漏现象严重、不规范用水行为较猖獗、检漏技术差、维修不主动不及时、水表计量管理不力、水厂出水水压高和满负荷运行等问题。笔者考察过南方一个水司，老城区管网分了四个DMA区，漏水严重，产销差率达到60%以上，该企业只要组织人员沿管网巡查明漏，翻雨水井、电缆沟井、热力沟井和污水井盖，就能查出大量漏水。

第二类是显而不见的漏损。对于暗漏需要下大力气查找、监测和预警。管材质品种多、品质参差不齐，市政大小阀门都是灰口铸铁，大部分阀门存在漏损和损坏。

第三类是隐而易见的漏损。主要表现在表具的选择和适配口径、出厂水的合理压力、管材选择和规范施工、漏水修复及时性等。

第四类是隐而不易见的漏损。隐而不易见商业损失再隐蔽也会有痕迹，主要表现在表观上的商业财务损失，包括不负责的抄表、不精准的计量、有意隐报的虚假统计数据等。

1.9 供水的漏控观与方法论

本书作者从辩证唯物主义角度出发，引入了供水漏控观与方法论概念。在漏控工作中懂得如何避开问题的人，胜过知道怎样解决问题的人。在具体工作中，不知道怎么办时就选择学习，也许是最佳选择。胜出者往往不是能力，而是观念！

1.9.1 供水漏控观

漏控观是人们对供水漏控管理的认知、理解、判断或抉择，是基于人认定事物、辩定是非的一种思维或取向。漏控观推动漏控并指引一个人采取行动。漏控观具有实践性，人的漏控观是不断更新、不断完善、不断优化的。

对于供水漏损管控工作的认知理解，50％的工作是对存漏损问题的发现，50％是对漏损问题整改的信心和及时性，过分强调困难，强调缺技术、缺资金、缺人才，以及在供水企业内部各基层部门互相推卸责任等想法均是没有正确的漏控观。个别水司没有正常的管网巡线制度，随便在管线上走一走就可以看到漏水到处流，有钱漏水，没钱修漏。抄收人员估抄、少抄、人情水随意减免水费，甚至有个抄收人员五年贪污水费几百万买房没有被发现。这类水司一定是漏损量极高的恶性高漏损企业。说明漏损水危机似乎并非完全源起"天灾"，也有"人祸"。漏控观出了问题会把水司推到风口浪尖上。

更多业内人士漏控观认为：查只是一种手段，降只是一个过程，控才是真正的目标。供水漏损管控要有持续性，同时保持与当地政府的沟通，争取政府支持。

1.9.2 方法论

概括地讲，漏控观主要解决"为什么"的问题，方法论主要解决"怎么办"的问题，方法论中的具体操作手法是解决供水漏控问题的根本手段，每个水司情况不同，所在城市地理位置、气候、供水标高所需压力、管网的建设产代及管材、售水分类中的户表数量、水质 pH 值对管网电解腐蚀程度等都不尽相同，因此采取的漏控方法和漏控管理重点也不尽相同，在漏控方法上不能千篇一律地照搬照用，只能有选择地针对本企业存在的问题来采用，关键是真正地找准本企业在漏损方面所存在的问题，才能选对和找出解决问题的方法。

"供水漏水控制管理学"逐渐成为给水排水专业的一个分支，漏控基础知识形成了专门理论体系，是一个跨学科的综合成果。所谓跨学科，是在漏控全过程管理中涉及统计学原理定量与定性分析、管网流体力学分析、水平衡分析、会计财务学的营抄分析、能量守恒水厂机泵电耗与流量误差关系估算、漏控成本—效益盈亏平衡分析，甚至股票操作学的图形分析等知识，这些理论都可以运用到供水漏控管理过程中。

1.10 漏控管理过程需要明确的步骤

1. 核实漏损量

本环节需要了解管网的具体漏损量，必须通过计量手段解决这一问题，以此制定工作目标。国内外经验普遍认为产销差水量中，管网（物理）漏失与表观（计量损失、其他损失）漏损的比例约为 6∶4，其中：真实管网漏失中输配管网漏失与小区支管、水池二供，对应的比例约为 3∶2∶1；表观（计量损失、其他损失）漏损中计量误差与商业损失和非法用水的影响比例约为 2∶2。

2. 探测漏点位置

充分调查供水管网状况，选择适用仪器设备，确定探测方法和探测周期。要注意观察漏水的发生规律，研究表明漏水具有"群居"现象，一旦某处发生漏水，其附近可能会接连出现漏点，必须将每一次漏水的信息都记录下来，然后制定巡检计划，按计划进行巡查。

3. 查明漏损的原因

漏损的原因有多种：腐蚀、管材质量不佳、安装质量差、水压过高、水锤、地层位移、过载、交通振动、温差变化大等。此时，必须查阅以往的维修记录，走访维修人员，了解某一区域漏水的主要原因，为制定方案提出相关建议。

4. 保持探测成果

通过一次探测，查找出漏水点，加以修复后，并非表示今后不会发生漏损问题，因为漏水的产生是动态的。需要持续性关注，包括采用 DMA 分区和信息化管理等技术手段。

2 给水和制水生产过程中漏控管理

给水系统是为城镇提供生活、生产、市政和消防用水设施的总称，是保障城市、工矿企业等用水的各项构筑物和输配水管网组成的系统，其功能是向各种不同类别的用户供应满足不同需求的水量和水质。

2.1 给水系统基础知识

2.1.1 给水系统的分类方法

按水源种类：可分为地表水（如江、河、湖、泊、水库及海洋等）和地下水（浅水井、承压水井、泉水井和大口井等）给水系统。

按服务范围：可分为区域给水、城镇给水、工业给水和建筑给水等系统。

按给水方式：可分为自流系统（重力给水）、水泵给水系统（加压给水）和两者相结合的混合给水系统。

按使用目的：可分为生活给水、生产给水和消防给水系统。

按用户使用水的性质：可分为生活用水、工业生产用水、消防用水和市政用水四大类。

2.1.2 水源的特点

地表水（地面水）特点：易受污染，一般水量较大，部分地表原水水质不能直接使用，必须进行适当净化来改善水质。

地下水特点：地下水埋藏于地下，流动于地层之中，水质常优于地面水，有时不经净化或经简单净化即可供使用，因此具有经济、安全的特点，但一般水量较小。地下水的处理工艺流程，常用的是除铁、除锰、除氟等。

2.2 取水工程

取水工程组成结构：水源、取水构筑物及一级泵站等。

2.2.1 "水源"和"原水"的区别

水源是水的来源和存在形式、地域的总称。水源分为地表水源和地下水源，地表水主要存在于海洋、河湖、冰川雪山等区域。它们通过大气运动等形式得到更新。

原水是指由水源地取来的原料水，一般是指采集于自然界，包括地下水、山泉水、水库水等的天然水源，未经过任何人工的净化处理。

2.2.2 取水构筑物

取水构筑物是给水工程的起端，关系到整个给水工程的成败，必须安全可靠、经济合理。

地面水的取水构筑物包括：

（1）岸边式取水构筑物，建在水岸边。

（2）河床式取水构筑物。

（3）移动式取水构筑物。

从提升泵站至净水厂制水构筑物的输水管网一般前端和后端分别安装两台流量计，两台流量计累积流量一致说明中间管网没有泄漏。若有差值，就是中间管网泄漏量或两台流量计的计量误差。

2.3 泵站管理专业术语

2.3.1 泵站

自来水公司通常要设三类泵站，分别称为一级泵站、二级泵站和三级泵站。一级泵站又称取水泵站，是将江河水抽取至净水厂，抽取至净水厂的水在水厂净化处理后再由二级泵站（又称为送水泵站）将水送至城市自来水管网，最后流到千家万户。二级泵站不足以满足用水端压力而在中间设置三级泵站（又称加压泵站或传输泵站）。

2.3.2 取水泵站

取水泵站是指将原水从水源地输送至净水构筑物，或直接送入配水管网、水塔或高地水池的取水构筑物，又称一级泵站、进水泵站。

取水泵站按水源，分为地下水取水泵站和地面水取水泵站。地下水取水泵站又分深井泵站、大口井泵站和集水（集取泉水、渗渠水及虹吸管井群水）泵站。地面水取水泵站又分固定式取水泵站和活动式取水泵站。

地面水固定式取水泵站由吸水井、泵房及闸阀井等组成。吸水井和泵房可以合建在一起，也可以分开建造。

深井通常由泵房与变电所组成。泵房形式主要有地面式和半地下式。泵房顶部设有吊装孔。在水泵压水管路上，除设置闸阀、止回阀外，为便于施工及检修，应安装一个伸缩接头。泵房内消毒间应靠近窗口，以利通风。在止回阀后的压水管路上，安装一根预润水管与深井水泵的预润孔相接。水泵启动前，打开预润水管上的阀门，便可引水润滑主轴轴承。利用潜水泵取集地下水时，泵体要在井下挂直，并不得触及井底，以免引起损坏和影响水质。

2.3.3 送水泵站

把水厂内清水池中贮存的净化水提高水压，经输配水管网送到用水区，供用户使用。相对于一级泵站来说，是水的第二次加压泵站（图2-1）。由于城市输配管线很长，水头损失大，建筑需用水压较高，需要加压送水。送水泵站在广义上，也包括输水系统中多级提水至各个中转输水的泵站。

图 2-1　二级泵站（又称送水泵站）

送水泵站的运行方式基本上可分为不均匀供水和均匀供水两类。

不均匀供水系统中无水塔（或高地水池），也无另外的水厂或水源。要求配水泵站直接把水送入管网。为满足每日逐时的用水量，必须按最高日最高时用水量选择水泵，水泵应大小搭配，并随着用水量的变化开停水泵。如能配备调速电机进行水泵调速，可取得更高的经济效益。

均匀供水在配水系统中有水塔（或高地水池），或另有水厂或水源同时供水。要求配水泵站每日以均匀的（或很少变化的）水量向管网供水。一天内，每小时用水量的变化由水塔（或高地水池）或另外的水厂进行调蓄。这种布置方式可使水泵以高效率运行，并使水压保持相对稳定。对于乡镇小型水厂，这种布置的水泵可以间歇运行。夜间用水可由水塔供应。

为了保证送水泵站安全运行，泵站应有良好的卫生防护条件；要考虑防火、防洪及防止发生水锤破坏的措施；要有两路电源供电，并有备用机组。

送水泵站的水量记录是计算供水成本、核算漏损率的重要依据。在任何情况下，泵站的出水都应进行计量。配水泵站的调度整治对供水安全、降低供水成本和保证服务质量起着重要作用。现代化泵站已从遥测、遥控发展为根据管网压力、用水量变化等条件由计算机自动进行优化调度。

2.3.4　加压泵站

加压泵站的位置选择应根据管网水力计算以及水泵、管道的特性，通过技术经济比较确定。水泵型号需经水量、水压资料的分析计算后选定。加压泵站既要使局部地区水压不足的状况得到改善，又要使配水泵和加压泵经常处于高效率的运行状态。

加压泵站的布置方式有两种：一种是直接与管道连接，另一种是在加压泵站内修建调蓄水池设施。采用第一种方式，因要增高管道压力，加大吸水管中的来水量，所以要防止吸水管中出现流速过大和压力下降过多的现象，应始终保持吸水管水头为正压，并能满足泵前地区的水压要求。采用第二种方式，当管系统的用水量少而压力增高时，调蓄设施进水；当压力不足时，加压泵站从调蓄设施中抽水加压，使低压供水的状况得到改善。

2.4　离心水泵参数及功率计算

水泵功率。指的是单位时间水泵所做功的大小，用符号 N 表示，常用单位有：kg·m/s、kW、马力，动力设备电机功率单位（常数 102）用 kW 表示，柴油机或汽油机功率单位（常数 75）用马力表示。

水泵流量。水泵流量要根据用水量确定：设计水泵的加压给水系统，流量必须按照设计秒流量确定；可采用最大小时流量。

水泵扬程。水泵扬程又称为水泵的压头，是指单位重量流体经泵所获得的能量。水泵的扬程大小取决于泵的结构，如叶轮直径的大小、叶片的弯曲情况、转速等。

水泵功率计算举例：

已知：水泵流量 $Q = 90 \div 3600 = 0.025 \text{m}^3/\text{s}$，水泵总扬程 34.6m，水泵总效率 78％。

水泵的有效功率：$N_{有效} = \dfrac{\gamma \times Q \times H}{102} = \dfrac{1000 \times 0.025 \times 34.6}{102} = 8.65\text{kW}$

水泵的轴功率：$N_{轴} = \dfrac{N_{有效}}{\eta} = \dfrac{8.65}{0.78} = 11.1\text{kW}$

水泵的配套功率：$N_{配套} = n \times N_{轴} = 1.2 \times 11.1 = 13.32\text{kW}$

式中：$N_{轴}$——水泵的轴功率（kW）；

　　　Q——水泵的出水流量（m^3/s）；

　　　H——水泵扬程（m）；

　　　γ——水的密度（kg/m）；

　　　n——安全系数，可取 1.1～1.2。

简单了解以上知识和水泵参数计算对泵站的漏控管理会有帮助，后面章节会提供计算案例。

2.5　泵站的水锤防治

各级泵站注重防止水锤，引起突发性爆管。水锤的危害非常大，可以击毁泵、管路及其他设备。

2.5.1　水锤定义

在压力管道中，由于某种外界原因（如阀门突然关闭或开启、水泵机组因供电系统故障突然停车等），使得水的流速突然变化，从而引起压强急剧升高和降低的交替变化，这种水力现象称为水锤，也称水击。

2.5.2　水锤对管网的危害

水锤在管网中引起的压强升高，可达管道正常工作压强的几倍，甚至几十倍，这种大幅度的压强波动，造成的危害有：

（1）引起管道强烈振动，管道接头断开，破坏阀门，严重的甚至造成管道爆管（图 2-2），沿途房屋渍水，供水管网压力降低。

（2）引起水泵反转，破坏泵房内设备或管道，严重的造成泵房淹没。

（3）造成人身伤亡等重大事故，影响生产和生活。

图 2-2　机泵突然停电停止水锤作用引起突发性爆管

2.5.3　水锤产生的条件

（1）阀门突然开启或关闭。

（2）水泵机组突然停止或开启时泵口缓闭式止回阀不动作。

（3）单管向高处输水（供水地形高差超过 20m）。

（4）水泵总扬程（或工作压力）大。

（5）输水管道中水流速度过大。

（6）输水管道过长，且地形变化大。

压力管道中的水锤产生原因有很多，比如阀门的快速关闭、非正常停泵等。为了防止出现水锤现象，一是在管网上可采取增加阀门启闭时间，尽量缩短管道的长度，以及在管道上装设安全门或空气室的方法，以限制压力突然升高的数值或压力降得太低的数值；二是水泵运行过程中需要避免两个问题，停泵水锤和低于最小流量。

2.5.4　水锤避免措施

避免停泵水锤危害的措施有许多，比如安装水锤消除器、泄压阀、调压罐等，以下介绍两种应用较多与通用阀门相关的措施。

1. 设置缓闭止回阀

缓闭止回阀是一种通过增加执行机构、阻尼器而实现缓慢关闭的止回阀。缓闭止回阀需要配合闸阀（开关阀）使用。当介质在重力作用下倒流时，止回阀缓慢关闭，有效地避免了因普通止回阀突然关闭产生的水锤。其缺点由于关闭速度较慢，一部分介质不可避免地倒流进入离心泵，泵因此可能会产生机械故障。

2. 设置缓闭止水阀

该种措施在大型给水系统中应用比较普遍、效果比较好。缓闭止水阀，由阀、执行结构及液压控制系统构成。既能起到止回阀的作用，又能起到开关阀的作用。当水泵开启的时候，其按先慢后快的步骤开启，保证泵低载开启；当泵突然停止工作时，其按先快后慢的步骤关闭，既可以避免水锤的产生，又可以避免过多的介质倒流通过泵，引起泵的机械故障。

关阀水锤的防护主要通过调节阀门的关闭规律，减小水锤压力；启泵水锤的防护主要是保证管道中气体能顺利通畅地排出管道；停泵水锤的防护措施主要包括：①增大机组的 GD2；②阀门调节防护；③空气罐防护；④空气阀防护；⑤调压塔防护；⑥单向塔防护。

2.6　避免水泵最小流量工况

最小流量是指保证泵能正常工作的流量。如果泵在低于最小流量工况下工作，将引起噪声和振动，泵的性能将变得不稳定，甚至会引起泵的非正常汽蚀，降低泵的使用寿命。所以，必须采取措施来避免水泵在最小流量工况下工作，目前普遍做法是水泵设置最小流量回路。但从泵的本身价值来讲，只有为那些大流量、高扬程、大功率的水泵设置最小流量回路才是合理的。水泵允许的最小流量值由泵制造商计算或实验确定。最简单的最小流量回路仅需要在回路中安装一台开关阀，如闸阀。当认为泵即将处于最小流量工况时打开阀门，接通最小流量回路，避免泵在最小流量工况下工作。

2.7　泵站的压力管理

合适的供水管网压力能够在满足服务水压要求的同时尽量减少背景漏失与爆管的发生。压力管理成为供水行业认可的降低漏失的最有效措施，对供水企业有着重要意义。目前供水管网中采用减压阀减压或者泵站控制等单一措施调控压力，无法最大程度地降低压力。泵站压力管道的管理是泵站管理工作的重要组成部分，其管理的好坏不仅关系到泵站机组的效率，而且与泵站的安全密切相关。尤其是高扬程电力泵站，由于管线长，顺山而上，居高临下，在长期的运行中难免出现渗漏、锈蚀甚至爆管等事故。

2.8　泵站的运行管理

泵站的运行管理包括编制泵站经济运行方案、监测机泵运行工况、进行机泵维护与检修、测算泵站技术经济指标等。泵站运行管理得越好，泵站的泵效和经济效益就越高；反之则越低。

泵站运行管理具体任务包括：

（1）组织全站职工，制定和执行各项规章制度；

（2）对泵站各种设备和建筑物进行维护保养，使其发挥正常功能；

（3）开展泵站效率测试和贯彻泵站技术经济指标的考核工作，分析各泵站效率低下的具体原因。

2.9　泵站的水量平衡

水量平衡是指确定的区域内恒定存在的水量平衡关系，即该区域的输入水量之和等于输出水量之和。以地表水为水源的城市水系统水量平衡最为复杂，通常可以分为取水（原水泵站）水量平衡、制水水量平衡和供水（送水泵站）水量平衡。这三段水量平衡中涉及的水量之间的所属关系见表2-1～表2-3。

原水泵站水量平衡表　　　　　　　　　　　　　　表 2-1

原水取水量	原水总量	净化站进水量
原水外购量		原水趸售量
		原水管网漏失量

原水管网漏失量＝原水总量－原水趸售量－净化站进水量。

制水水量平衡表　　　　　　　　　　　　　　表 2-2

净化站进水量	送水泵站供水量
	净化站池体渗漏和溢流损失水量
	净水工艺耗水量

净化站池体渗漏和溢流损失水量＝净化站进水量－送水泵站供水量－净水工艺耗水量。

送水泵站水量平衡表（基于国际水协水量平衡概念）　　　　表 2-3

系统供水量（允许已知误差）	合法用水量	收费合法用水量	收费计量用水量	收益水量
			收费未计量用水量	
		未收费合法用水量	未收费已计量用水量	无收益水量
			未收费未计量用水量	
	漏损水量	表观漏损	非法用水量	
			因用户计量误差和数据处理错误造成的损失水量	
		真实漏失	输配水干管漏失水量	
			蓄水池漏失和溢流水量	
			用户支管至计量表具之间漏失水量	

以地表水为水源的城市送水泵站系统水量平衡最为复杂，为了说明水量平衡类指标变量之间的关系，本书引入了国际水协水量平衡的概念和方法。

2.10　泵站水量平衡表专业术语

泵站水量平衡表专业术语（基于国际水协术语表）见表2-4。

泵站水量平衡表专业术语　　　　　　　　　　　　表 2-4

序号	术语	定义
1	原水取水量	从江、河、湖、水库、地下水源井等水源取水口工程所取用的原水量。但尚未处理而不能"安全"饮用的水（参考"非饮用水""饮用水"术语）

序号	术语	定义
2	饮用水	饮用水是指可"安全"饮用的水，通常经过了处理和消毒。不同国家饮用水标准不同，例如我国标准有 100 多项
3	非饮用水	非饮用水是未经处理或消毒，不能保证可"安全"饮用的水。一般用于工业、冲洗、景观、灌溉等用水
4	原水外购水量	从经营区域间外购的批量原水量
5	原水总量	原水取水量与原水外购水量之和
6	原水管网漏失量	取水管理损失水量与取水管网损失水量之和
7	原水趸售水量	从经营区域间趸售的批量原水量
8	净化站进水量	供水企业所属净水厂的进水量
9	净水工艺耗水量	供水企业所属净化站内部生产工艺过程和其他用途所需用的水量，如沉淀池排泥、冲洗滤池水量
10	净化站池体渗漏和溢流损失水量	净水工艺构筑物如沉淀池、滤池、清水池等池体裂缝、施工缝渗漏和溢流的水量
11	送水泵站供水量	水厂加压或重力自流供出的经计量确定的全部水量
12	系统供水量	系统供水量是指输入到拟分析区域的水量，可以是供水单位自己生产的，也可以是由另一供水单位输入的
13	收费合法用水量	也称售水量、收益水量。收费计量用水量和收费未计量用水量之和
14	收费计量用水量	所有计量并且收费的水量。涵盖了所有用户群，例如居民、商业、工业或单位用户，还包括跨供水单位边界外输的计量收费水量
15	收费未计量用水量	根据估算或定额计算收费但未计量的水量。对于用水达到全计量的供水系统，这可能是非常小的一部分（如用户水表故障期间估收的水量），但对于没有实现全计量的供水系统，这可能是主要的组成部分。该组分还可能包括跨供水单位边界的已收费未计量水量
16	未收费合法用水量	未收费合法用水量是合法用水量的一个组成部分，包括合法使用但未收费，因此不产生收益的水量。未收费的合法用水量等于未收费计量用水量和未收费未计量用水量之和
17	未收费已计量用水量	由于任何原因没有收费的已计量水量。例如，这可能包括供水单位自用的计量水量或免费提供给单位用户的水量，包括跨供水单位边界外输的所有未收费已计量水量
18	未收费未计量用水量	未收费未计量用水量是某种类型的合法用水量，通常包括消防、冲刷管道和下水道、街道清洁或防冻等水量。也包括任何跨供水单位边界外输的既不计量也不收费的水量。对于经营良好的供水单位，它只占总合法用水量的一小部分
19	无收益水量（又称产销差水量）	无收益水量是指系统供水量中未收费的那部分水量，即无收入水量。它等于未收费合法用水量、真实漏失和表观漏损之和
20	漏损水量	系统供水量和合法用水量之间的差值水量。可针对整个供水系统、部分供水系统（如只有输配水系统或DMA）进行分析，得到其漏损水量。漏损水量包括真实漏失和表观漏损

序号	术语	定义
21	表观漏损	表观漏损包括与用户计量相关的误差损失、数据处理错误损失（例如抄表和收费）和偷盗水等未授权用水。在中低收入国家以及国家开发银行，表观漏损通常被称为商业漏损
22	非法用水量	非法用水量是指未经授权的用水。这可能包括从消火栓非法取水，例如用于施工的非法用水、非法连接、加装旁通管绕过计量表或篡改计量表
23	数据处理与账单错误	由于数据处理或账单错误而未记录在收费系统上的真实用水量。这些可能包括转录错误、内部程序错误导致收费系统上漏注册的用户、收费系统上标记错误的用户等，例如标记为已拆除但仍在使用的用户
24	低估的未计量用水量	未计量用户用水中被低估的水量，可能来源于居民或非居民用户。这是未计量用水量很高区域的一个特有问题，例如没有实现用户计量的国家，或在简易住房地区存在无法计量公共用水的地区。现实中真实用水量也可能被高估，这种情况下，表观漏损（也可能是真实漏失）就被低估
25	用户计量误差损失	水表记录的水量低于用户真实用水量的部分。用户计量误差取决于水表类型、等级、尺寸（与流量相关）、使用年限、安装细节（例如靠近弯管、靠近泵等），以及屋顶水箱的尺寸（如果水表向屋顶水箱供水）。实际性能用水表未计水量进行评估
26	真实漏失	在从入网流量计到用户用水点的整个区间上，由管网（输水干管、配水干管和用户支管）和配水池等处泄漏出的水量。在中低收入国家和国家开发银行，真实漏失常被称为物理漏失
27	供水单位蓄水池的渗漏和溢流	由于操作或技术问题（如水位控制装置故障或水箱接头泄漏）而导致的蓄水池（配水池）渗漏或溢流而损失的水量
28	用户连接管到用户水表间的漏失	从接水点（含）到用水点的管道泄漏和破裂造成的漏失水量。用户支管上的漏失可能是明漏，但更多的是小暗漏，可能会持续漏很长时间，通常是数年。这些漏水点可能非常小，低于检漏工具的探测能力，从而构成了背景漏失
29	输配水干管的漏失	输配水管和附属设施上的渗漏或破裂造成的漏失水量。这些可能是仍未发现的小漏失，例如接头漏失，也可能是较大的爆管，已发现并已维修，但显然在维修之前已经存在了一段时间
30	用水点	对于没有计量的用户，用水点一般被认为是第一个使用点，通常是厨房水槽；对于计量用户，用水点被视为结算表的出水口，无论是在用户边界内还是在建筑内
31	户内管线漏失	户内管线漏失构成了用水量的一部分，但实际上这部分水并没有被利用。这些损失包括水龙头滴水、水箱溢流或用水点下游管道的泄漏。如果有计量的话，户内管线漏失会被归入用水量。在一个DMA内，户内管线漏失包含在测得的夜间流量中
32	用水量	用水量是指用户的所有用水，不仅包括生活、商业、工业和单位用水，还包括因户内管线漏失而产生的用水。当考虑到整个系统的水量平衡时，用水量包括所有室内用水量以及管网取水量，无论是计量的还是未计量的、收费的还是未收费的、合法的还是非法的，也就是说，用水量等于合法用水量和表观漏损之和

续表

序号	术语	定义
33	人均用水量	人均用水量是指一个区域（DMA 或任意层级的分区）内的人均日用水量
34	户均用水量	户均用水量是指一个区域（DMA 或任意层级的分区）内的户均日用水量
35	外购产水量	供水企业在经营区域间输入的成品水水量。未经处理直接配送给客户的水量也应计入
36	计量售水量	供水企业（单位）通过贸易结算仪表计量并应收取水并应收取收费的水量
37	未计量售水量	未经过计量仪表计量的售水量，通常由水费反算出水量
38	售水量（收入水量）	供水企业收取水费的水量，不要求供水企业一定收回水费。发出水量账单即算入售水量，它包括计量售水量和未计量售水量
39	未计量免费水量	供水企业没有通过贸易结算仪表计量但已通过合理的折算方法计算确定水量并收费的全部水量
40	计量免费水量	未经过计量仪表计量的免费水量
41	免费水量	供水企业无偿供应的水量，即实际服务于社会而又不收取水费的水量，如消防灭火等政府规定减免收费的水量及供水企业冲洗在役管道的自用水量
42	授权水量	经供水部门授权许可供给各类用户的实际水量，包括免费水量和售水量
43	非法用水量	私自接管取消火栓或其他供水设施等无法计量和追偿水费的水量，通常根据经验算得出
44	计量误差造成的损失	水量结算点位置变化、计量表具性能限制等因素导致的损失水量
45	供水管理损失水量	用水计量相联系的各种测量错误以及非法用水量（偷盗及其他非法用水量）
46	供水物理损失水量	供水管道、闸井、表井、消火栓及中间的加压设施（水池、水库、水塔）等各种管道及附属供水设施的明漏、暗漏、溢流、渗漏等漏失的水量
47	供水损失水量	供水企业供水过程中由于管道及其附属设施破损面造成的漏水量、失窃水量以及水表失灵少计算的水量，它包括供水管理损失水量和供水物理损失水量

2.11　原水提升到净水厂的管道漏损管理

2.11.1　深井泵群至水厂清水池的管网连接漏控管理

深井潜水泵把地下水从泵头提送到地面水池或水塔，根据所需要的压头总损失来选择深井潜水泵的直径、扬程（级数）及功率。水压随流经叶轮的个数而呈正比增加。深井泵的叶轮浸入水中工作，只有扬程而无吸程。深井泵额定扬程与水泵实际运行扬程，不能相差太大，绝对不能高于实际扬程的 25%。水泵扬程高，所需电机功率大，容易造成水泵有较大的上串，轻者磨损叶轮和叶壳，重者在壳内的轴承（起限位作用）易与泵联轴器粘住，造成水泵不能运转，电机过载绕组就会烧坏。

图 2-3 是深井泵需要计算的参数。

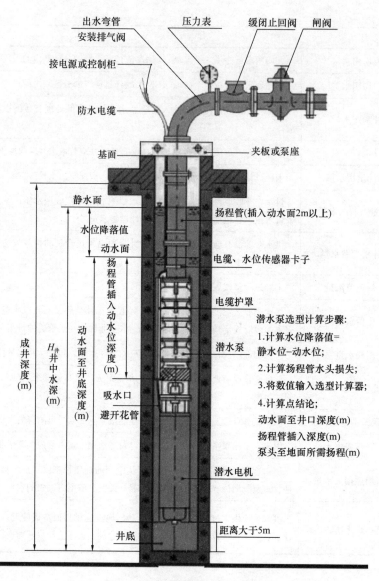

图 2-3 深井泵需要计算的参数

【案例】 河南叶县自来水公司有一眼深井，井深 286m，井径 300mm，净水位 20m，深井离清水池 20m（清水池半地下式）。安装一台深井潜水泵，$H_{额定}=80m$，$Q_{额定}=80m^3/h$，扬程管直径 $D=115mm$，长度 150m。实际运行出水量（$Q_{抽}$）95m^3/h（抽水试验数据），动水面距地面 43.5m，降落值 $S=23.5m$。水泵功率 30kW，电流 59A，距地面水位 42.9m，功率因数 0.97，扬程管插入 90m，两头 $D_{125}=50m$，中间 $D_{100}=40m$。

计算：

$$Q_{最大}=\frac{(2H_{水}-S_{最大})\times S_{最大}}{(2H_{水}-S)\times S}\times Q_{抽}$$

已知：$H_{水}=H_{井}-H_{静}=286-20=266$（m）

$$S_{最大} = \frac{1}{2} H_{水} = \frac{1}{2} \times 266 = 133m$$

$Q_{抽} = 95m^3/h$，代入公式：

$$Q_{最大} = \frac{(2 \times 266 - 133) \times 133}{(2 \times 266 - 23.5) \times 23.5} \times 95 = 421.88m^3/h,$$

若目前水泵 $Q_{额} = 80m^3/h$，计算水位降落值：

$$S_m = \frac{S_{最大}}{Q_{最大}} \times Q_{额} = \frac{133}{421} \times 80 = 25.7m$$

若 $Q_{额} = 150m^3/h$，按上述计算值降落 43.73m，动水面至井口的深度：

$$H_{动} = H_{静} + S_m = 20 + 25.27 = 45.27m$$

深井扬程管总长度插入动水面 2m 以下，

则：$L = H_{动} + 2 = 45.27 + 2 = 47.27m(48 \sim 50m)$

目前输水管 115m，当 $Q_{额} = 80m^3/h$，每 10m 摩擦系数损失为 0.85m，则 50m 管：

$$\eta_{损} = 0.1 \times 0.85 \times 50 = 4.25m$$

井下动水面至清水池总扬程为

$$45.27 + 4.25 + 2 + 5 (10\%) = 56m$$

结论：计算得知井泵额定扬程与水泵实际运行扬相差太大，高于实际扬程的 33%，抽掉井潜水泵 2 级叶轮，$H_{扬程} = 53.3m$，加上 10% 安全系数，实际扬程约 56m，又抽调扬程管 50m（叶轮原来 8 级减少到 6 级）。

地下水由于深井较多，井群间的管网连接也较为复杂，相对讲查漏方法也复杂。查漏步骤是：停止水厂送水泵站水泵，开启深井泵把水厂清水池泵满。关闭深井泵到水厂末端的主管路阀门，清水池静置一段时间，清水池水位下降的容积就是阀门到清水池之间的漏水量。再打开管道中的主阀门，静置一段时间，清水池下降的容积是所有管路和深井泵止回阀不严所漏水量。

深井泵群漏水的关注点是每眼深井泵因止回阀或底阀锈蚀而密封不严往深井回水，一般情况停止运行这台深井泵，用螺丝刀放到止回阀上耳听到"丝丝"的回水声，说明是漏水。解决办法一是关闭停运深井泵的出水阀门；二是每年对每眼深井泵大修时，同时检修止回阀，解体、除锈、注油、刷漆等，使止回阀处于良好状态。

2.11.2 地表水由泵站至水厂清水池的管网连接漏控管理

地表水、地下水都是由管网与水厂连接，但控漏方法却不同。地表水原水在提升管道的进、出口各装一台流量计，两台流量计某一期间的差额就是这一期间的管网漏水量；两台流量计同一时点的瞬时流量差额就是该管段的瞬时漏水量，当达到一定漏量值时启动检漏、查漏，修复等程序。

防止泵站缓闭式止回阀和管网中排气阀失灵，要密切关注原水提升泵站泵口的缓闭式止回阀和泵站到净化站之间的排气阀，要处于良好状态，每3年要解体除锈、涂油与维修，否则一旦排气阀堵塞和止回阀失灵，极易引起爆管和管网高处形成气堵引起提升泵站压力增高或出水能力减小。

例如：湖北某水司原水泵站至净化站 DN800 管网因三个排气阀生锈同时失灵，管路形成气堵现象，致使原水泵站出厂水压力由 0.22MPa 飙升到 0.42MPa，重新又购买安装了扬程 42m 水泵运行多年，笔者到达现场后当天让组织人员对三个排气阀解体除锈检修后，出厂水压力又降到 0.22MPa。

2.11.3　出厂 pH 值对金属管网电解腐蚀的影响

管网腐蚀过程中伴有电流产生的腐蚀，叫电化学腐蚀。电化学腐蚀是金属与周围的电解质溶液相接触时，由于电流作用而产生的腐蚀。电化学腐蚀是很普遍的，为人们所常见，其腐蚀原理与原电池一样。金属中或多或少总会含有某些杂质，不同的金属有不同的电位，同一种金属内的不同组成物也有不同的电位。当金属与某一种能导电的溶液接触时，就会出现电位差，溶液中出现电子流，使电位低的金属首先被腐蚀。电化学腐蚀的表现形式很多，可分为空气腐蚀、导电介质中的腐蚀和其他条件下的腐蚀。

（1）空气腐蚀，是金属在潮湿的空气中的腐蚀。

（2）导电介质中的腐蚀，是金属在受到雨水浇淋，或在各种酸、碱、盐类的水溶液中的腐蚀。

（3）其他条件下的腐蚀，是指地下铺设的金属管道、构件等，长期受到潮湿土壤中的多种腐蚀介质的侵蚀而遭到的腐蚀破坏。

pH 值越低，金属管网被腐蚀得也越厉害；但 pH 值过高，呈强碱性时，也会引起金属管网腐蚀。一般来说，管网水流速度越大，水中各种物质扩散速度也越快，从而使腐蚀速度加快。我们国家水质标准规定 pH 值为 6.6～8.5，以前认为 pH 值为 7.5，即中性时最好，实际情况并非如此。笔者在与韩国同行交流时得知，首尔水司出厂水 pH 值调为 8.0。经过专业人员大量研究结果，pH 值为 7.5 仍对金属管网有电化学腐蚀，调整到 8.0 后腐蚀性漏口明显减少，这种做法被西方国家广泛采用。

2.12　净水厂内的漏控管理

2.12.1　清水池溢流

清水池溢流的主要原因是进水口补水量偏大，水池液位计报警失灵，值班人员没有巡视或离岗、睡岗，没有及时通知停泵。

《城镇供水厂运行、维护及安全技术规程》CJJ 58—2009 中指出，清水池水位控制应符合下列规定：

（1）清水池必须安装液位仪；

（2）清水池液位仪宜采用在线式液位仪连续监测；

（3）严禁超上限或下限水位运行；

（4）清水池的检测孔、通气孔和人孔必须有防水质污染的防护措施。

【案例教训】 20世纪90年代初河南某地级市自来水公司，设计日生产能力15.6万t的净化站清水池溢流，从凌晨1～4时连续3h，以3000m³/h的流量溢出，流水以排山倒海之势冲倒山上净化站围墙流到山下，冲毁山下农田和冲坏村庄房屋，直到农民找上山来才发现清水池溢流。此次事故造成直接、间接损失近百万元。

事故分析：山下水库原水提升泵站和山上净水厂清水池值班工同时睡岗，后半夜山下泵站该减泵运行的时间没有减泵，泵站至净化系统补水过大，山上净化站因睡岗没能听到清水池液位计持续报警声，斜管沉淀池的值班工后半夜也未按时巡视检查净化系统运行情况，水厂化验员未按规定后半夜取水样化验，多种因素综合酿成这次重大事故！如果有一个环节按规程操作和巡查，就会及时发现并避免本次溢流现象。

2.12.2　清水池渗漏

自来水厂运行中，更多技术力量关注自来水生产流程，忽视净水构筑物的维护保养。清水池作为重要的水处理构筑物之一，其渗漏是自来水厂的多发问题。因此，从水厂日常运行管理出发，建立一套完善的清水池渗漏监测体系是非常必要的。清水池是水厂必备的水处理构筑物之一，起着贮存自来水、调节制水量与供水量之间的差额，并为自来水消毒提供加氯接触时间和空间的作用。清水池是水厂供水的重要环节，因此，关注清水池的"健康"显得尤为迫切。清水池的"健康"问题突出表现为清水池的渗漏。可以说，渗漏是清水池最常见问题。

2.12.3　建筑物池体渗漏

水池如果在施工阶段若存在施工质量问题，后期在使用中很容易出现渗漏问题，一般是施工缝、施工冷缝处和池底不均匀沉降裂缝渗漏。

1. 渗漏原因

施工缝、施工冷缝处出现渗漏属于施工上的缺陷，很可能是在浇筑混凝土时施工不当造成的，这个过程会分两次浇筑混凝土，如果在中埋式止水带安装后再浇筑混凝土，就很容易跑偏，造成止水带被拉裂、被钢筋凿穿等现象，从而出现施工缝渗漏。而且混凝土的体量是比较大的，在浇筑过程中如果振捣不到位，会造成一些麻面现象，不够严实，有孔洞。如果混凝土在浇筑时供应不及时也会出现施工冷缝现象，从而引起防水不好，出现渗漏（图2-4）。

2. 堵漏施工处理

如果是池体施工缝处出现渗漏，必须先找到渗漏水的具体区域，然后对渗水的孔洞、酥松等问题进行堵漏。此时，可以先沿着裂缝开个槽，然后将开槽后产生的垃圾清理干净，水池也需要清洗好，保持槽体的充分湿润。接着，可以选择槽体深刮嵌缝料，或者可以用堵漏王去填平槽体，这些填缝材料要与槽缝有极好的粘结力才行。填完后要用电钻打眼，主要是为了注浆，打眼间距最好为30cm左右，将10cm长的注浆管安装进去进行注浆，最后用堵漏材料封堵注浆嘴即可。

图 2-4 施工缝、施工冷缝

2.12.4 堵漏水泥简介

堵漏水泥俗称堵漏王，是一种高性能、集无机、无碱、防水、防潮、抗裂、抗渗、堵漏于一体的新高科技产品。其特性是迅速凝固，且密度和强度都远远高于现行高强度等级混凝土。在拌和后 1min 开始凝固，3～4min 终凝，抗压强度便可达到 25MPa 以上，还可以在潮湿基面上直接进行施工，用于抢险、漏水修复等，1h 可恢复原状，4h 可以通水。主要用于防水工程，带水带压，立刻止漏，操作简单，仅加水调和即可使用，无毒、无害、无污染，可加入硅酸盐水泥调整缓凝时间，与建筑物同等寿命。

使用方法：

（1）基层要求：基层必须干净、无起沙、无疏松、无空鼓；基面基层含湿率应在 5％以内，地面及地下建筑物防水基层含湿率在 10％内方可施工；层面应设置距离每 36m² 一个排气孔。

（2）材料用量：一般需 2～2.5kg/m²，厚度 1.5～2mm，分 2～3 次刮涂，要均匀一致，上下刮涂方向要横竖交叉进行。每次间隔时间由施工环境和涂膜固化程度而定，一般不少于 24h，以手感不粘为准，根据设计要求，也可以加涂一层或数层。

（3）涂膜保护：为延长防水层的使用寿命，保证工程质量，涂膜施工结束后，建议做保护层。

（4）上人屋面：在涂膜上面做水泥砂浆保护层。

注意事项：

（1）水粉比例可随底材、天气、施工条件不同而作适当调整。

（2）正常凝结时间为 5min，但可能会因为用水量、施工温度不同而有所波动。

（3）凝结时会大量发热，应该小心，以避免烫伤。

（4）碱性较强，施工应戴上相应保护措施。

2.12.5 水池拉螺栓孔处渗漏

1. 渗漏原因

在做水池施工时，如果对拉螺栓没有加装止水环，或者止水环的尺寸并不符合规范的要求，再或者止水环未满焊而穿过螺栓孔等情况，在其周围很容易形成缝隙，从而出现渗水现象。

2. 堵漏施工处理

对于拉螺栓孔处渗漏问题，可以采用内压力灌浆的方式去解决。可以选择环氧树脂作为内压力灌浆材料，先在水池外壁离螺杆孔上方大概 3cm 的位置用电钻打眼，要斜向与螺杆孔重合。对于渗漏严重的螺杆孔下方 3cm 也要打眼，然后在眼里插入注浆管，将环氧树脂压入其内，最后将外壁抹平即可（图 2-5）。

图 2-5　清水池不均匀沉降池底裂缝渗漏堵漏

2.13 出厂流量计在线检测方法

出厂水流量计误差在线评估方法主要有便携式超声波流量计比对法、电磁流量计电参数法、清水池水位跌落容积法、水泵运行耗电对比法四种方法。

出厂水流量计大部分水司安装管段式电磁流量计和管段式多探头超声波流量计。这两种流量计具备无可动件、无压损、量程宽、准确度高、稳定性好和使用寿命长等优点，是现在较多水司的首选产品。

流量计计量准确与否，直接影响企业的生产成本、产销差、水厂药耗、水厂电耗等一系列重要指标的计算和考核。因此，要保证流量计的稳定运行和准确计量非常必要。但由于流量计涉及企业的正常运作，送去国家授权的计量检测机构进行检定或校准后再安装所耗费用大，一般都不采取离线校验方法。如何做好流量计的在线检测，是计量人员一直在探讨的问题。下面重介绍这四种常用方法的优缺点和在线检测工作中的一些体会。

2.13.1　便携式超声波流量计比对法

1. 原理及操作

以便携式超声波流量计作为标准表，使流体在相同时间间隔内连续通过标准表和流量计，比较两者的输出流量值，从而确定流量计的计量性能和误差。

2. 优点

（1）此方法操作简单，不用停水、停电，直接安装在直管段上即可，是目前较多水司常采用的方法。

（2）检测结果直观，直接显示数据，可以对同一时点瞬时流量、某个期间累积流量进行比较。

3. 缺点

（1）便携式超声波流量计的准确度比管段式电磁流量计和管段式超声波流量计的准确度低（便携式超声波流量计精度一般为1%，而管段式流量计一般为0.5%），严格来讲不符合计量量值传递的规则（现在许多水司使用"名义降级"采取放宽准确度来解决这一问题）。

（2）影响便携式超声波流量计准确度的不确定因素较多，如直管段是否足够、管道里水的流态、管网直径误差、管壁积垢、气泡、温度变化、噪声、人为因素等。

4. 建议

（1）作为标准表的便携式超声波流量计，必须定期送国家授权的计量技术机构进行检定。

（2）安装便携式超声波流量计要有足够长的直管段（一般情况下为前10D、后5D），最好建设有标准管段测流井。

（3）检测人员在线检测时必须规范操作，尽量减少误差来源，如正确输入管材、衬里、管外径、管壁厚度、管内介质等相关参数，准确安放探头的位置等。

（4）在固定外部条件下（如测量点、水厂的开机台数、压力等），记录不同流速、不同温度的测量结果进行对比。

2.13.2　电磁流量计电参数法

在长期使用中，管道式电磁流量计各部件会有腐蚀、磨损、积垢、老化等现象，使流量计的稳定性、测量准确度下降，甚至发生故障。逐步对使用年限长、准确度下降的流量计进行改造。

电磁流量计的精度验证对于电磁流量计的管理，保证其精确度和可靠性，积累原始的比对数据，做日后的验证和核对也是非常有用的。电磁流量计的精度验证可利用清水池容积对电磁流量计校验设备。

对电磁流量计精度进行全面验证，以确定电磁流量计在水厂应用过程中的精度，确保计量数据真实可信或是否更换电磁流量计，采用目测法和仪表法。

1. 原理及操作

通过对直接影响电磁流量计测量准确度的传感器励磁线圈电阻和对地绝缘电阻、电极接液电阻偏差率、转换器各项参数转换准确度、零点漂移等参数进行校准，确定电磁流量计保持在出厂标定时的计量性能状态。一般测试项目如下：

（1）传感器部分：

① 励磁线圈电阻和对地绝缘电阻；②电极与液体之间电阻；③信号电路绝缘电阻；④励磁电路和信号之间的绝缘电阻。

（2）转换器部分：

① 零点检查；②对转换器内菜单设置的参数（如流量满度范围、口径、仪表系数等）进行检查；③使用模拟信号发生器对不同流量点进行检查。

2. 电磁流量计电阻测量

电磁流量计好与坏如何判断：采用目测法和仪表法，用 GS8 检查传感器的励磁线圈阻值、信号线之间的绝缘电阻、接地电阻等项目是否符合出厂前的标准，电磁流量计转换器零点、输出电流等是否满足精度要求。具体检测方法为：

（1）测量励磁线圈阻值判断励磁线圈是否有匝间短路现象（测线号"7"与"8"之间的电阻值），电阻值应在 $30\sim170\Omega$。若电阻与出厂记录相同，则认为线圈良好，进而间接评估电磁流量计传感器的磁场强度未发生变化。

（2）测量励磁线圈对地（测线号"1"和"7"或"8"）绝缘电阻来判断传感器是否受潮，电阻值应大于 $20M\Omega$。

（3）测量电极与液体接触电阻值（测线号"1"和"2"及"1"和"3"），间接评估电极、衬里层表面大体状况。如电极表面和衬里层是否附着沉积层，沉积层是具有导电性还是绝缘性。它们之间的电阻值应在 $1\Omega\sim1M\Omega$，并且线号"1"和"2"及"1"和"3"的电阻值应大致对称。

（4）关闭管路上的阀门，检查电磁流量计在充满液体且液体无流动的情况下的整机零点。视情况作适当的调整。

（5）检查信号电缆、励磁电缆各芯线的绝缘电阻，检查屏蔽层是否完好。

（6）使用 GS8 校验仪器，测试转换器的输出电流。当给定零流量时，输出电流应为 4.00mA；当给定 100% 流量时，输出电流应为 20.00mA。输出电流值的误差应优于 1.5%。

（7）测试励磁电流值（转换器端子"7"和"8"之间），励磁电流正负值应在规定的范围，大致为 137（5%）mA。

评估电磁流量计外部环境对其的影响，如励磁线与信号线同一条管道铺设、励磁线与信号线与高压电缆并行、周围有大型变压器或电机等因素对电磁流量计运行精度的影响进行评估，此评估主要使用目测法，观察运行中的电磁流量计有无突变或波动的状况大致判断电磁流量计有无受到电磁波或其他杂散波的干扰或管道中是否存在气泡。

对电磁流量计本身的验证所需要仪器和工具：GS8 校验仪器一台，4－1/2 万用表一台，500V 兆欧表一台，指针式万用表一台及常用工具。

3. 优点

（1）对流量计的性能进行检测，发现其故障信息。

（2）检测过程中不确定影响因素影响较少，检测结果的准确度较高。

（3）可对转换器的线性、重复性进行检测。

4. 缺点

（1）分别对传感器和转换器进行检测，不能对流量计作整体校验。

（2）每个厂家所配备的模拟信号发生器都不相同。

（3）只能通过测试流量计各项重要参数来判断其运行是否正常、性能是否改变，但无法确定被测流量计数据的准确度。

（4）检测过程中，被检流量计需要停止工作。

5. 建议

（1）在新购流量计时，要求厂家提供传感器励磁线圈电阻和对地绝缘电阻、电极与液体之间电阻等参数的出厂标定值，方便日后使用电参数法时作参照。

（2）熟悉不同厂家模拟信号发生器的使用方法。

（3）用来检测各种参数的工具如指针式万用表、数字式万用表、兆欧表等，选用较高准确度的以减少误差。

2.13.3　清水池水位跌落容积法

1. 原理及操作

水厂出厂水电磁流量计计量精度的验证采用清水池容积法，是供水企业经常采用的方法之一。

利用水厂的清水池作为测量容器，首先将清水池水位调至高水位，关闭原水水泵和相应阀门、确认无水进入清水池后，测量清水池水位在一定时间内的变化高度来计算清水池变化体积，与相同时间段内出厂水流量计的累计流量相比较，从而确定流量计的计量性能和误差。

在测量清水池的几何尺寸精确，减少各操作误差的条件下，可获得较高的比对参考作用。清水池容积法原理为：利用高精度钢尺测量清水池和吸水井实际的空间平面尺寸，精确计算出清水池和吸水井的实际平面面积。首先将清水池水位调至较高的水位，关闭所有出水阀门。待清水池水位稳定后，利用清水池液位变送器并用高精度钢尺人工精确测量清水池和吸水井的水位。为修正由于清水池等阀门漏失引起的误差，间隔一定时间后再次测量清水池和吸水井水位，并计算出单位时间的漏水量以便修正出水计量，减少误差。记录待验证的电磁流量计累计流量，人工测量清水池、吸水井液位的目的就是验证液位变送器的准确性。然后开启水泵，开启出水阀门，经过一定时间后，关闭出水阀停止送水泵。

待清水池水位稳定，再次利用清水池液位变送器并用高精度钢尺人工精确测量清水池和吸水井的水位，再次记录清水池和吸水井的水位，记录待验证的电磁流量计累计流量。最后计算出清水池和吸水井的水位高度差 Δh，从而计算出清水池和吸水井实际的水量，实际水量等于高度差 Δh 乘以平面面积及修正后的水量。

再计算出待验证的流量计的水量，用清水池实际水量减去流量计累积量，得到两者之间误差，从而验证出厂水流量计的计量系统精度。利用清水池容积法对出厂水流量计计量精度验证需在清水池状态完全静态的情况进行，从而取得的数据较为准确。计算公式如下：

$$E = (Q_{标} - Q_{仪})/Q_{标} \times 100\%$$

其中，E 为两者之间的误差值，$Q_{标}$ 为清水池下降高度差计算出的容积，$Q_{仪}$ 为验证期间流量计累积的流量值。

2. 优点

利用水厂的清水池作为测量容器，在原理上是一种最基本、最直观可靠的检测方法。

3. 缺点

（1）只适用于出厂水流量计，具有局限性，不能广泛使用。

（2）只能在后半夜不影响供水的情况下进行，检测时间受到限制，并且需要动用较多的人力、物力。

（3）影响清水池容积法测量准确度的不确定因素较多，例如清水池竣工图面积与实际面积存在的误差、水池测高点位置的安装、测试过程中人员的配合等都会直接影响测试结果。

4. 建议

（1）准确计算清水池和吸水井的面积，对照竣工图纸减去清水池和吸水井中导流墙、梁、柱等所占的面积（最好能在清水池竣工时用高精度钢尺实测其数据，留作以后测试使用）。

（2）选择合理的水池高度变化测量点，最好是水平面波动比较小的地方，能反映水池水位整体的高度变化。

（3）确认流程上进入清水池的阀门是否能完全关闭。

（4）在测试前制定详细的计划，安排人员，并要求记录人员同步记录有关数据。

【案例】使用容积法校验出厂水流量计（资料来源：广东中山小榄水务 2021 年）

为了校正出厂水流量计误差，核准管网的漏损情况。分别于 2021 年 6 月 20 日、21 日凌晨运用清水池容积法计算 A、B 出厂水流量，并与出厂水流量计数据作对比，现将具体情况总结如下。

（1）操作步骤如下：

1）A 厂：

① 0:00 停止 A 厂一级泵房的运行。

② 0:20 关闭全部滤池的出水阀，以截停流进清水池的水。

③ 2:00 开始进行数据采集，记录两个 A 厂出厂水流量计和两个清水池水位计的数据。

④ 采集 2:10、4:10 的数据。

⑤ 4:15 结束测试，再次记录以上数据。

2）B 厂：

① 0:00 停 B 厂一级泵房运行。

② 0:30 关闭全部滤池的出水阀，以截停流进清水池的水。

③ 1:00 开始进行数据采集，在 1:00、3:00 两个时间记录 B 厂出厂流量计、清水池和集水井水位计、杂用水水表及水射器水表的数据。

④ 3:40 结束测试，再次记录以上数据。

（2）数据采集及计算：

1）根据复核计算所得，各清水池及集水井面积见表 2-5。

表 2-5

池体	一、二期清水池	三期清水池	A厂集水井	B厂清水池	B厂集水井
面积（m²）	2021×2	2204	196	2865	308

A厂采集数据见表 2-6、表 2-7。

表 2-6

时间	A厂流量计1 （m³）	A厂流量计2 （m³）	一、二期清水池 水位（m）	三期清水池水位 （m）
2:10	16079948	21916073	3.78	3.77
4:10	16082674	21921230	2.56	2.54

表 2-7

时间段	A厂流量计1差值 （m³）	A厂流量计2差值 （m³）	一二期清水池水位差 （m）	三期清水池水位差值 （m）
2:10-4:10	2726	5157	−1.22	−1.23

A厂数据计算见表 2-8。

表 2-8

时间段	一、二期 清水池减 少容量 （m³）	三期清水 池减少 容量 （m³）	集水井 减少容量 （m³）	15号滤池 不密封 流量 （m³）	实际减 少容量 合计 （m³）	出厂 水流量 合计 （m³）	差值 （m³）	百分比
2:10-4:10	−4931	−2711	−239	−40	7921	7883	−38	−0.48%

B厂采集数据见表 2-9、表 2-10。

表 2-9

时间	B厂出厂水流量计 （m³）	清水池水位 （m）	集水井水位 （m）	杂用水1 （m³）
1:00	289168272	4.909	5.862	474416
3:00	289175028	2.742	3.948	474423

表 2-10

时间段	B厂出厂流量计差值 （m³）	清水池水位差值 （m）	集水井水位差值 （m）	杂用水1 （m³）
1:00-3:00	6756	−2.167	−1.914	7

B厂数据计算见表2-11。

表2-11

时间段	清水池减少容量（m³）	集水井减少容量（m³）	减少容量合计（m³）	其他用水量（m³）	实际减少的容量（m³）	出厂水流量（m³）	差值（m³）	百分比
1:00—3:00	−6208	−590	−6798	7	−6791	6756	−35	−0.51%

2）数据总结及分析：

① 根据《电磁流量计检定规程》JJG 1033—2007，国家计量检定规程关于电磁流量计的准确度最大允许误差为±2.5%。

② 通过本次清水池容积法计算A、B厂出厂水流量，并与出厂水流量计数据作对比，测试结果是A厂出厂水流量计的两个小时的误差为−0.48%，测试B厂出厂水流量计的两个小时的误差为−0.51%，A、B厂测试结果均在最大允许误差范围内。

2.13.4　水泵运行耗电对比法

由水泵的特性曲线可知，每一台水泵在一定的转速下，都有其固有的特性曲线，此曲线反映了该水泵本身潜在的工作能力。这种潜在的工作能力，在现实运行中就表现为瞬时的实际出水量、扬程、轴功率及效率值等。这些曲线上的实际位置，称为水泵装置的瞬时工况点，它表示了该水泵在此瞬时的实际工作能力。

定速运行工况是指水泵在恒定转速运行情况下，对应于相应转速在特性曲线上的工况值的确定。

调速运行工况是指水泵在可调速的电机驱动下运行，通过改变转速来改变水泵装置的工况点。

【案例】河南某市高新区水厂送水泵站1～5号水泵铭牌参数：$Q=1620$，$H=40$，电机转速989转/min，泵效率84.9%，轴功率208kW。某一时点实际运行情况，开泵一台1号变频，频率47.8Hz，电流313A，泵口压力0.37MPa，出厂水流量计实际瞬时流量1439m³/h。计算流量计瞬时流量误差：

比例定律的定义：同一台水泵，当叶轮直径不变，而改变转速时，其性能的变化规律。

（1）计算电机转速：$n=60f/p=60×47.8÷3=956$转/min。

其中，n为电机同步转速，f为供电频率，p为电机极对数，可知电机供电频率f与转速成正比。

（2）水泵转速$=\sqrt{37÷40}×989=951$转/min；结果基本相同。

（3）流量与转速成一次方关系：$Q_1/Q_2=n_1/n_2=1620×(956÷989)=1565.95$m³/h。

（4）扬程与转速成二次方关系：$H_1/H_2=(n_1/n_2)^2=40×(956÷989)^2=37.37$m。

（5）电机轴功率与转速成三次方关系：$P_1/P_2=(n_1/n_2)^3=208×(956÷989)^3=187.87$kW。

（6）流量计误差分析：流量计实时瞬时流量1439m³/h，计算出流量为1565.95m³/h，误差$=(1439−1566)÷1439×100=−8.83\%$，该流量计偏慢−8.83%。

2.13.5　结论及建议

多种检测方法都有其优点和不足，建议在实际工作中根据管道式电磁流量计的性能、使用情况结合使用。另根据国家新颁布的行业标准《管道式电磁流量计在线校准要求》CJ/T 364—2011，已将便携式超声波流量计比对法、电磁流量计电参数法纳入其中，也证明这两种方法的可行性。

要保证管道式电磁流量计的稳定性和准确度，日常管理非常重要，下面是对流量计管理的一些建议：

（1）合理选择流量仪表，规范安装条件，减少误差来源。

（2）加强检测工作：安排人员定期对仪表进行检查维护管理，以市区供水分公司为例，每季度使用超声波流量计比对法对水厂原水、出厂水电磁流量计进行检测。当便携式超声波流量计比对法的检测结果显示异常时，使用电参数法或容积法对其进行复测，根据结果查找异常原因。

（3）重视数据分析工作：建立完整的流量计管理档案，记录新装和使用中的检测数据，并对监测数据、水泵开机情况、水位变化等多种参数综合分析，判断流量计的运行情况。

2.14　出厂水流量计混入气泡和流体温度的影响

1）流量计混入气泡的影响

图 2-6 所示的试验装备，作为校验流体中混入气泡对流量仪表精度的影响，空气的混入量以空气量与水流量的比值来表示。试验中供给的空气量是以空气流量计读数为准，用空气压缩机压力和静态的流体压力来调节。对水量的测量用电磁流量计和机械水表两种类型的仪表。我们把压缩机的空气比例读数调节到 0、3%、6% 等，两种仪表均为正误差（大于测量值），因为读数比与气泡的混入比例的实际流量大。这说明流量计和水表把混入的气泡同水一样，以测量空气体积取代了水的体积。

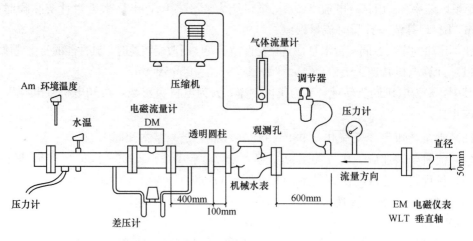

图 2-6　校验流量计混入气泡时影响的试验设备

气泡的流动状况是通过在透明的圆柱体与流量计出口连接处观察，在小流量下，气泡变大，在大流量下气泡变小。在实验中采用的流量最大为 4m³/h，当气泡变大时，气泡只在测流管的上部流动；在小流量时，气泡则被滞留在测流管的上部，形成管道堵塞现象。

提示：流量计和机械水表安装避开非满管水的管道，管网存在气体时应先排气后计量。

2）流量计流体水温的影响

在 10℃、30℃和50℃三种流体温度下测试流量计精度，表明了温感误差的存在。

2.15 送水泵站运行管理

2.15.1 泵站水泵配置

泵站水泵选择主要要点：大小兼顾、调度灵活、型号整齐、互为备用，合理地用尽各水泵的高效段，留有足够的发展空间，大中型泵站需作选泵方案比较。即工作水泵的型号及台数应根据逐时、逐日和逐季水量变化、水压要求、水质情况、调节水池大小、机组的效率和功率等因素综合考虑确定。当供水量变化大且水泵台数较少时，应考虑大小规格搭配，但型号不宜过多，电机的电压宜一致。

2.15.2 泵站的流量调节

（1）阀门调节：阀门节流虽然会造成能量的损失和浪费，但在一些简单场合仍不失为一种快速易行的流量调节方式。

（2）切削叶轮：一般多用于离水泵，由于改变了泵的结构，通用性较差，在实际应用时应从多方面考虑，在各种流量调节方法之中综合出最佳方案，确保离心泵的高效运行。

（3）水泵并联运行：只适用于单台泵不能满足输送任务的情况，而且并联水泵超过两台或并联的台数过多反而不经济，遵循并联运行压力相等的原则。

（4）水泵串联运行：适用于单台泵不能满足管网压力的情况下，在管网的适当位置上增设加压水泵，遵循串联运行流量相等的原则。

不合理的入口管道设计或出口管网布置可能会带来一系列的问题，而且振动、噪声严重超标。在任何情况下，管道不允许有气囊存在。出现的问题主要有以下几点：

（1）泵不仅出力不足。

（2）运行期间噪声较大。

（3）泵组振动超标。

（4）轴承和机械密封过早失效。

（5）泵其他零件过早磨损和失效，如耐磨环。

（6）叶轮和泵壳发生汽蚀损害。

（7）接口法兰处发生泄漏。

【案例】（泵站流量出水不足）山西阳城水司日供水1万t泵站出水只有几千吨，作者到泵站现场查验，水泵选型、水泵出、入口管道安装、输水管道口径均符合设计要求，初步判断出水至城区管段有堵塞现象，堵塞现象主要有三种：管路中的阀门没有完全打开、管路施工时进入杂物堵塞、管路中有气囊。因此，购买六只 0.6MPa 机械压力表沿管线到附近居民家里同一时点测压，发现两个压力点测压时 600m 之间压力下降很大，自来水公司总经理带队沿这段管网之间巡查，发现柏油路面有一明显圆圈，剔除路面柏油后发现是一个隐藏的阀门井，DN400 阀门只打开 1/4 开度。当完全打开时，泵站压力下降，管网压力均匀，流量增至到水厂设计的流量。此类类似现象在河南汝州水司也有发现，泵站有两条出水管线，其中一条敷设多年，反扣阀门一直没打开，造成多年来泵站流量出水不足。

2.15.3 送水泵站的压力调控

当设计院对水厂进行实际设计时，其选用的压力＝最低设计压力＋消防用水＋未来发展＋安全因数，这使得供水系统部分区域供压远远大于实际需要。造成系统漏失次数增加，增大漏失量，以及不必要的能量消耗，同时较高的运行压力对供水的基础设施的寿命影响也很大。

变频调速因其节能效果好、自动化程度高而越来越受到用户的青睐。随着城市高层建筑的增多，市政管网出现压力不足的情况，对于高层建筑希望采取无水箱给水方式。要解决这些问题，就必须对供水系统进行自动化恒压控制，采用自动恒压控制给水技术。变频调速恒压给水技术就是这种技术的应用，它是当前先进的给水技术，该技术有如下特点：高效节能，用水压力恒定，延长设备使用寿命，功能齐全等。

1. 变频调速恒压给水系统原理

变频调速恒压给水系统由计算机、变频调速器、压力传感器、电机泵组及自动切换装置等组成，压力传感器放置点即为变频调速控制系统的压力控制点。变频调速给水恒压系统在应用时能否达到理想的工况，压力控制点设置的形式是关键因素之一。压力控制点的设置有两种形式：一是将控制点设于泵站出口，按该点的压力进行工况调节，间接保证最不利点的水压稳定，称为泵出口恒压控制；二是将控制点设于最不利点处，直接按最不利点水压进行工况调节，称为用户最不利点恒压控制。

2. 变频出口恒压与最不利点恒压控制的分析、对比手段

（1）对于泵出口恒压控制，当管网用水量增大时，最不利点水压开始减低，而出口压力反应还不明显；当管网用水量继续增加时，出口压力才能显示减小，调速系统才能开始增速补充流量；管网用水量减少时，最不利点要落后于出口压力点的反应速度，调系统会先于最不利点提前减量送水。

（2）对于最不利点恒压控制，当管网用水量增加时，最不利点压力下降就能传送给控制系统进行增量控制。管网用水量减少时，管网压力整体提升，当最不利点压力提高到供水服务要求压力时，返回控制系统数据信息，控制系统进行减量送水。

（3）利用最不利点控制与泵站出口恒压控制相比，供水量相同时，最不利点恒压控制的水泵以更低的转速运行更节能。同时，最不利点恒压控制更易于实现水泵在高效段运行，水泵工作效率更高些。其致命的缺点是当管网突发爆管时压力降低，而水泵还在拼命工作。

2.15.4　泵站流量、压力调节方法

通常，所选离心泵的流量、压头可能会和管路中要求的不一致，或由于生产任务、工艺要求发生变化，此时都要求对泵进行流量调节，实质是改变离心泵的工作点。离心泵的工作点是由泵的特性曲线和管路系统特性曲线共同决定的。因此，改变任何一个特性曲线都可以达到流量和压力调节的目的。

目前，离心泵的流量调节方式主要有调节阀控制、变速控制以及泵的并、串联调节等。由于各种调节方式的原理不同，造成的能量损耗也不一样，为了寻求能耗最小的流量调节方式，必须全面地了解离心泵的流量调节方式与能耗之间的关系。

泵流量、压力调节的主要方式：改变水泵机械特性、改变水泵运行特性、改变管网系统特性。

1. 改变管路特性

改变离心泵流量最简单的方法就是利用泵出口阀门的开度来控制，其实质是通过改变管路特性曲线的位置来改变泵的工作点。

2. 改变离心泵机械特性

根据比例定律和切割定律，改变泵的转速、改变泵结构（如切削叶轮外径法等）两种方法都能改变离心泵的特性曲线，从而达到调节流量（同时改变压头）的目的。但是，对于已经工作的泵，改变泵结构的方法不太方便，并且由于改变了泵的结构，降低了泵的通用性，尽管在某些时候调节流量经济、方便，在生产中也很少采用。

1）改变泵的转速

某水司送水泵站有一台水泵 12Sh-9 型，铭牌参数为扬程 $H=58\mathrm{m}$，流量 $Q=792\mathrm{m^3/h}$，轴功率 $N=150\mathrm{kW}$，转速 $n=1450$ 转/min。现根据泵站实际运行情况，扬程只需要 $H=135\mathrm{m}$。为了使水泵工作时不浪费扬程、节省电耗，决定采用变频办法降低转速使用，降低后的转速、流量和功率计算如下：

降低后的水泵转速为：$n_1 = \sqrt{\dfrac{H_1}{H}}\, n = \sqrt{\dfrac{35}{58}} \times 1450 = 1130$ 转/min

降低转速后的流量为：$Q_1 = Q\dfrac{n_1}{n} = 792 \times \dfrac{1130}{1450} = 616.5\mathrm{m^3/h}$

降低转速后的压力为：$H_1 = H\left(\dfrac{n_1}{n}\right)^2 = 58 \times \left(\dfrac{1130}{1450}\right)^2 = 35.22\mathrm{m}$

降低转速后的轴功率为：$N_1 = N\left(\dfrac{n_1}{n}\right)^3 = 150 \times \left(\dfrac{1130}{1450}\right)^3 = 70.9\mathrm{kW}$

降低转速后电流为：$N_1 \times 1.437 = 70.9 \times 1.437 = 101.88\mathrm{A}$

2）改变泵结构切削叶轮外径法

某县级水司小型加压泵站水泵型号为 6BA-12，原叶轮外径 $D=268\mathrm{mm}$，流量 $Q=160\mathrm{m^3/h}$，扬程 $H=20.1\mathrm{m}$，轴功率 $N=10.8\mathrm{kW}$。现在需要扬程 $H_1=16\mathrm{m}$，决定采取车削叶轮直径的办法来适应需要。叶轮直径应该车削尺寸、水泵的流量和轴功率计算如下：

根据切割定律：

$$D_1 = D\sqrt{\dfrac{H_1}{H}} = 268\sqrt{\dfrac{16}{20.1}} = 239\mathrm{mm}$$

为安全起见，常按切割定律计算后的叶轮直径加上 2～3mm 的余量，现取 $D_1 = 239 + 2 = 241$mm。因此，叶轮直径的切割量为 $268 - 241 = 27$mm。

叶轮直径切割后的流量为：

$$Q_1 = Q \frac{D_1}{D} = 160 \times \frac{241}{268} = 144\text{m}^3/\text{h}$$

叶轮直径切割后的轴功率为：

$$N_1 = N \left(\frac{D_1}{D}\right)^3 = 10.8 \times \left(\frac{241}{268}\right)^3 = 7.1\text{kW}$$

此处仅分析改变离心泵的转速调节流量的方法。当改变泵转速调节流量从 Q_1 下降到 Q_2 时，泵的转速（或电机转速）从 n_1 下降到 n_2，转速为 n_2 下泵的特性曲线 Q-H 与管路特性曲线 $H_e = H_0 + G_1 Q_{e2}$（管路特曲线不变化）交于点 A3（Q_2，H_3），点 A3 为通过调速调节流量后新的工作点。

此调节方法调节效果明显、快捷、安全可靠，可以延长泵使用寿命，节约电能，另外降低转速运行还能有效地降低离心泵的汽蚀余量 NPSHr，使泵远离汽蚀区，减小离心泵发生汽蚀的可能性；缺点是改变泵的转速需要通过变频技术来改变原动机（通常是电机）的转速，原理复杂，投资较大，且流量调节范围小。

根据有关试验和运行经验，在车小叶轮外径时，对于不同比转速的叶轮，其车削量不超过表 2-12 中所列值。否则将使水泵效率降低较多，运行不够经济合理。此外，对于不同比速的叶轮，其车削方式要求不同，可参考关技术资料。

为了扩大水泵的压力适用范围，目前我国很多水泵生产厂商对单级双吸卧式离心泵。

表 2-12

叶轮比速 n_s	60	120	200	300	350	大于 350
最大容许车削量	20%	15%	11%	9%	7%	0
效率下降值	每车削 10% 下降 1%			每车削 4% 下降 1%		

同一型号配置多个不同扬程的叶轮，一般除叶轮外径不同外，其余水泵结构尺寸均相同的两种（或三种）规格，便于叶轮互相代换。例如，4BA-25 型与 4BA-25A 型，叶轮外径分别为 122mm 和 114mm（即外径相差 6.55%），其余结构尺寸完全相同。河南平顶山白龟山水厂水库缆车式原水提升泵站 20 世纪 70 年代每台水泵都配置三个叶轮，水库在不同的水位更换不同的叶轮，分别在沣水期 103m、兴利库容 100m、枯水库容 98m 时更换叶轮。满足不同水位的扬程需要，节约了能耗。

3. 改变水泵运行特性

当单台离心泵不能满足输送任务时，可以采用离心泵的并联或串联操作。用两台相同型号的离心泵并联，虽然压头变化不大，但加大了总的输送流量，两台泵并联是额定流量合计的 90%，三台泵并联是额定流量合计的 84%，并联水泵越多，总效率下降越多；离心泵串联时总的压头增大，流量变化不大，串联泵的总效率与单台泵效率相同。水泵串联、并联运行原则：串联水泵运行各台水泵流量相等，并联水泵运行各台水泵压力相等。

2.15.5　成果概述

1. 泵站改造案例

由于城市管网的压力、流量不断变化，水泵的工况点也随管道压力、流量在不断改变，水泵选型至关重要，扬程选择过高，低扬程时造成实际运行流量大，导致电机电流增大，影响了水泵的效率。同时送水泵电机运行是否安全、可靠也是水厂供水安全的重要保障。

【案例1】叶轮切削降低压力改造案例（资料来源：深圳水务集团）

深圳某水厂北送水泵房配置5台10kV、630kW送水系机组，水泵电机原为绕线式电机，电机末端配置滑环通过水电阻降压启动，2003年投入使用，已运行十几年，运行电流偏大，能耗高。同时电机末端滑环制造精度、安装进度要求较高，需要定期更换碳刷，运行期间碳刷与滑环容易引起打火现象，值班人员需要时时观察电机末端滑环组，一旦出现严重的打火，需要整体更换滑环组件，维修频繁，费用高。同时电机使用年久可能存在槽脱落的隐患。送水泵机组初期配套水泵扬程53m，但实际运行扬程约在41m，造成送水泵机组效率低，前期已陆续对水泵叶轮进行切削，取得了一些成效，但还没有达到最佳运行工况。2018年，根据水厂实际工况对北泵房3号送水泵电机进行维修改造，将原来绕线式异步电机改造为鼠笼式，取消滑环与碳刷。将原来变阻启动方式改为直接启动，取消其对应的液体启动柜。水泵叶轮进行切削，扬程由47m降低至43m。3号水泵机组改造后运行电流由改造前的48A减少至41A，功率由改造前的708kW降低至610kWh，功率下降了13.84%。电耗下降明显，达到节能降耗的目的。同时，此改造也大大减少后期维护成本，保证了送水泵电机运行的可靠性，降低了电机的运行故障率，社会效益也不容小视。改造效果及数据见表2-13。

送水泵3号电机改造前后对比数据　　　　　　　　　　表2-13

项目	改造前	改造后	增减量（%）
电流（A）	48	41	−14.58
平均电量（kWh）	708	610	−13.76

通过对北送水泵房的3号泵全面维修改造。根据历年的数据统计分析，供水单耗由改造前的144.94kWh/km³降低到目前的141.24kWh/km³，下降幅度达2.55%。供水单耗是送水泵房能耗的重要指标，能耗的降低说明送水泵机组效率的提升。根据北泵房历年数据统计，北泵房每年配水电量约为1081万kWh。每年节约电费：10810000×2.55%×0.785=216389元=21.6万元。

具体方法：

（1）电机由绕线式改造成鼠笼式异步电机，并对电机转子重新设计笼条，增加两个铜端环，重新焊接鼠笼转子。

（2）电机使用年限较长，轴承更换为KF轴承。

（3）更换电机定子槽锲，消除槽锲脱落隐患。

（4）取消电机末端的滑环、碳刷组件。

（5）取消液体启动柜，由降压启动改为直接启动。

（6）整机进行运转测试，确保电机各项参数与原电机相仿。

（7）对水泵叶轮进行切削；第一次叶轮直径由 $D=840$mm 切削为 $D=775$mm，额定扬程从 $H=52$m 降至 $H=47$m，水泵叶轮进行再切削，扬程由 47m 降低至 43m。额定轴功率从 $N_轴=555$kW 降至 $N_轴=435$kW、电流 $I=39$A。两次叶轮切削率 22%。

（8）叶轮切屑完成后进行动平衡测试，确保水泵振动、噪声符合要求。

【案例 2】瓦房店市自来水公司小屯原水提升泵站水泵更换叶轮案例（资料来源：瓦房店水司牟全景）

（1）背景资料。

供水时间：24h 连续供水。

供水机组参数：101 号机组水泵型号 SOLW350-440（I），流量 2484m³/h，扬程 21.5m，生产厂家为上海某泵业制造有限公司；配套电机采用 1 万 V 高压电机，功率 220kW，工频运行。

改造背景：水源地松树水库库存水量减少，水位下降，导致加压泵站来水压力降低（水泵工作时正常水位可以保证来水压力 0.3MPa 以上，低水位时来水压力约 0.23MPa）。自加压泵上向净水厂供水需要 0.52MPa，所以水泵不能在高效区工作。经实测，机组向净水厂的供水量约为 1600m³/h。

（2）机组改造方案。

为了便于改造、节约资金，同时达到较好的改造效果，特邀请了中国水协县镇委专家帮助制定改造方案。采用更换现有水泵叶轮的直径的方式来改变供水机组参数。在专家的指导下，经过和生产厂家技术人员沟通交流，实施该改造方案。

（3）改造效果及经济效益。

改造后，供水机组向净水厂的供水量由改造前的 1600m³/h 增加到 1950m³/h，耗电量相同的情况下每天可以向净水厂多供水 8400m³。经过测算，每天可以节约电量 1155kWh，每年节约电量 42 万 kWh，大约节约电费 25 万元。项目购买叶轮投资大概 5000 元。

2. 压力调节对策

不论采用哪种泵流量、压力调节的控制方法，只要压力在较多时间超过服务需要，降低后又不影响下游地区供水的，均可研究采用压力调整法。压力升高值越多，地区越大，时间越长，则降低漏损的潜力越大，压力调整的必要也越大。

（1）先要研究出厂水压力、管网加压泵站和原水提升泵站出站压力的合理性。如全区压力偏高，则应考虑降低出厂水压力，也可能适当降低管网加压泵站或水库原水提升泵站的出站压力是比较合理的。如果是某加压泵站或水库泵站所控制的地区压力过高，则应考虑降低该泵站的出站压力。

出厂水压力和管网加压泵站压力降低采取缓慢降低法，每半个月降低 1m 压力，让用户慢慢适应压力变化的影响，收集热线电话解决因降压引起供水问题，一直到热线电话反映问题较多确实是降压引起的供水问题时，再提升一些压力。

（2）如近水厂地区或标高较低地区压力经常偏高，可设置减压阀调节装置，减压阀是调节压力的比例，可以串联安装 2 个以上，如有条件最好装压力调节阀按比例的导向锥轴减压，导向阀不管阀前压力多高，经过调节阀后压力基本上恒定于指定值。还可以根据事先确定的要求在白天某些时间维持较高的指定压力，而在夜间某些时间维持较低的指定压力，减少漏损量。

（3）DMA 分压供水，如供水距离很长或地面高低相差较大的不论采用前述哪种漏损控制方法，只要压力在较多时间超过服务压力需要，降低后又不影响下游地区供水的，均可研究采用分压压力调整法。压力升高值越多，地区越大，时间越长，则降低漏损的潜力越大，压力调整的必要也越大。如下，宜用分压供水。

1）在地面平坦而供水距离较长的场合，宜用串联分区加装增压泵站的方式。举例：如某供水区距离为 20km，服务压力为 20m，管道平均水力坡降为 3‰，则出厂压力为 20000×3‰+20=80m。此时极大部分地区压力超过需要，有的超过 60m。如在中间设置增压泵站，把后部地区用水增压 30m，而将出厂压力降低 30m。这样，有一半地区水压降低 30m，可降低漏损量。降低量也可按上述算法计算。

2）在山区或丘陵地带地面高差较大的地区，一般按地区高低实行压力分区，可串联供水或并联分区。多少地面高差分为一区，要进行方案比较后确定，一般为每 30m 高差实行压力分区。如图 2-7 所示。

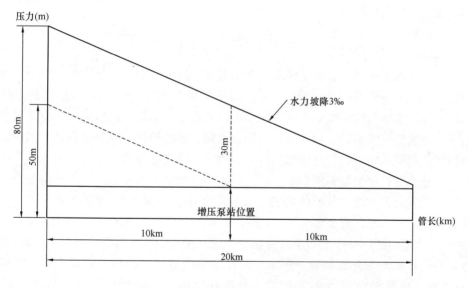

图 2-7 设置增压泵站前后压力线情况

上述方法压力调节，一是节省能源，二是减少爆管概率，三是降低漏水量和供水量，还可以降低管网管材的耐压等级材质要求。

① 节能计算：上述串联分压供水方式节能效果，如总出水量为 5000m³/h，用水在 20km 内均匀分布，每 1000m³/h 提升 1m 耗电量 4kWh，折合机泵效率为 68%，即 2.732÷0.68=4 度/(m³·m)，不设增压站供水方式耗电总量为：$5000×80×\dfrac{4}{1000}=1600$ 度

② 减少爆管概率计算：例如，一年内 DN75 以上干管管网修漏 265 次，其中非压力相关的爆管 126 次（施工挖断、锈蚀等），现在水厂出厂水压 0.8MPa，增设增压泵站供水方式的出厂水平均压力调整到 0.5MPa，爆管频次数计算如下：

爆管频率与压力关系引入国际水协 N_2 指数：

$BF_1 = (BF_0 - BF_{npd}) \times (P_1/P_0)^{N_2} + BF_{npd} = (265 - 126) \times (50 \div 80)^3 + 126 = 159$ 次，爆管减少次数 $=265-159=105$ 次。

式中，BF_{npd} 为非压力相关漏失的爆管频率。对于干管爆管频率和用户支管爆管频率，要分开应用该公式，N_2 的幂值大约是 3。

③ 流量与压力关系引入国际水协 N_1 指数降低供水量计算：

已知降压前泵站平均流量 $5000m^3/h$，降压后平均流量 $=5000 \times (50 \div 80)^{0.75} = 3515m^3/h$，降低量 $=5000-3515=1485m^3/h$，降低率 29.7%

式中，N_1 指数幂值 0.75。

【案例3】黑龙江孙吴县自来水公司采取压力指数计算、漏损组测试等综合方法，排查并修复大小漏点14处，解决红旗街棚户区常年水压低问题，为水厂降压减流提供条件，仅用十余天产销差率下降了12%，降低电耗2.3%。将净水厂送水泵的变频设置进行了改进，由原来的按百分比的方法改为按时点压力、分时段进行压力变频控制，原来的压力上限0.38MPa改为0.33MPa，夜间低峰控制在0.27~0.28MPa。通过降压，在满足用水需求的前提下，每日减少送水量降低了9.2%，意味着送水量的下降产销差也降了9.2%，拉近了供水量与售水量的距离。

3. pH值调节

(1) 案例。

在美国、东南亚诸国、日本等国家和我国香港等地区，对化学稳定性差的出厂水，在清水池中投加一定量的石灰水，使出厂水pH值调整至8.0~8.5。日本的石桥多闻先生在《给水工程的事故与防治措施》一书中指出，对配水管采取防蚀措施，只限于采取铁管的涂料覆盖方法是不够的，在接管部位、屋顶水箱、附件等处不易被覆彻底。因此，在做好管内防腐蚀衬里的同时，对进入管网的水调整pH值是必要的。

石灰溶液沉淀后取上层清液投加，切勿影响出厂水的浊度上升。为了确保安全，可将石灰溶液经浸入式膜过滤，从而使投加的石灰溶液不可能影响出厂水的浊度。

笔者在韩国首尔水厂考察时（该厂原水来自汉江），出厂水的pH值调至8.0~8.5，最高达9.0，据介绍当pH值超过8.4以后，铁硫细菌生长基本抑制，延缓生物膜的发育。同时水厂直接投氯改为分散加氯，把水厂并联供水改为串联供水；建设104处配水池和17处加氯点，改造老旧管网如镀锌管、灰铸铁管等一系列措施，供水效率由原来的55.2%提升到94.4%，即产销差率6%。原来有10座净水厂生产能力730万 m^3/d，而目前只启用6座435万 m^3/d，关闭4个净水厂生产设施封存备用，厂区空地被改建为市民公园供免费游玩。

(2) pH值的其他因素的影响。

1) 当pH<6.5且水中铁含量超过3mg/L时，管道逐渐被铁细菌的作用所堵塞；

2) 当水中氯化物和硫酸盐的浓度在300~400mg/L时，即使 $IL=0.2~0.4$ 时也会发生大量的腐蚀性沉淀，这是因为氯离子和硫酸根离子具有破坏管壁保护性碳酸盐薄膜的作用；

3) 自来水的水温变化缓慢，若是热水系统问题就更突出，当水温升高时水中二氧化碳逸出，碳酸盐处于过饱和，有结垢倾向，反之则水具有腐蚀性；

4) 水中微生物大量繁殖，会形成生物性结垢，也有可能堵塞管道，影响管道输水及管网水质。

（3）水的腐蚀特性鉴别（表2-14）

水的腐蚀特性 表 2-14

IR（稳定指数）	水的倾向	IR（稳定指数）	水的倾向
4.0~5.0	严重结垢	7.0~7.5	轻微腐蚀
5.0~6.0	轻度结垢	7.5~9.0	基本稳定
6.0~7.0	严重腐蚀	9.0 以上	极严重腐蚀

（4）生物稳定性。

生物稳定性系用生物可同化有机碳（AOC）来表示管网水中被细菌利用的有机质的浓度，它可作为管网中细菌生长的潜在能力指标，对于良好的水源，水未用氯消毒时，AOC 小于 $10\mu g$ 乙酸碳/L，异养菌不发生增殖；水经消毒而 AOC 在 $50\sim100\mu g$ 乙酸碳/L 时，细菌滋生受到抑制，生物稳定性好。

AOC 大于 $200\mu g$ 乙酸碳/L 时生物稳定性差，细菌迅速滋生，用 AOC 评价水处理工艺对进入管网水的生物稳定性时，以下趋向应引起关注：

1）用氯胺消毒的生物稳定性优于用液氯消毒。

2）采取二氧化氯替代液氯进行源水的预氯化措施，可降低 AOC 值。

3）合理保持出厂水的余氯在偏低范围，必要时管网内局部补充加氯。可以降低管网水的 AOC 值。

4）膜过滤法处理水的生物稳定性差，AOC 值高。

5）生物活性碳法处理水的生物稳定性好。

6）美国、日本都已证实，经臭氧处理后的水，AOC 值高。

（5）具体建议。

对供水单位出厂水的稳定性，应制定指导性要求。首先，要求有条件的供水单位，对出厂水的水质稳定性进行专题研讨，对具有较严重腐蚀性的水质，增添 pH 值调整的工艺措施；对出厂水的余氯值应有更严的控制，必要时增设管网中间补加氯措施，乃至增添生物活性炭深度处理工艺，使生物稳定性改善。这也是使自来水水质赶上国际先进水平，符合优质水要求的一个重要环节。由于这些措施增大了供水成本，建议先个别试点，总结效果，再论在什么样的范围内普及。提出这些建议的主要依据是：

1）首先，《生活饮用水卫生标准》GB 5749—2022 中，对化学稳定性和生物稳定性补充提出了指导性的要求。当原水水质偏酸性时，将出厂水 pH 值调整至 $8.0\sim8.5$。

2）碱性介质溶解度小，生成钝化膜，减轻腐蚀，亦不利于细菌滋生。

3）选用二氧化氯进行原水的预氯化、氯胺消毒、生物活性炭深度处理、采取管网补加氯来降低出厂水余氯值等措施，从而降低出厂水中 AOC 值，抑制细菌生长，当管网水中 AOC$<50\mu g$ 乙酸碳/L 时，细菌生长受到抑制。

4）美国标准为 AOC 小于 $50\sim100\mu g$ 乙酸碳/L；我国学者建议的近期目标是 AOC 小于 $200\mu g$ 乙酸碳/L，远期目标是 AOC 小于 $100\mu g$ 乙酸碳/L。

3 输配管网资产与泄漏管理

3.1 输配水管网的资产概念

3.1.1 给水管网系统

给水管网系统将水源、水厂、输水管道、分配管网、水塔、水池、水泵站等设施有机地结合起来，形成一个完整的供水系统，为城市和农村等各类用户提供清洁、安全、充足的用水。

3.1.2 输水管道、配水管道和用户支管

从供水点（水源地或给水处理厂）到管网的管道，一般不直接向用户供水，起输水作用，称为输水管。管网中同时起输水和配水作用的管道，称为干管。

从干管分出向用户供水的小口径管道起配水作用，称为配水管网。从干管或支管接通用户的，称为用户支管。管网上常设水表以记录用户用水量，用户支管用户或房屋开发商投资建设，管网产权以水表为界，表前管网产权归供水企业所有，表后管网产权归用户所有。

3.1.3 管网的阀类附件设施

给水管网中适当部位设有闸阀。当管段发生故障或检修时，可关闭相应闸阀，使该管段从管网中隔离出来，以缩小停水范围。闸阀应按需要设置，闸阀越少，事故或检修时停水地区越大。管网中间的阀门称为腰阀或主阀，管网开口三通处阀门称为开口阀或支阀。

当管线有起伏或管道架空过河时，在管道的隆起点需设排气阀，以免水流挟带的气体或停水再送水时留在管道中的气体积聚，这种气堵现象减小了管网的截面积，影响水流通过，而气体压缩常常引起爆管。

在管道的低凹处常设排水阀，用以管网冲洗或维修时放空水管。

【案例】放空管阀门设置建议要有防盗水装置，现场要有明显标志说明，任何人不得擅自打开阀门，否则按偷水追责。某水司夏季供水高峰季节，突然整个城区压力下降0.15MPa。管网维修人员分成若干小组沿管四处巡查，没有发现漏口。当巡查到城郊结合处管网时，发现放空阀被当地农民打开浇地。

3.1.4 给水管网形式

给水管网环状就像是一个带有许多闭环的渔网。管道从网络上的节点开始，沿着不同的路径可以到达网络上的任何节点。给水管网树状网络，也称枝状管网，在一根或几根干

管上有许多分支，并且在分支上还有分支。

给水管网的干管呈枝状或环状布置。如果把枝状管网的末端用水管接通，就转变为环状管网。环状管网可互相补水补压，给水条件好，但造价较高。小城镇和小型工业企业一般采用枝状管网。大中型城市、大工业区和给水要求高的工业企业内部，多采用环状管网布置。设计时必须进行技术和经济评价，得出最合理的方案。近代大型给水系统常有多个水源，有利于保证水量、水压，并且既经济又可靠。分质供水管网随着社会的发展，用水量在不断增加，而优质水源却由于污染而减少，于是出现了分质给水的管网，即用不同的管网供应不同水质的水。

3.1.5　给水管网系统类型

分为两种类型：统一给水管网系统、分系统给水管网系统。

1. 统一给水管网系统

统一给水管网系统根据管网供水的水源数目搭建，统一给水管网系统可分为单水源给水管网系统和多水源给水管网系统两种形式。

单水源给水管网系统即只有一个水源地，处理过的清水经过泵站加压后进入输水管和管网，所有用户的用水来源于一个水厂清水池（清水库）。较小的给水管网系统，如企事业单位或小城镇给水管网系统，多为单水源给水管网系统。单水源给水管网系统简单，管理方便，但供水安全保障系数较差，一旦某个环节出了问题停水面积大。

多水源给水管网系统即有多个水厂的清水池（清水库）作为水源的给水管网系统，清水从不同的地点经输水管进入管网，用户的用水可以来源于不同的水厂。较大的给水管网系统，如大中城市甚至跨城镇的给水管网系统，一般是多水源给水管网系统。多水源给水管网系统的特点是：调度灵活，供水安全可靠（水源之间可以互补），就近给水，动力消耗较小，管网内水压较均匀，便于分区发展，但随着水源的增多，管理的复杂程度也相应提高。

2. 分系统给水管网系统

分系统给水管网系统和统一给水管网系统一样，也可采用单水源给水管网系统或多水源给水管网系统。根据具体情况，分系统给水管网系统又可分为分区给水管网系统、分压给水管网系统和分质给水管网系统。

分区给水管网系统管网分区的方法有两种：一种是因城镇地形较平坦、功能分区较明显或自然分隔而分区，城镇被河流分隔，两岸工业和居民用水分别供给，自成给水系统，随着城镇发展，再考虑将管网相互沟通，成为多水源给水系统；另一种是因地形高差较大或输水距离较长而分区，又分为串联分区和并联分区两类。采用串联分区，设泵站加压（或减压措施）从某一区取水，向另一区给水；采用并联分区，不同压力要求的区域由不同泵站（或泵站中不同水泵）给水。大型管网系统可能既有串联分区又有并联分区，以便更加节约能量。

分压给水管网系统由于用户对水压的要求不同而分成两个或两个以上的系统给水。符合用户水质要求的水，由同一泵站内不同扬程的水泵分别通过高压、低压输水管网送往不同用户。

3.1.6　不同输水方式的给水管网系统

根据水源和供水区域地势的实际情况，可采用不同的输水方式向用户给水。不同输水方式的给水管网系统又分为重力输水管网系统和水泵加压输水管网系统。

1. 输水管道

只供输水而不负担配水任务。输水管要简短，以减少水头损失和便于施工。输水管的数目视工程的重要性而定。允许断水或多水源供水时，可设一条输水管；不允许断水则应敷设两条或两条以上的输水管。输水管最好沿道路埋设，这样有利于施工及维护。为简化安装，降低造价，要尽量避免穿越河谷、沼泽、滑坡、山脊、重要铁路及洪泛区，否则应采取有效防护措施。

2. 配水管网

将输水管引来的水配送到用水区，供用户使用。因此，在管网规划布置时应根据供水区域的建筑规划。

3. 分质供水管网分类

根据供水用途，基本上可分为三种：

（1）生活给水管网。供应居住建筑、公共建筑和工业建筑中的饮用、洗浴、烹饪及冲洗等生活用水。除水量、水压应满足需要外，水质也必须符合国家颁布的现行《生活饮用水卫生标准》GB 5749。

（2）生产给水管网。供生产设备的用水系统，如生产中的冷却、洗涤及锅炉等用水。由于生产种类不同，工艺各异，因而对水量、水质、水压、水温的要求也不尽相同。在技术经济比较合理时，应设置循环或重复利用给水系统，以节省大量生产用水。

（3）消防给水管网。保安灭火的供水系统，对水量、水压要求必须保证。国家现行《建筑设计防火规范》GB 50016，可供参照使用。消防用水对水质无特殊要求。

4. 建筑物红线以内给水管网的组成

（1）引入管：将建筑物附近室外配水管网中的水引入建筑物中的总进水管。

（2）水表：在引入管上或分户的支管上设置水表，以便计量用户的用水量。

（3）干管：引入管进入室内的水平干管，干管布置在底层地面下或管沟内者，称为下行上给式干管；布置在顶棚顶内者，称为上行下给式干管。

（4）立管：由水平干管上下分出的立管，其作用是供给各层的用水。

（5）支管：由立管分出支管，供层卫生器具配水龙头用水。

（6）配水龙头及附件：支管上装设各种配水龙头及相应的闸阀等。

（7）升压设备：在水量、水压不能满足供水要求时，需要设置二次加压水泵，以提高水压、储存水量，保证建筑物的安全供水。

5. 庭院小区及用户终端给水系统的供水方式

（1）决定因素：居民小区楼宇建筑物的性质、高度、卫生设备情况以及配水管网的水压、消防要求等。

（2）基本方式：

1）直接供水方式：当室外配水管网的压力、水量能终日满足室内供水的需要时，可以采用最简单的直接供水方式。一般采取分层分压供水，七层以下直接与城市给水管网连接。特点：简单、经济而又安全，是城市建筑中最常用的供水方式。

2）设置水箱的供水方式：配水管网的压力在 1d 之内有定期的高低变化时，可以设置屋顶水箱。水压高时，箱内蓄水；水压低时，箱中放出存水，补充供水不足，这样可以利用城市配水管中压力波动，使水箱存水放水，满足建筑供水的要求。

3）设置水泵水箱的供水方式：当室外配水管网中的水压经常或周期性低于室内所需的供水水压，且用水量较大时，可采取设置水泵及水箱的供水方式。设水泵提高供水压力，水箱的容积可以减小。有了水箱，水泵可以高效运行，箱中水满时可以停泵，节省能源。水泵用自动控制，供水安全、可靠。

4）分区供水方式：在多层建筑物中，室外配水管网的水压仅能供下面几层，而不能供上面层的用水。为了充分利用外网的压力，将给水系统分成上下两个供水区，下区由外网压力直接供水；上区由水泵加压后与水箱联合供水；为了提高供水的安全性，可把两区中 2 根立管相连通，并用闸阀隔开，以增加供水的安全性；用水量大的设备应在下区，由外网直接供水，以节省电能；消防给水管系统如与生活或生产供水系统合并时，消防水泵需能满足上下两区消防用水量要求。

3.1.7　供水管网埋深

供水管网埋深是指管道埋设处从地表面到管道管顶的垂直距离。为保护埋地管道免受地面设施及车辆等的损害，管顶覆土一般不小于 0.7m。过河过铁路一般不小于 1.2m，除特殊情况外，设计要求将管网顶部埋设于当地最大冻土层 100mm 以下。除满足上述条件外，应由技术经济比较确定适宜的埋深。

最大冻土层：主要城市最大冻土深度，杭州 5cm；上海至武汉一线 8~10cm；合肥 11cm；济南—西安 45cm；北京 85cm；兰州—银川 103cm；呼和浩特、沈阳 120cm 以上；哈尔滨 200cm；长春 150cm；大连 90cm。冻土最深的地方是在大兴安岭北部、新疆和青藏高原，例如，内蒙古的二连浩特和新疆的乌恰都在 300cm 以上，位于新疆天山腹地的和静县巴音布鲁克气象站，曾记录到 439cm 的深度，是我国冻土记录中最大冻土层。

3.2　供水管网漏损组分分析

所有的配水管网都存在真实漏损，即使是新铺的管道也不例外。真实漏损有时也称为管网漏失，它是总漏损水量与表观漏损水量的差值。由于水量平衡自上而下建立的过程中，有些参数是估算值，所以计算出的真实漏损水量可能存在偏差。因此，必须利用真实漏损组分分析法或真实漏损评估法（最小夜间流量法）来验证结果的准确性。

为了校核"自上而下"制定的水量平衡表，并对管网真实漏损水量各组分进行量化，需要对水量平衡表进行"自下而上"的校核，针对供水管网实际情况，对整个供水管网系统（包括配水管网的主干管和支管），采用真实漏损（组合）分析进行计算验证。

3.2.1　配水系统真实漏损组分分析所需的关键数据

（1）管网全部配水干管和输水干管的总长度，我国统计习惯 DN75 管径（含 DN75）以上为干管长度。

（2）支管总数量。这是国际水协的习惯叫法，也就是用户装表总数，是指合法注册用户总数。

（3）计量水表与用户水表之间的平均支管长度。是指 DN75 管径以下管网的长度，也可以理解为抄表到户住宅小区楼前管到水表之间的平均距离，一般估算为 3.66m。DN40 以上水表平均距离为 8.8m。

（4）每年所有配水干管中，明漏和暗漏的维修总量。是指 DN75 管径（含 DN75）以上干管当年漏水修漏次数。

（5）每年所有支管中，明漏和暗漏的维修总量。是指 DN75 管径以下管网当年漏水修漏次数。

（6）整个管网的平均压力。真实漏损分析中平均压力是一个关键参数，是用每个区域中支管的数量作为权重计算压力的加权平均值。

（7）漏损的持续时间。明漏一般按 24h 计算，暗漏若每年对管网主动检漏普查一次按半年 180d 计算持续时间，若每半年对管网主动检漏普查一次按 90d 计算漏水持续时间。

（8）蓄水池漏损和溢流水量估算值。是指管网中加压泵站清水池和楼顶水箱漏水损失，清水池的渗漏一般采取静止 12h 以上观察清水池水位落差计算渗漏水量，溢流水量按传感器记录的溢流时间计算损失水量。

在组织结构较好的供水公司，这些数据中的大部分很容易获得。然而，整个管网的平均压力通常很难精确估算。

3.2.2　供水管网背景漏失计算

按照惯例，当单个漏点的漏水量低于 $0.25m^3/h$，一般的检漏设备就很难检测到，从而构成了系统的背景漏失。背景漏失是由很多个单独看都很小的漏点组成，这些漏点多发生在管道的接头、密封性差的管件，以及金属管道中的微小腐蚀的漏孔。这些不可检测到的微小流量的漏水由于其漏水时间很长，难以被检测到，并且大量存在，所以其漏水量也是巨大的。特别是对管理良好的系统，背景漏失通常是总漏失水量中的主要组成部分。

通过更换管件的方法可以降低背景渗漏水量，但这种方法工程量大、人力成本和设备成本都比较昂贵，降低了可行性。目前，供水企业主要是通过控制系统压力来减少背景渗漏。背景漏失漏口很小但很多，比如镀锌管经过多年使用生锈，锈斑布满整条管网，锈蚀处又有针孔大小众多漏水点，在我国东北部分地区称为筛子管。这类管网每个漏点修漏成本远远大于漏水成本，只能重新更换新管网。

在 0.21MPa 的管网压力下，漏点直径在 2.0mm 左右的漏损就属于背景漏失了，使用检漏设备也难检测到。因此降低漏损率的关键在于加强暗漏检测，即通常所说的主动检漏，尽早发现漏点，从而减少漏水时间，降低漏水量。

真实漏损的第一个计算部分就是背景漏失。背景漏失（管道小的渗漏和接头滴水）是一个持续的过程。其流量太小，不能通过主动漏损检测发现。背景漏失通常不易被发现，除非是偶然被发现或者已经严重到能被检测到的程度。

表 3-1 提供了设施条件因子（ICF）为 1 时单位压力（M）下，不可避免背景漏失量的参考值。ICF 为计量区域背景漏失的实际水平与该计量区域不可避免的背景漏失计算值的比值。可是 ICF 通常是未知数，若不进行详细的测量，则不可能知道 ICF 的取值。使用较大的

ICF（例如取 5）容易导致潜在漏损量的估算值偏高，将会造成估算的潜在漏损量偏低。

依据国际水协方法的推荐指标分别计算不可避免的背景漏失量（ICF 根据管材取值 1～5）见表 3-1。

不可避免的背景漏失量（数据源自：IWA 漏损控制小组） 表 3-1

基础设施组分	在 ICF＝1 时的不可避免背景漏失量	单位
干管	9.5	L/（km·d·m）
用户支管～主干管至用户边界用户	0.6	L/（c·d·m）
用户支管～用户边界至用户水表	16	L/（km·d·m）

注：L/（km·d·m）表示每天每千米主干管内每米压力下所产生的漏损量（L），c 表示每用户装表数量，L/（c·d·m）表示每天每用户支管每米压力下所产生的漏损量（L）。

因此，笔者建议使用 ICF 取值按当期产销差率百分比取值，例如当期产销差率 10%，则 ICF＝1，产销差率 20% 则 ICF＝2，产销差率 30% 则 ICF＝3，依此类推。

计算举例：若某水司产销差率 22%，平均压力为 21m，干管长度 226km，用户注册水表总数 74487 户，平均管长 3.66m，ICF 取值＝2.5。

不可避免的背景漏失量计算表见表 3-2。

不可避免的背景漏失量计算表 表 3-2

基础设施组分		在 ICF＝1 时的不可避免背景漏失量	计算 平均压力 21m，ICF＝2.5
分类	长度（km）		
干管	226	9.5L/（km·d·m）	9.5×2.5×226.98×21÷1000 ＝113.2m³/（d·平均压力）
用户表总数—用户管 74487 户（从干管到红线）		0.6L/（c·d·m）	0.6×2.5×74487×21÷1000 ＝2346m³/（d·平均压力）
进户管长度（从红线到用户水表）平均 3.66m×74487÷1000＝272.6	272	16 L/（km·d·m）	16×2.5×272×21÷1000 ＝228m³/（d·平均压力）
合计			113.2＋2346＋228＝2687.5m³/（d·平均压力），2687.5×365＝980952m³/（年·平均压力）

解：该公司不可避免的背景漏失量 2687.5×365＝980952m³/（年·平均压力），占供水量的 1.52%。

3.2.3 供水管网明漏、暗漏

1. 明漏水量

明漏一般是可以被用户或路人发现的漏失，包括爆管事件，也就是那些不需要采用专业设备去探测就可以发现的漏失。明漏不但会造成供水管网水量的损失，严重影响供水管网的安全运行，同时由于管网抢修会影响道路、交通等，引发次生灾害，给市民的生活带来影响和损失。由于明漏多具有较大的瞬时流量，可能会影响周围的供水，很容易受到用户的埋怨，所以，一般供水公司都很重视，特别是爆管事件。

突发性爆管。突发性爆管是明漏，漏水量大，持续时间短，一般由路人或用水户上报，并及时得到维修和遏制。明漏的流量一般都很大，是可以被用户或路人发现的漏失，多为爆管事件，对周围环境及用户会产生较大的影响。一般地说，接到上报明漏时间到修复时间非常短，水司接到市民热线电话，一般不会超过 2h 便到达抢修现场止水施工。处理速度都很快，漏失的持续时间都不长。因此，即使具有较大的漏水流量，但漏水的量却不大，也易于发现。

根据水力学的原理，漏损水量与漏水孔面积和压力有关，管网压力值可根据管网的压力巡检记录得知，但是漏水孔大多不规则，很难用尺直接测算漏水孔的面积，因此自来水公司往往需要根据经验估算漏水流量的大致范围。

2. 暗漏水量

暗漏水量是不被人们发现的地下管道漏水，只能在主动探漏活动中被发现，当这些漏点被发现时，可能刚出现几天，也可能已经持续了好几年，这主要取决于漏点的性质和供水公司检漏活动的周期。

暗漏在目前城市漏水量中所占比例较大，由于供水公司缺乏检漏技术和设备，大部分暗漏巡检人员都无法检测到暗漏点，只能等到成为明漏时才能对其加以控制。这种只有依靠报告才能发现漏失并做出反应的漏损控制策略，被称为"被动式检漏或被动反应检漏策略"。

暗漏是通过主动检漏措施可以检测到的漏水点。管网中 90% 以上的漏水形式都是暗漏，暗漏漏失水量约占总漏失量的 55%。暗漏是否发生取决于管网系统的压力、运行情况及管道材质状况等因素。理论上，主动检漏的频率越高，暗漏的持续时间和漏水量就会越低。因此，供水企业可以通过缩短检测周期来及时发现并减少暗漏的发生。暗漏与明漏不同，暗漏需要主动检漏才能确定漏口位置，暗漏修复时间取决于检漏工巡查检漏时间，暗漏持续时间则取决于主动检漏措施的积极性及强度。一个供水系统的检测周期如果为一年，漏点当中的一些有可能发生在刚刚检测之后，则其持续时间将为近一年，即漏到下一个检测周期检测出为止。而此时有些漏点也有可能仅仅发生几天而已。综合而言，根据以往经验，暗漏平均持续时间为检测周期的一半。这一规律可以作为供水企业制定经济合理的漏失检测计划的重要依据。管网暗漏危害甚大，有的暗漏几年甚至十几年没被发现，主要依靠检漏人员的技术和检漏设备才能正确找到漏点位置。

暗漏水流通道：暗漏是比较复杂的漏失，一般比较隐蔽，漏点可能非常小，不容易察觉出来，漏水时间长的话，造成的漏失量是比较严重的，一般是在地下管道井中发现清洁的水或者是水压突然变化的情况下，才可能察觉出来管道有漏水点，然后查找漏水点维修。暗漏水不能反映到地面，一般是由流水通道经沙土层渗透至地下，通过污水井、电缆沟、暖气沟管网附近的河流、排雨渠等流走，有时漏点附近路面硬化水从其他地方冒了出来。明漏和暗漏流量见表 3-3。

明漏和暗漏流量（数据源自：IWA 漏损控制小组）　　　　表 3-3

漏水位置	明漏漏损流量 L/(h·m)	暗漏漏损流量 L/(h·m)
干管	240	120
支管	32	32

举例：已知某水司 DN75 管网总长 321km，管网平均压力 40.5m。研究期 12 个月内公司共处理 1236 项漏损维修单，其中明漏点 1388 个，主干管 404 个漏点（估计明漏从接到热线电话到管网止水时间 6h）；暗漏点 181 个，主干管 81 个漏点，暗漏半年巡检一次，按 6 个月 180d 漏量支付费用，共支付商业查漏公司暗漏水量 8515552m³。则按表 3-3 计算漏水量如表 3-4 所示。

明漏和暗漏漏水量   表 3-4

漏水位置	明漏漏损流量	暗漏漏损流量
干管	$240 \times 40.5 \div 1000 = 9.72\text{m}^3/(\text{h} \cdot$ 每个漏点·平均压力$)$； $9.72 \times 404 \times 6 = 23561\text{m}^3$	$120 \times 40.5 \div 1000 = 4.86\text{m}^3/(\text{h} \cdot$ 每个漏点·平均压力$)$； $4.86 \times 81 \times 24 \times 180 = 1700611\text{m}^3$
支管	$32 \times 40.5 \div 1000 \approx 1.3\text{m}^3/(\text{h} \cdot$ 每个漏点·平均压力$)$； $1.3 \times (1388 - 404) \times 6 \approx 7675\text{m}^3$	$32 \times 40.5 \div 1000 \approx 1.3\text{m}^3/(\text{h} \cdot$ 每个漏点·平均压力$)$； $1.3 \times 100 \times 24 \times 180 \approx 559872\text{m}^3$
合计	31236m³	2260483m³
总计	\multicolumn{2} $31236\text{m}^3 + 2260483\text{m}^3 = 2291719\text{m}^3$	

据以上计算结果该水司在 40.5m 平均水压下，一年内修复的明漏、暗漏损失量 229.17 万 m³。

国内不同省市的暗漏水量统计见表 3-5。

国内不同省市的暗漏水量统计   表 3-5

省市	检漏个数 （个）	总漏量 （m³/h）	平均每个漏点的漏量（缺少平均水压数据） [m³/(h·个)]
深圳	290	1314.14	4.53
吉林	298	2102	7.05
云南	39	441.24	11.31
江苏	128	736.13	5.75
昆明	726	3453.04	4.76
江北	41	671.93	16.39
盐城	59	278.5	4.72
南京	18	53.9	2.99
南宁	97	616.44	6.36
平均值			7.10

3.2.4 水池漏损和溢流水量计算

蓄水池漏损和溢流水量通常可知并可量化。溢流水量是可观测的，且平均溢流时间和流速是可估算的。可通过在进水阀门和出水阀门关闭的情况下，做水位下降试验计算蓄水池的漏损水量。该部分水量必须在具体分析的基础上计算，正常情况下水厂管理人员应知道蓄水池是否发生溢流，在这种情况下，需要估算每小时的流量及溢流持续时间，但是相关人员往往怕追究责任，溢流也不上报，隐瞒下来，必须安装水池溢流传感器预警和记录溢流的时间与体积。建筑年代久远的地下蓄水池可能存在泄漏，在这种情况下需要做水位下降试验量化漏水量。

清水池（库）渗漏测定：测定清水池漏水首先要把其与给水系统隔离开来，即关闭清水池的进出水阀门，并检查阀门确系关闭紧密。检查阀门是否关闭紧密，只要用听棒（甚至铁棒）放在阀门上听是否有"嘶嘶"声，如无声则说明阀门已无漏水，阀门关不严切记不可加套管强关，极易损坏阀门螺杆，只要反复多开关几次就可以关严。

清水池漏水通常要测定 24h 或更多的时间，使其水位下降值达到 5mm 或更多一些，这样测定精度较高。如该清水池（库）只能短期停水 2～4h，则需用更精确的水位刻度测量方法使水位至少下降 1mm。有的新建清水池施工图与竣工图存在差异，要进行一次测量作业，测出长、宽、高，求出体积，再减去池体内部的挡水墙和池顶的多个立柱体积，得出精确的水容积，水位标尺要精确到 0.001m，才能得到精确的渗漏体积。当然，这个体积的落差还可以作为出厂水流量计估算误差用。

有资料表明，国外测定了 250 座各种结构和大小的清水池（库）进行渗漏研究，结构包括：砖砌、石砌、土坝以及钢筋混凝土结构；容量从 250m³ 到 2.5 万 m³，较多的是 2500m³ 及 5000m³，因为这种容量在我国使用也较多，具有一定的借鉴意义。

测定并未发现容量越大漏水就越多。漏水量占容积的比例分布如图 3-1 所示。从图 3-1 中可见，86% 的清水池（库）每天漏水量仅占容量的 0.5%，其余主要部分为每天漏水量小于清水池容积的 3%，约相当于每天 80m³。只有 4% 的清水池（库）每天漏水量为容积的 9%～30%。从漏量上来讲，有 20% 的清水池每天渗漏 400～900m³。这样大的清水池漏水在测试前水司一般都不知道。笔者在河南某水司看到因为清水池渗漏，整个水厂地下水位增高，所有阀门井都带水，加压泵站地下部分的墙面渗水，泵房里的渗水用潜水泵向外不停抽水。

清水池渗漏有池底裂缝、施工缝渗漏、池体混凝土蜂窝状漏水等，修补方法已在前章叙述。

清水池溢流一般在水池顶端安装传感器预警并记录溢流时间和体积。

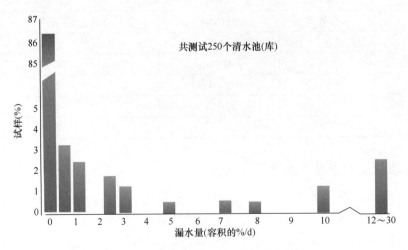

图 3-1　清水池漏水测试结果直方图

3.2.5　真实管网漏水量计算（物理漏水量）

世界各地区产销差水量估算结果见表3-6。

世界各地区产销差水量估算结果　　　　　　　　　　　　　　表3-6

地区类别	供应的人口数量（百万）	系统供水量 [L/（人·d）]	产销差率（%）	比例		水量（10亿 m³/年）		
				物理漏失（%）	商业漏损（%）	物理漏失（%）	商业漏损（%）	产销差水量
发达国家	744.8	300	15	80	20	9.8	2.4	12.2
欧亚大陆	178.0	500	30	70	30	6.8	2.9	9.7
发展中国家	837.2A	250A	35	60	40	16.1	10.5	26.7
合计						32.7	15.9	48.6

注：A根据发展中国家总共有19.027亿人口使用清洁的饮用水，其中有44%的人口用水依靠供水管网系统供应计算得出。

评估真实漏损组分需要一个详细的组分分析才能将真实漏损精确地划分成几个组分。然而，用一些基础的评估方法可以做初步的评估，可以借助国际水协水量平衡表计算真实漏水，也可以按组分方法计算。

组分方法输水干管或配水干管中的漏损：在配水干管尤其是输水干管上的漏损，通常是看得见的、有记录的和快速维修的大事件。使用维修记录数据，可以计算记录期间（通常是12个月）干管漏损的数量，根据漏损发生时的平均流量估算值，干管年漏损总量可按照以下公式进行计算：

干管年漏损总量＝记录的漏损数量×平均漏损流量×平均漏损持续时间（例如 2d）

也可加上干管背景漏失量和当前未被发现的漏损量。

用户支管至计量表之间的漏损水量，可通过从真实漏损总量中扣除干管漏损量、蓄水池漏损和溢流水量近似计算。其漏损水量包括支管中的明漏、暗漏（目前未知的）和背景漏失。

例如，有一水司年度供水量6747万 m³，售水量5169万 m³，DN75以上管网总长度325km。由此计算：

产销差水量＝6747－5169＝1578万 m³/年；其中产销差水量有未收费合法用水量（如消防、冲洗管网、园林等免费用水）38万 m³，漏损水量＝1578－38＝1540万 m³。

则可估算出物理漏失（又称真实漏损、管网漏失）和商业漏损（又称表观漏损、表计损失），由于该公司产销差率为 1578÷6747≈23.39%，取值欧亚大陆的漏损比例，真实漏损70%、商业漏损30%。

真实漏损＝1540×70%＝1078万 m³，商业漏损＝1540×30%＝462万 m³。

单位管长漏水量＝年漏失水量/（管网总长度×365×24）＝10780000/（325×365×24）＝3.79m³/h。

3.2.6　额外漏损量计算（未知漏水量）

上述提到的所有组分都得到量化，就可以计算额外漏损量。额外漏损量指用当前主动漏损控制策略未检测到的漏损量。

水量平衡中的真实漏损－已知的真实漏损＝额外漏损（未知漏水量）

若额外漏损量计算值为负，就必须检查真实漏损组分分析（例如漏损持续时间）的假设，并将其改正。如果额外漏损量计算值仍为负，那么显然在年水量平衡（例如低估系统进水量或者高估账面漏损量）中存在错误，所有水量平衡组分都应进行检查。

前面已计算出明漏、暗漏水量 $2291719m^3/$年，背景漏失 $980952m^3/$（年·平均压力），暗漏平均漏水量 $1.5m^3/h$。

已知的真实漏损＝ $2291719＋980952＝3272671m^3$

额外漏损计算值：$1078－327＝751$ 万 m^3

管网存量漏口漏水量：$7510000÷365÷24＝857m^3/h$

3.2.7 真实漏损绩效指标计算

真实漏损和账面漏损的损失水平是国内外业内人士讨论的一个非常重要的问题，需要一个精确的绩效指标用于标准化管理、国际绩效比较和设定目标。目前最先进的真实漏损绩效指标为由国际水协和世界银行水损失控制委员会推荐的供水设施漏损指数（ILI）。

在当前供水压力下，ILI 能够很好地衡量供水管网在控制真实漏损方面的管理（如养护、维修和恢复等）。目前，ILI 为年真实漏损水量（CARL）和不可避免年真实漏量（UARL）的比值

$$ILI＝CARL/UARL$$

作为一个比值，ILI 是没有计量单位的，因此，对于使用不同计量单位的供水企业或者国家，可采用该指标进行对比。世界各地的漏损管理者清楚地意识到，即使是在新建的和管理良好的供水系统中，真实漏损也是一直存在的。这是一个不可避免漏损的问题。

在发展中国家，先进的 ILI 值是 $1\sim4$，若 $\geqslant14$ 时一定是恶性的管网漏失。在实际应用中，本书作者发现产销差率高的供水企业 ILI 值并不是很高，这一定是表观损失很大，ILI 值很高一定是管网漏水很大。

计算：不可避免年真实漏量（UARL）

UARL 公式中最初的复杂组分可以用预定义的压力数据取代：$UARL＝(18\times L_m+0.8\times N_c+25\times L_p)\times P$

其中，L_m 为干管长度（km），N_c 为用户支管数量，L_p 为进户管总长度（km，从边界管道到用户水表），P 为平均压力（m）。

干管长度和用户支管数量自来水公司是可知的，在我国管网统计 DN75 以上管网总长度即可。进户管总长度一般户表按抄表到户装表总数乘以 3.66m，是指楼前管到水表井分水器之间的管长，但是有的用户水表放置在离边界管道很近的地方，只是个估计值，DN40 以上大表按装表总数的平均长度 $8\sim12$m 估算，两者可以分别估算也可一起估算，因此，进户管总长度 L_p 是一个近似值。对于离边界管道很远的用户水表，可通过随机抽查用户支管，估算用户水表与边界管道的平均距离或者总距离。

不可避免漏损计算：已知 DN75 以上干管长度 L_m 为 325km、N_c 为用户支管数量，即装表数量 86432 块（其中：住宅抄表到户表 74853 块，DN40 以上大表 11579 块），P

为平均压力 0.405MPa。

进户管总长度 $L_p=74853\times3.66\div1000=273.96$km（从楼前分水器到用户水表），

$11579\times8\div1000=92.63$km（从边界管道到用户水表），合计 $273.96+92.63=367$km。

$UARL=(18\times L_m+0.8\times N_c+25\times L_p)\times P=[(18\times325+0.8\times86432+25\times367)\times40.5]\times365\div1000=124$ 万 m^3/年，前面已估算出真实漏水量 1078 万 m^3/年。

计算供水设施漏损指数（ILI）$=CARL/UARL=1078\div124=8.69$

研究期内注册水表用户户数统计见表 3-7。

研究期内注册水表用户户数统计　　　　　　　　表 3-7

用水性质	全年水量（m^3）	装表户数（块）	平均用水量（m^3/年）
抄表到户居民用水	11847438	74853	158
特种行业用水	100789	153	659
工商业用水	9248543	11381	812
特大用户批发趸售	31476952	33	953847
免费用水	8660	12	722
合计	52682382	86432	

计算当前水压（0.405MPa）下居民用户平均用水量：

$11847438\div74853\div3.3\div365\times1000=131.4$L/（户表数量·人·d）

绩效评价：供水设施漏损指数（ILI）达 8.69，与用户用水 131.4L/（户表数量·人·d）对不上，从漏损特性来看商业漏损严重，重点对 DN200～DN800 的口径水表中 33 户批发趸售大户贸易表计量精度误差排查。

3.3 管材结构统计分析

管道漏损现象单从管材材质来说，不同材质的管道因使用的材料和内部结构不同，决定了管道的性能和质量，往往性能和质量好的管道发生漏损的概率要小，反之则大。其中，玻璃钢、水泥管、铸铁管和钢管（主要是镀锌钢管）发生漏水的频率都相对较高。

下面以某水司为例进行送水泵站水量平衡，据统计该水司 DN75 以上管网总长度为 241626.47m，其管材结构统计如表 3-8 所示。

管材结构统计　　　　　　　　表 3-8

材质	PVC	PE	玻璃钢	钢管	球墨铸铁	混凝土	合计
长度（m）	30977.90	12275.41	14643.67	80080.94	92437.12	11211.43	241626.47
占比	12.8%	5.1%	6.1%	33.1%	38.3%	4.6%	100%

3.4 管网的冬季防冻

3.4.1 小区入户管冬季降温防冻防范措施

为了防止水管出现冻裂的问题，冬天可以将水管穿衣打扮，外层包裹上一层保温棉。水管保温棉因为有不同的材质，所以防冻温度也不同。如果选择的是橡塑海绵，抵抗低温度效果好，能够抵抗−20℃左右，而且施工也不是特别复杂，不需要添加额外的材料。如果使用的是泡沫塑料，能够抵抗−10℃左右低温。如果温度达到了−15℃、−20℃，保温效果就会比较差。

3.4.2 安装水管保温面要点

寒冬来临之前，特别是温度降到了零下之前，需要做好保温的措施，给水管包裹上保温材料，能够防止出现冻裂结冰的现象；而且，还能够对水管中的热水起到保温的效果。

使用前，首先需要确定保温棉的尺寸，由水管的直径和长度来决定。尤其对于一些室外的水管，需要先测量一下水管的总长度。室外和室内的水管的长度之和相加，就能够得到保温棉的长度。

确定了尺寸，同时还要选对保温棉。如果是室内的水管，选择一般的材质就可以。但是，室外的水管要考虑导热系数稍微高一些，所以尽量选择铝箔的保温棉，其既能够起到防冻的作用，夏季又能够起到防晒的效果。接着，再安装保温棉，阀门、接头处也要做好保温措施，而且还要安装弯头的保温棉以及三通接头的保温棉。因为保温棉的材质有很多，不同材料的保温度数也不一样，需要结合温度的差异来选择不同的材料进行铺设。

我国大面积冻灾发生两次，即 2008 年和 2016 年。2016 年初，冻灾成为供水行业全国性的灾难性事件，南至云南，北至河北，江苏、浙江、上海、山东、湖南、安徽，各地冻灾信息频报，灾害面几乎覆盖所有管道不保温的地区。周期性的低温年份已经证明，在供水防冻问题上不能存在侥幸心理。

3.4.3 管道冻结爆管原理及相应其他措施

对于普通自来水系统，树枝状冰的成核与形成温度通常是在低于冰点 4～6℃。发生相变时，两相共存的界面称为交界面，交界面的厚度从零点几纳米到几厘米不等，微观结构十分复杂。交界面受到几个状冰的成核与形成因素的影响，包括物质自身性质、冷却速率、液体表面温度梯度，流动的水在水管中的冻结过程，分为过冷、树枝、同心环生长、完全冻结这几个不同的阶段。

第一阶段，树枝状冰的形成。在一个相关实验中，发现管中静止水会在冰核形成前经历一个持续的过冷状态，过冷现象使得水到过冷温度时不形成冰层，反而形成由分散的薄水盘状晶体构成的树枝状，管道同心环生长。研究中发现，第二阶段，水的温度下降到0℃以下时，成核冰以同心环的形式从管壁开始生长。当管道内所有的水都结冰后，管道开始在水冰相变温度以下冷却，并最终接近环境温度。第三阶段，管道将不再含有水，完全被固态冰块堵塞。当管道的温度冷却到与周围空气的温度相适应，过冷树枝状冰的同心环生长完全冻结成核，冻结过程完成。

有人认为，冰冻爆管事故是因为冰的生长对管壁造成难以承受的压力，这是不正确的。试验证明，管道温度变化及冻结过程，枝状冰导致的水流堵塞不会导致爆管，只能阻碍水流流动。当水管暴露在低于冰点的温度时，热量经过管壁和保温层，爆裂事故发生在冰块完全堵塞、水体隔绝的情况下。一个典型的例子，管段一端是没有漏水的阀门，另一端水中转移到低温空气中，使得水温开始下降。水温达到相变温度 0℃时，不会立即结冰，而是水温继续下降，直至管网完全被冰块堵塞。因为水被压缩的体积有限，并且冰不断生长，这就是过冷现象，是冻结过程的第一阶段。管道中的水出现结冰体积增加，会导致水压增大。如果冰继续在有限的管段里生长，在冰塞和阀门之间的水压会迅速增大。爆管通常发生在几乎没有冰形成的管段，因为爆管的真正原因是水压增大而不是冰体积增大，成冰之前可能经历很长一段时间的过冷现象，处于该阶段的管道中只有液态水存在，当达到成核温度时才能开始结冰。

3.4.4　抗冻要做好的三个方面工作

1. 防冻设计

普通机械表要装在表井内，智能表要装在管道井内；供水管道尽量不要露天安装，明装管道要做保温。为保证极端天气下供水设施的安全，对水表的表前表后管道加设保温层，见图 3-2。

图 3-2　水表防冻

2. 防冻准备

不管天气是否会冷到冻冰的程度，每年最冷天气来临之前，都要动员用户自己做好保温防冻准备；媒体宣传动员要到位，供水企业要扩大宣传覆盖面，同时向用户传授保温方法。对于不积极采取保温措施的用户，通过各种方式予以约束，保暖措施最好是冬病夏治。冰冻来临之前自来水公司要集中宣传检查，做好抗冻应急预案，号召动员社会力量参与防冻抗冻工作。冻害图片和记录要存档，来年作为重点检查对象，寒流来临时，全面动员社会力量做好保温工作，如果用户没有做到位，可采取间歇供水，也是防止冻害的应急方法。

根据《物权法》第七十条，业主对建筑物内的住宅以水表为界、经营性用房等专有部分享有所有权，对专有部分以外的共有部分享有共有和共同管理的权利。在开发建设小区住宅楼时，开发商已把该楼的管线一并建设，计入房屋成本。所以，当业主购房时，这部分管线也相对应地移交给购房者。发生类似的漏水情况和入户管需要保温情况，如在保修期内，业主可以向开发商要求进行管道的维修，如在保修期外，则需要业主自行进行维修、冰冻时保温，当然也可以要求物业进行协助，提供相应的指导和帮助。

3. 冻害处置

用热毛巾敷在水表及周边的管道上，用温水来回浇水表及周边管道；用电吹风来回吹水表及周边管道；解冻后用废弃衣物包裹保暖；不要用开水去烫，容易引起爆管。

3.4.5　住宅小区水表井表玻璃冻裂处置案例

1. 事件描述

河南省焦作市中站区和美住宅小区二期 2016 年 1 月"霸王级"寒潮来袭，华北地区出现大风和强降温天气。河南省焦作地区也迎来了历史上罕见的大风、−13℃左右的持续低温天气，城市供水管网及供水设施的抗寒能力经受严峻考验。和美住宅小区二期，位于焦作市中站区西部，处在城乡接合部边缘地带，小区内共有多层居民楼 107幢、表只数 4042 块，入住率约为 30%。寒潮来袭期间，该小区累计冻裂水表 2060 块，损失严重。

冬季来临初期，工作人员就对该住宅小区水表井整体实施了水表井内加盖草垫常规防寒措施，但是由于本次寒潮来袭较往年猛烈，当气温骤降加之冬季冷风吹袭，位于该小区西北方位的住宅一区表井内的水表出现表玻璃大批冻裂现象，在对损坏水表进行紧急抢修更换后，采取在表井外部加盖保温材料、表井内表前表后管道包裹保温棉、水表上覆盖加厚草垫等防寒措施，在后续的低温天气中未发生水表大批冻裂现象。

2. 原因分析

和美住宅小区地处城乡接合部，受灾严重的一区位于该小区的外围毗邻农田地头，周边无任何建筑群，处在风口地带，温度较其他区域低 2~3℃；小区居民入住率仅为 30%，无人居住使管道及水表内的自来水处于静止状态更易冻裂；小区配套建设不够完善，多处水表井周边地面未硬化，使表井整体防寒能力降低，综上所述，造成该小区水表在低温（−13℃）天气下，出现水表集中冻裂损毁情况。

3. 经验总结

在持续低温（−10℃）天气下，应将城乡接合部小区作为供水设施防寒抗冻工作重点，在防寒工作中要综合考虑用户入住用水情况、表井地理位置、周边环境等多方面的因素，制定有针对性的防寒方案：用户入住率较低的小区可协调物业，对整幢未入住居民表进行摘表封存处理；城乡接合部日常低温区域表井内除常规防寒保温措施外，要注意表井地面外围的防风保温防范工作和表井的日常维护工作，以保障极寒天气下水表设施的安全。

3.4.6　管道井内水表防冻案例

1. 事件描述

时间/地点：2016 年 1 月，河南禹州市团结路小区。

　　2016 年 1 月，寒潮来袭期间，自来水公司启动防寒抗冻应急预案，从"宣传防范、畅通热线、及时抢修"等方面着力保障极寒天气下的供水安全。1 月 23 日，"防寒抗冻报修"热线接到位于团结路小区物业求助电话称"该小区三栋高层居民住宅楼内的管道井内水表冻裂请速抢修"，接到报修信息后，水司立即组织维修抢修人员、物资、车辆赶赴现场，对该小区两栋高层管道井内的累计 106 块冻裂水表进行了快速更换。维修中工作人员发现，该小区 500 户居民，入住约为 100 户，入住率为 20%，损坏水表多为未入住用户水表，且发现该小区地下室内管道井入口未作封闭处理，楼层间的管道井观察门有未关闭现象，对此工作人员向该小区物业管理部门进行了专项沟通，令其加强楼层间的管道井观察门的管理，做到"随启随闭"；同时，要求其对地下室内管道井口进行规范的封闭处理，防止"冷风灌"，提升管道井内供水设施防寒抗冻意识和能力。

　　2. 原因分析

　　该小区地下室管道井口未作封闭处理，楼层间管道井观察门管理不严，未能及时关闭，寒潮来袭期间，造成冷风倒灌，形成寒流通路，致使管道井内温度过低，加之该小区入住率较低，使管道及水表内的自来水处于静止状态，水表更易冻裂。

　　3. 经验总结

　　高层住宅楼内供水设施的冬季防寒抗冻工作不容忽视，要通过沟通、宣传，进一步强化提升住宅开发及小区物业管理部门关于《高层建筑内供水设施冬季防寒抗冻工作》的意识和常识，使其规范管道井井口密封防风施工，加强管道井及楼层间的管道井观察门的监督管理，以保障超低温天气下供水设施的安全。

3.5　给水管道的材料和配件分类

　　给水管网的常用材料有铸铁管、钢管和预应力混凝土管。小口径可用白铁管和塑料管，金属管要注意防腐蚀，铸铁管常用水泥砂浆涂衬内壁。

3.5.1　金属管

　　钢管：耐压性好、强度高、韧性强，但易腐蚀，常在桥管、过路管、倒虹管等处使用，钢管有无缝钢管和焊接钢管，焊接钢管接口多采用直接焊接方式连接。从漏损统计资料来看，钢管漏水主要表现为焊接口锈蚀焊缝脱焊和管体腐蚀穿孔。管道锈蚀见图 3-3。

　　普通钢管：用于非生活用水管道或一般工业给水管道等；无缝钢管：用于高压管，其工作压力可达 1.6MPa 以上。特点：强度高、质量轻、长度大、加工安装容易等优点，但抗腐蚀性差，造价较高。

　　镀锌管口径小、管壁薄，镀锌防腐性能较差，在运输、安装等过程中，镀锌层易脱落；由于管线敷设环境较差，一般在地下或暴露在空气中，有的甚至长时间浸泡在酸性或碱性污水里，同时自来水中的余氯具有氧化性，加快了管道腐蚀，使用 3～5 年的管体往往腐蚀穿孔或丝口腐烂断裂。从近年来的漏损资料看，镀锌管漏水点数占所有漏点数的百分比普遍较高，这一数据也表明了镀锌管的防腐性能不强。漏口反复出现，一定要换管线。

　　铸铁管：分为灰铸铁管和球墨铸铁管，其区别是铸铁中的碳元素（石墨）存在的形态，灰铸铁管中石墨的形状是片状的，因此强度和韧性都会差一些；球墨铸铁管中石墨的

图 3-3　管道锈蚀

形状是球状的，对基体的割裂作用小，所以强度和韧性都会好很多。按接口形式不同，分为柔性接口、刚性接口等。其中，柔性接口用橡胶圈密封；刚性接口一般铸铁管承口较大，常用于灰铸铁管，直管插入后，用水泥密封，此工艺现已基本淘汰。

铸铁管有耐腐蚀、接装方便、价格低的优点，但性脆、质量较大，多用于直径大于100mm的埋地管。铸铁管管径通常在 DN100～DN600，有两种连接方式，即橡胶圈柔性接口、石棉水泥或膨胀水泥刚性接口。后者实际应用较多，在使用一定年限后接口易受气候、地形变化影响而发生变形或破损。同时，铸铁管，特别是灰口铸铁管本身含磷、硫成分，有热脆性，受拉应力影响，一旦外力作用不均匀，可能导致环向、纵向断裂，造成漏水。球墨铸铁管被称为离心球墨铸铁管，广泛用于市政企业给水、输气、输油等工作，是供水管道材料的首选，具有很高的性价比。球墨铸铁管为铁素体加上少量的珠光体，使其具有机械性能良好、防腐性能优异、延展性能好、密封效果好、安装简易等特点，是供水管网理想的选材。除此之外，在中低压管网，球墨铸铁管有运行安全可靠、破损率低、施工维修便捷、防腐性能优异等优点，但也有一些缺点，如在高压管网，抗压力差，所以一般不使用；管体相对笨重，所以在安装时必须动用机械；如果打压测试后出现漏水情况，则必须把所有管道全部挖出，再把管道吊起至可以放进卡箍的高度，安装上卡箍以阻止漏水。球墨铸铁管的防腐处理主要用水泥砂浆内衬加特殊涂层。该方法适用于输送供水管道，可以提高内衬的抗腐蚀能力。

金属塑料复合管：如钢塑管、铜塑管、铝塑管、钢骨架塑料管、玻璃钢管等，是近几年发展迅速的新型管材。应用较广的有铝塑复合管、钢塑管等。

（1）铝塑复合管是以铝合金为骨架，铝管内外层都有一定厚度的塑料管，塑料管与铝管间有一层胶合层（亲和层），使得铝和塑料结合成一体不能剥离，因此铝塑复合管结合了金属特性和非金属优点。铝塑复合管的生产现有两种工艺：共挤复合式、分步嵌合式。共挤复合式是内外塑（含热熔胶）及铝管一次挤压成型，一般适用于口径在 32mm 以下的管道；分步嵌合式由挤内塑管—挤内胶—裹覆铝管—挤外胶—挤外塑管分步工艺构成，适用于口径在 32mm 以下的管道。

（2）钢塑管又分为衬塑和内涂两种。衬塑复合管外层是镀锌钢管，内层是聚氯乙烯管或聚乙烯管，中间用胶水粘结，通过高温蒸汽加温后制作而成。使用该管材应注意的是胶水粘结量和粘结力问题；内涂复合管外层同样是镀锌钢管，在镀锌钢管内涂 PVC 或 PE 树脂，也有涂环氧树脂。使用该管材应注意内涂材料的剥离问题。钢塑管的连接方式是螺纹连接，原则上不允许焊接。

铜管：具有质量较小、耐腐蚀性强、接装方便等优点，但造价较高，国内应用较少。

不锈钢水管：价格较高但使用寿命长，强度高，抗压力达 2.5MPa。不会对水源产生二次污染，管内壁光滑，不易积垢，安装非常简单、便捷。

3.5.2　非金属管

塑料管：多用硬聚氯乙烯管，也称为 UPVC 管。具有较强的化学稳定性，水力性能良好，较轻，加工安装方便。但耐热性差，强度较低。UPVC 管的管材使用过量的填料，节约了树脂原料以降低成本，这样的管材强度寿命都下降，既增加了漏水概率，又威胁到管网的安全运行，还提高了管道的维修成本。

PE 管又叫高密度聚乙烯管，具有强度高、耐高温、抗腐蚀、无毒、耐磨等特点，被广泛应用于给水排水制造领域。因为其不会生锈，是替代普通水管的理想管材。PE 管一般是聚乙烯材料做的，PE 管只含有碳、氢两种元素，卫生性能好。UPVC 含有铅等重金属，卫生性能稍差一些，不过加钙锌稳定剂的 UPVC 管卫生性能也符合国家卫生标准。PE 管采用热熔连接，连接更加牢固；UPVC 管小口径用丝扣连接，大口径用胶圈连接，连接安全性能稍差一些，不过施工成本更低。

PE 作为一种新型给水管材正在蓬勃发展，为保证质量，国家技术规范明确规定要使用原料厂家的混配料进行塑管。但有相当部分的厂家为了降低造价，提高市场竞争力，不惜违规用白料加黑料的方法生产 PE 管，致使管材性能大大下降。另外，热熔接口需要规定的温度和熔接时间，一些施工队没有严格的质量管理措施，接口强度也很难保证。

PE 聚乙烯管道漏水原因分析见表 3-9。

PE 聚乙烯管道漏水原因分析　　　　　　　　　　表 3-9

漏水部位	检示重点	原因分析
PE 焊接部位漏水	加热板有无温控装置，是否准确	ϕ110 及以下 PE 管施工时，多用 PPR 热熔机，PPR 热熔机有温控调节和无温控调节两种：无温控调节的焊机加热温度为 260℃
	焊接时加热温度是否正确	正确焊接温度为（220±10）℃，如温度过高，将有可能激活分子链中的 C 键与氧发生反应，使材料降解，焊接部位将受到氧化破坏

续表

漏水部位	检示重点	原因分析
PE 焊接部位漏水	加热、冷却时间是否正确	1. 加热时间：壁厚×10s（焊接面完全接触加热板并均匀出现 2mm 翻边时开始计时）。 2. 冷却时间：壁厚×1min（夏季气温高延长；−5℃以下或大风时，应采取防护措施）；须自然冷却，不可借助水冷或风冷以避免造成虚焊。 3. 完全冷却后才可挪动焊机
	对接时压力是否正确	焊接压力和冷却压力根据焊接面的截面积×0.15N/m²
	管材、管件是否为同一厂家配套	各厂产品使用原料品牌、型号不同，会影响焊接效果
	焊接面错边率是否过大	焊接时，焊接错边不可大于管材壁厚的 10%，错边率过大，有效焊接面积小，承压能力下降
PE 管身破裂	查看破裂处是否有划伤或磕碰	磕碰及划伤均会使管材壁厚受损变薄，受损处承压能力最小，也最易造成隐患
	查看最高点、上坡及最低点装有排气阀	排气阀可避免水锤产生的破坏
PE 管件破裂	在弯头、三通等转弯处是否设有防护支墩	在弯头、三通、消火栓等处均用混凝土设置混凝土防护支墩，法兰阀门用砖砌支墩加固
过路顶管时焊接处断裂	焊接后是否直接进行顶管施工	用于过路顶管，热熔冷却时间至少 12h
过路顶管时管材拉出变形	1. 顶管距离是否过长。 2. 管材选型是否正确。 3. 回拉速度是否过快	1. 一般长度 200m 内为宜。 2. 管材压力≥1.0MPa。 3. 回拉速度：25～50cm/min

管道接头漏水。聚乙烯（PE）给水管一般采用热熔对碰连接。经过行业多个爆管案例调查分析，造成 PE 管道接头漏水和爆管漏水的主要原因有：

（1）热熔接头连接没有严格遵守规定的操作规程控制好温度、压力和时间三个参数，造成连接质量不稳定。

（2）直埋敷设的管道没有严格按照《埋地塑料给水管道工程技术规程》CJJ 101—2016 中要求的聚乙烯管道的填砂、回填土等施工规范来控制覆土质量，导致接口漏损。有些地方管道埋设深度达不到规范要求，造成覆盖土厚度不够。

（3）管沟内敷设的管道由于支架及管卡安装不均匀，部分管卡螺栓固定不紧，季节温差的变化引起的纵向回缩量，在每个接头上分解不匀，造成管道应力不匀，拉裂热熔接头。

（4）为赶工期，管道敷设在未压实的填土上，沉降不匀而导致管道壁变形，使管内压力受力不均，进而引起爆管。

（5）管道接口为郊区农田或小河附近，土体经过开挖后土质现状较松，回填土也未按要求压实；管材纵向回缩率的物理特性对施工质量会产生较大影响，施工时一般很少考虑管材纵向回缩率这一问题，纵向收缩引起的位移长度变形大，容易爆管。设计图在连接PE管道与金属管道处，一般没有标示的话要设置波形补偿器来弥补PE管道长距离铺设，以减少聚乙烯材料的物理特性对管网安全的危害，大大降低漏损风险。

（6）因花木被挖走移植，坑深而未及时回填，使管道裸露在外，把深坑当垃圾处理点燃烧东西而引发事故。

（7）热熔接头施工工艺要求比较高，有些施工人员水平不高，责任心不强，只经过几天培训就开始单独上岗制作。有些施工单位存在盲目施工问题，认为热熔接头很简单，安全系数高，不会出事。

（8）材料采购购买了部分质量较低劣产品，现场条件比较差，施工现场温度、湿度、灰尘都不好控制，这些都给长期安全运行留下隐患。

3.5.3　PE管道漏水常用解决方法

要完成PE管的抢修，最主要是解决管材的长期密封性问题。管材的长期蠕变性能、不圆度、环刚度、水及周围环境温度的变化所引起管材的轴向移动、管材受力变形都会影响管材的密封性。PE管的长期蠕变比率和不圆度比PVC管大得多。因此，在PE管采用机械连接时，UPVC使用的机械抢修手段并不适用。密封处直径变小和管材的不圆度是PE管不同于UPVC管抢修的两个主要原因，需要加以注意。汇总PE管道的抢修方案如下：

1. 锯断管材

断水后抢修，是PE管道实现永久性修复的好方法。PE管道漏水后，关掉阀门，锯掉损坏的管材，但由于阀门关不严，或特殊情况限制，水有时不易断干净，不能使连接处干燥，此种带水只能用机械连接和法兰连接来修复。如果能够使管材损坏处不带水保持干燥，则可用以下机械连接、法兰连接和电熔连接三种方式来修复。

（1）机械连接。

PE管材里面加支撑套管，用专用PE抢修节连接。这种方法为永久性修复。内支撑套管有固定支撑套管和可调式支撑套管两种。在PE断水专用抢修管件内部接近密封处加一节带沟槽的回圆管，主要作用是回圆恢复管材圆度，还可起到防止管材部分轴向移动的作用。如果管材的不圆度不大，完全可用内支撑套管和抢修管件来完成抢修。

（2）法兰连接。

DN110以下（包括DN110）小口径PE管材的抢修可用一组PE法兰套（PE法兰接头和钢制法兰盘）连接。对于DN110以上的管材也可用法兰形式连接，但连接过程与小口径不太一样。切下坏了的管段，但要保证该长度足以满足法兰接头安装的要求。法兰接头和现有管材料熔接到一起后，测量两个法兰接头内部的距离，参照配套提供的对熔接步骤，连接另两个带背兰的法兰接头与一段和现有管材同样外径、SDR和性能的管材，从而在与现有管材相连的两个法兰接头之间形成一个相匹配的装配件。对中后，拧紧螺栓，把装配件与现有管材连接在一起，可形成一个完全的约束连接，不再需要插入内支撑和另外的约束力。

（3）电熔连接。

这种修复方法与法兰连接修复非常相似，不同的是电熔连接利用不同的熔接技术形成永久的无渗漏连接，不是用对接方法焊接管材和法兰接头两端，而是用电熔套筒连接替代管和未破坏的管材两端。水断干净后，可用电熔套筒通电熔接。电熔套筒目前生产规格可达 DN800，价格较高。这种连接在燃气管道抢修中较常使用。

2. 不锯断管材

断水后抢修在实际工程中要求管材不锯断的情况越来越多，但是对于 PE 给水管材，不锯断抢修较为困难，属于临时性抢修，不能保证它的长期性能。维修方法如下：

（1）机械连接。

PE 专用抢修管件类似于哈夫抢修节，管材如为压力管道，并且压力较恒定，或破坏的是一个窟窿，抢修的效果会好一些。具体使用方法如下：①将漏水管段挖开；②检查破损长度和面积不要超过抢修管件的密封长度和面积；③用抢修管件将漏水部位抱住，随后拧紧连接螺栓；④连接好后，再堵上管件上部的溢流孔；⑤按正确方法填埋好即可。

（2）抱箍连接。

这种连接方式多应用于 DN110 以下，整圈抱箍夹只能修复结构还具有完整性的管道。只能针对断面较清楚的圆洞、较深的划痕或者凿出的较大尺寸的孔，但要小于管材直径的三分之一。当管材有裂隙、锯齿状的刺孔、长缝或太深的划痕和较大尺寸的孔时，不能用该抱箍夹，这些缺陷可能在正常的工作下延伸到抱箍夹的外面。在通常情况下，抱箍维修夹的使用都证明了这是一种临时性抢修的好办法。为了防止裂纹的增长，应在裂纹的末端分别打两个小孔。

（3）电熔连接。

断水后一定要使破损处周围没有水迹，保证干燥，并且破损面积不能大于鞍形封堵的电熔面积。可用电熔鞍形封堵管件，通电熔接封堵。

3. pH 管漏水案例解析（源自：东港水司马晓晨）

幸福里小区燃气管道流出自来水。用户报修幸福里小区居民家中的燃气管道冒出自来水，现场关闭小区自来水总阀门，燃气管道就不再向外出水，说明燃气管道出水和小区自来水管道有关。经过营业部门、小区物业、燃气公司和水司的室外工程人员确认，排除了室内或室外燃气管道与自来水管道联网的可能。

首先对整个小区用地面听声法进行听测排查，把听漏仪调整到 200～600Hz（适用于 PE 管材），最终在一栋楼的单元口听测到了疑似漏水声音，用钻孔听声法对疑似漏水进行验证，确定是漏水点。开挖后发现自来水管道与燃气管道交叉重叠，燃气管道压在自来水管道上面，自来水管道接头漏水，燃气管道两管交叉处有一个小洞。分析原因是施工时燃气管道与自来水管道没有保证安全距离而是直接压在自来水管道上面，把自来水管道接头压坏发生漏水，水管的高压水流带动沙子不断冲刷燃气管道，把燃气管道冲刷出了一个孔洞，自来水压力是 0.7MPa，而燃气压力是 0.02MPa，自来水就从燃气管的孔洞进入，从而就发生居民家中的燃气管道冒出自来水的奇怪现象。见图 3-4。

3.5.4　玻璃钢管

耐腐蚀性能好。由于玻璃钢的主要原材料选用高分子成分和玻璃纤维组成，能有效抵抗腐蚀性土壤侵蚀，在一般情况下，管壁较薄容易被石头顶出破洞，修复时一般用粘结方法。玻璃钢管的环向刚度差，对回填土要求高，要求是分层填沙，并洒水密实，但在实际

图 3-4　自来水、燃气管道叠压磨损各有漏口

施工时往往不能做到，导致玻璃钢管的漏水现象严重，有的甚至无法正常运行。

3.6　管道的配件及附属设施管理

管道的装配必须选用连接零件，如转弯的弯头、分支的三通及四通、变径的异径大小头、可以拆卸的活接头、长丝以及内管箍和管塞等。

管道上安装的控制设备，如控制水流的各种阀门、防逆流的止回阀、控制水位的浮球阀等。

管道上安装的调节设备，如降低水压的减压阀、保证设备安全的安全阀、排除管内气体的排气阀等。管道上安装的仪表，包括水表、压力表、真空表、温度计等。

以上都是管道的配件及附属设施，不可避免地会产生损坏漏水，要加强管理和维护。

3.6.1　阀门种类

城市供水管网系统是由各种供水设施安装连接组成，其中管网设施除管道之外占比最大的就是阀门。阀门作为城市供水管网最重要设施，其对供水管网安全保供、抢修维护、流量调配、科学调度、分区计量、管网检漏有着不可替代的作用。

1. 截止阀

截止阀（Stop Valve，Globe Valve）又称截门阀，属于强制密封式阀门，所以在阀门关闭时，必须向阀瓣施加压力，以强制密封面不泄漏。当介质由阀瓣下方进入阀门时，操作需要克服的阻力，是阀杆和填料的摩擦力与由介质的压力所产生的推力，关阀门的力比开阀门的力大，所以阀杆的直径要大，否则会发生阀杆顶弯的故障。按连接方式，分为三种：法兰连接、丝扣连接和焊接连接。从自密封的阀门出现后，截止阀的介质流向就改由阀瓣上方进入阀腔，这时在介质压力作用下，关阀门的力小，而开阀门的力大，阀杆的直径可以相应地减小。同时在介质作用下，这种形式的阀门也较严密。截止阀的流向，一律自上而下。截止阀开启时，阀瓣的开启高度，为公称直径的 $25\%\sim30\%$ 时，流量达到最大，表示阀门已达全开位置。所以，截止阀的全开位置应由阀瓣的行程来决定。截止阀的启闭件是塞形的阀瓣，密封上面呈平面或海锥面，阀瓣沿阀座的中心线做直线运动。阀杆的运动形式也有升降旋转杆式（通用名称：暗杆），可用于控制空气、水、蒸汽、各种腐蚀性介质、泥浆、油品、液态金属和放射性介质等各种类型流体的流动。因此，这种类型的截流截止阀阀门非常适合用于切断或调节以及节流用。由于该类阀门的阀杆开启或关闭行程相对较短，而且具有非常可靠的切断功能，又由于阀座通口的变化与阀瓣的行程呈正比例关系，非常适合于对流量的调节。

2. 闸阀

闸阀是一个启闭件闸板，闸板的运动方向与流体方向相垂直，闸阀只能作全开和全关，不能作调节和节流。闸阀通过阀座和闸板接触进行密封，通常密封面会堆焊金属材料以增加耐磨性，如堆焊1Cr13、STL6、不锈钢等。闸板有刚性闸板和弹性闸板，根据闸板的不同，闸阀分为刚性闸阀和弹性闸阀。

有的闸阀，阀杆螺母设在闸板上，手轮转动带动阀杆转动，而使闸板提升，这种阀门叫作旋转杆闸阀，或叫暗杆闸阀。

闸阀操作注意事项：

（1）手轮、手柄及传动机构均不允许作起吊用，并严禁碰撞。

（2）双闸板闸阀应垂直安装（即阀杆处于垂直位置，手轮在顶部）。

（3）带有旁通阀的闸阀在开启前应先打开旁通阀（以平衡进出口的压差及减小开启力）。

（4）带传动机构的闸阀，按产品使用说明书的规定安装。

（5）如果阀门经常开关使用，每月至少润滑一次。

（6）闸阀只供全开、全关各类管路或设备上的介质运行之用，不允许作节流用。

（7）带手轮或手柄的闸阀，操作时不得再增加辅助杠（若遇密封不严，则应检查修复密封面或其他零件）。手轮、手柄顺时针旋转为关闭，反之则开启。带传动机构的闸阀应按产品使用说明书的规定使用。

3. 闸阀与截止阀门区别

截止阀、闸阀、蝶阀、止回阀和球阀等，都是现在各种管路系统中不可或缺的控制部件。每一种阀门不论是在外观、结构甚至是功能用途上都有差别。但截止阀和闸阀在外形上有一些相似之处，同时都具有在管路中做截断作用的功能，因此会有很多对阀门接触不多的朋友将两者搞混淆了。见图3-5。

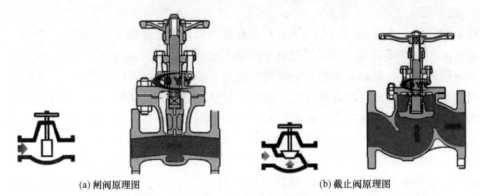

(a) 闸阀原理图　　　　　　　　　　　　(b) 截止阀原理图

图 3-5　闸阀和截止阀原理图

截止阀在做开启关闭时，是上升阀杆式的，即转动手轮，手轮会跟着阀杆一起做旋转和升降运动。而闸阀是转动手轮，使阀杆做升降运动，手轮本身位置不变。流量各不相同，闸阀要求全开或者全关，而截止阀则不需要。截止阀有规定进口和出口方向；闸阀没有进出口方向要求。

另外，闸阀只有全开或全关两种状态，闸板启闭的行程很大，启闭时间长。截止阀的阀板运动行程要小得多，并且截止阀的阀板可以在运动中停在某一处，做流量调节使用；而闸阀是只能做截断使用，没有其他功能。

截止阀既可以做截断使用，也可以做流量调节使用。闸阀只能全开和全关。闸阀在半开的状态下会存在一个很严重的问题，那就是阀门半开的状态下，阀板的背面会产生涡流，这会使得阀板振动甚至受到侵蚀，很容易导致阀座和密封面出现损坏。而且由于结构的原因，平行双闸板闸阀修理也是很困难。所以一般来说，平行双闸板闸阀会用于不需要经常启闭的管道系统，一直保持全开和全关的状态。

闸阀流向两个方向效果都一样，安装没有进出口方向的要求，介质可以双向流通。截止阀则需要严格按照阀体箭头标志的方向进行安装，关于截止阀进出口方向还有个明文规定，我国阀门"三化给"规定，截止阀的流向一律自上而下。

截止阀是低进高出，从外观看管道明显地不在一个水平线上。闸阀流道在一个水平线上。闸阀的行程比截止阀的要大。

截止阀的密封面是阀芯的一个小梯形侧面（具体看阀芯的形状），一旦阀芯脱落，相当于阀门关闭（如果压差大，当然关不严，不过止逆效果还不错）。闸阀是靠阀芯闸板的侧面来密封，密封效果不如截止阀，阀芯脱落也不会像截止阀那样相当于阀门关闭。

4. 蝶阀

蝶阀又叫翻板阀，是一种结构简单的调节阀，可用于低压管道介质的开关控制。在管道上主要起切断和节流作用。蝶阀启闭件是一个圆盘形的蝶板，在阀体内绕其自身的轴线旋转，从而达到启闭或调节的目的。

蝶阀常见故障：蝶阀中的橡胶弹性体在连续使用中，会产生撕裂、磨损、老化、穿孔甚至脱落现象。而传统的热硫化工艺很难适应现场修复的需要，修复时要采用专门的设备，消耗大量热能和电能，费时、费力。当今，逐步采用高分子复合材料的方法替代传统方法，其中应用最多的是福世蓝技术体系（福世蓝是一种美国高分子复合材料修复技术与产品的中文名称）。其产品具备的优越的黏着力及出色的抗磨损、抗撕裂性能，确保修复后达到甚至超出新部件的使用周期，大大缩短停机时间。

5. 减压阀

减压阀采用控制阀体内启闭件的开度来调节介质的流量，将介质的压力降低，同时借助阀后压力的作用调节启闭件的开度，使阀后压力保持在一定范围内，该阀的特点是在进口压力不断变化的情况下，保持出口压力值在一定的范围内。减压阀主要作用是将压力减压并稳定到一个定值，以便于调节阀能够获得稳定的水压用于调节控制。本类阀门在管道中一般应水平安装。

减压阀是一种自动降低管路工作压力的专门装置，可将阀前管路较高的液体压力减少至阀后管路所需的水平。减压阀的构造类型很多，按结构形式，可分为薄膜式、弹簧薄膜式、活塞式、杠杆式和波纹管式等；按阀座数目，可分为单座式和双座式；按阀瓣的位置不同，可分为正作用式和反作用式。减压阀的基本作用原理是靠阀内流道对水流的局部阻力降低水压，水压降的范围由连接阀瓣的薄膜或活塞两侧的进出口水压差自动调节。

6. 消火栓

消火栓安装在建筑物中经常有人通过、明显和使用方便之处，如走廊、梯间及门厅等处墙上的壁室内。壁室中装有消防龙头、水带、水枪及水带架。

3.6.2　排气阀

排气阀应用于独立管网系统的管道排气。当管网系统中有气体溢出时，气体会顺着管道向上爬，最终聚集在系统的最高点，而排气阀一般都安装在管网系统最高点，当气体进入排气阀阀腔聚集在排气阀的上部，随着阀内气体的增多，压力上升，当气体压力大于系统压力时，气体会使腔内水面下降，浮筒随水位一起下降，打开排气口；气体排尽后，水位上升，浮筒也随之上升，关闭排气口。同样的道理，当管网系统中产生负压，阀腔中水面下降，排气口打开，由于此时外界大气压力比系统压力大，所以大气会通过排气口进入系统，防止负压的危害产生。如拧紧排气阀阀体上的阀帽，排气阀停止排气，通常情况下，阀帽应该处于开启状态。排气阀也可以跟隔断阀配套使用，便于排气阀的检修。

1. 管网安全运行中"排气"的关键性。

合理安装排气阀的好处：

（1）减少爆管，实现断水后快速的通水；

（2）计量准确，消除水表自转，提高流量计和机械水表的计量准确度；

（3）实现整体管网系统的节能降耗。

2. 气体在管网中存在的形式

（1）气水混合。

这种是最常见的形式，这种形式的气体存在形式，最容易造成计量失准。比如，用户端的小口径机械水表自转，二次供水小区的高层水表自转，大口径的流量计不准。

当这些气体通过计量设备时，气体运动能量推动机械原理的水表走动，造成水表不过水自转；气体通过以电磁或超声原理计量的设备时，因计量设备无法辨识通过的流体是水还是气体，造成计量失准；因管道内气体的聚集，造成计量设备前端水的流态发生改变，因此导致计量失准。

（2）气团运动。

气泡聚集成气团，减少了管道的水流通道截面，增大水流的摩擦阻力和局部阻力，导致用户端水压下降，水厂或者中途加压泵站的出站压力增加，使得供水动力成本提高。气体的局部振动，还会导致接口松动漏水。管道内壁交替与水、空气接触，还会加剧管道腐蚀，导致管道漏水。

（3）水锤。

气体以气团的形式存在，随着管网温度、压力、流量的变化，气体做体积变化的振荡运动，如气体无法及时排出，可能导致供水管网发生气爆型的水锤，造成管道爆裂。

3. 管网气体的来源

（1）常见的来源。

1）供水管道抢修停水或新管并入；

2）管网中的水在流动中因压力或温度改变的气体释放。

（2）容易被忽略的来源。

1）水池水泵吸水口因淹没深度不够吸气；

2）在水泵吸水管和叶轮内，因运行负压产生的气体释放；

3）大用户流量突发性的变化。

4. 管道内气体的聚集处（图 3-6）

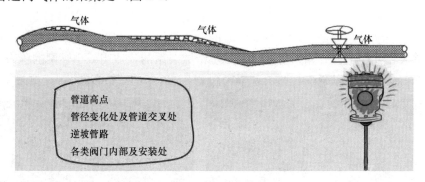

图 3-6　管道内气体聚集处

（1）管道高点。

气体的密度比水轻，在管道中与水一起流动一般都是上行，很容易在管道高点处发生聚集。

（2）管径变化处及管道交叉处。

供水管网的管径变化、管道交叉，一般采用中心线对接方式。当水流速度不大时，气体会聚集于连接口处无法被水流带走，形成气囊。一般发生在水流从大管径流向小管径的时候。

（3）逆坡管路。

逆坡管路水流向下而气泡向上运动，当浮力不足以克服水流推力时，气体便聚集在管壁处而形成气囊。

（4）各类阀门内部及安装处。

管道内的水流通过阀门时，流速和方向发生变化，形成流态紊乱，可能发生溶解在水中的气体析出，又因阀门构造上的原因，气体不易排出，在阀门安装处及阀门内部聚积。

5. 管网排气的难点

著名水锤专家马丁教授的研究理论指出，较平坦的供水管网在充水及运行过程中可能呈现六种气液两相流流态（图 3-7）。连续运行的供水管网中，气体极限释放量理论上为

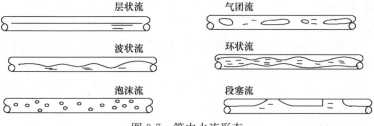

图 3-7　管内水流形态

水体积的 2%。供水管道刚开始充水的时候，管道中的液体流态多为层状流和波状流，气体排出相对容易；供水管网运行时，气体随水流动时因管道管坡、管壁粗糙度变化以及弯管、变径各类管道配件而分散聚合，当压力降低到某一值时水中溶解性气体还会以微小气泡的形式迅速析出，并随水流运行而聚积成大气泡或大气囊，管道内液体流态大多是段塞流或是独立存在的有压气囊，排气相对困难。

6. 管网如何排气及排气的效益

管道排气见图 3-8。管网中排气状态好，不仅可以减少爆管、保障计量、提速通水，还有一个很大的红利，就是可以进行大区域的整体管网压力调控，这个对降低产销差率的意义非常重大。管网压力和漏水量的比例是呈指数关系的，适当减小管网的压力，对于整个区域来说，供水量可以减少，产销差率提高 2%～3%，非常可观。排气效益见图 3-9。

安装排气阀　　　　消火栓临时排气

图 3-8　管道排气

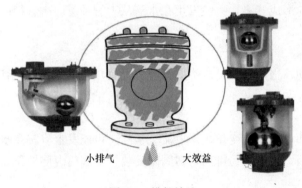

小排气　　　大效益

图 3-9　排气效益

7. 排气阀安装的地点

(1) 保障供水安全。

水平管道每间隔 0.5～1.0km，管道上的高点，管道的拐点，大用户用水点，进水池管段上的上游处，重要的调控阀门附近，管道经常维护的后端最高点（如排泥阀，过滤器），供水管网压力梯度递减处。

(2) 提高计量准确度。

水厂出厂管道的高点（这个地点非常关键），水表、流量计的上游处，厂区、住宅小区内管道高点，居民分户水表的最高点，住宅立管的高点。

(3) 节能降耗。

停泵时有可能出现水柱分离式断流弥合水锤的部位；水泵的出口处与止回阀之间，起泵排气，停泵吸气，可以延长泵的使用寿命。

排气阀的安装，是属于后端控制，如果在管网规划设计的时候优化一些细节，则可以减少排气阀的安装，毕竟管网设施的数量并不是越多越好的。

管网设计中尽量避免出现 90°的大拐点及口径变化较大处；优化管道设计，给水横管设计成 0.1%～0.3% 的逆坡，有利于排净管中的空气；保证清水池的水位与水泵吸水口的比例，减少外界空气进入量。

8. 排气阀的保养（图 3-10）

图 3-10　排气阀保养

排气阀安装后，如果维护不及时容易发生漏水，应按普通阀门的要求定期巡护，定期清理井室，确保阀门铭牌完好，修复阀门井室的破损和固定阀门井盖，清除阀门井内的垃圾，排放阀门井内的积水，防止排气阀井室被埋被盖。

排气阀的阀体要定期进行浮球解体检查，特别是阀壁和滤网的孔洞的除垢；阀球的清洗。每次管道发生充放水，应做好排气阀的观测记录以判断排气阀的工作状态。

3.6.3　管网中阀门管理

1. 问题现状分析

（1）阀门淹埋：由于城市道路扩建、地铁、建筑施工等项目，阀门堆埋、丢失的情况屡见不鲜。少则几百个、多则几千个，这在每个城市都是普遍存在现象和问题。这还不包括阀门井盖盖错的情况。以某城市为例，当年比上年阀门井室埋没增加了30%，大约1212只阀门未能找出，其中60%以上阀门检查井位于城市建设工地附近，并且不止一次被埋没。一旦阀门埋设或丢失，就给管网检漏、抢修止水造成巨大隐患和麻烦，严重影响供水管网安全。

（2）阀门启闭状态问题：阀门状态检测在日常阀门巡检中作为一项重要工作，直接影响管网压力和停水抢修工作，甚至关系着用户投诉数量。因阀门质量、巡检、启闭工作不到位，导致止水难、浪费严重情况始终存在。可见阀门状态关系着快速止水、停水范围，以及漏损控制。例如：某城市为了抢修管网爆管，停水方案涉及用户范围 1000 户，结果因为阀门失灵、拓扑关系不清楚，停水范围影响了 3000 户居民用水，导致停水范围扩大，止水时间延长，大量水资源浪费。另外，就是在管网抢修、施工、接驳、欠费停水等过程中，未能按正常规范、编号、顺序启闭阀门，导致阀门漏开启或开启圈数不够，水压偏低，引起用户投诉。例如：某城市供水服务热线接到用户投诉，片区的管网压力偏低，水司第一时间派检漏人员沿线排查，结果发现一主阀门被关，检漏人员开启阀门后水压恢复正常。

（3）阀门拓扑关系问题：阀门拓扑关系是阀门管理的难点和痛点，更是阀门管理的重点。拓扑关系不清，不仅在分区计量建设时封闭隔离区域难度增大，还会影响抢维修速度。尽管很多水司建设了 GIS 系统，但阀门拓扑关系问题并未能完全解决，可信度差，现场抢修时常会发生停水方案与实际启闭阀门不符的情形，导致安全事故的发生。

（4）阀门巡检、维护问题：阀门巡检工作不到位，未能按规范和要求对阀门巡检，导致阀门渗漏、损坏的情况时有发生。阀门台账记录很健全，但却未必真正做到巡检。其实，从检漏人员每月上报的阀门渗漏、积水的情况就可以直接反映阀门巡检工作是否落到实处。巡检人员的态度和责任心决定了巡检质量，抽查、监督的次数决定了巡检质量的可靠性。

（5）阀门布局不合理：一些老旧小区主输水管网阀门少、间距大，给管网检漏工作带来很大的困扰，严重影响了声音探测技术的应用；同时管网发生泄漏时，停水范围大，止水时间长，延长了泄漏周期。

（6）阀门渗漏：由于阀门气蚀、锈蚀、胶圈密封、材料质量及日常养护、更换不到位导致阀门渗漏、开裂十分频繁。从每年供水企业抢修工单数据中可以看出，阀门维修量十分大，明漏问题屡见不鲜。

2. 如何规范阀门管理

（1）规范阀门巡查管理：阀门巡查人员根据阀门卡册科学、合理安排阀门巡查计划，图 3-11 为某水司阀门巡检卡（图片资料源自：河南省新郑市自来水公司）。

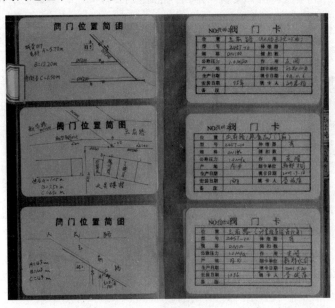

图 3-11　阀门巡检卡

按"定片、定人、定责、定时、定线"五定原则，核对阀门卡位置图的类型、口径、地名、方向、地址、地貌、坐标（坐标线要选择较永久的固定物体），检查阀门井室标高、井盖、阀体、井壁、井内是否存在渗漏、淤积、锈蚀、塌陷、压占，井盖是否盖错、破损、翘起，插销是否丢失以及与 GIS 系统信息是否相符。阀门巡查需要有态度、经验、责任心与质量。因此，阀门巡查应该制定规范和标准、绩效考核和激励机制，健全和完善监督测评机制。

（2）健全、完善阀门资料：阀门信息既是阀门档案，又是检查、核对、更新阀门的依据。阀门资料信息在城市供水管网运营中被巡查记录的状态信息，例如：阀门编号、地址、类型、控制范围、阀门栓点图、阀门是否漏损以及漏损后修复情况等。只有管网设施基础数据准确无误，才能为供水管网发展奠定扎实基础。因此，阀门信息管理应从收集、整理、归档到纸质卡片电子文档与 GIS 系统对应，实时更新阀门卡册目录。同时，健全资料借阅制度、移交制度，防止阀门信息缺失。

（3）梳理阀门拓扑关系：阀门拓扑关系实际上是一项非常复杂的工作，需通过大量启闭或闭阀试验才能把拓扑关系梳理清楚。现实情况频繁关闸停水不太现实，这使得此项工作推进缓慢。尽管如此，为了解决问题，还是要通过停水抢修、计划停水等措施逐步梳理。例如：福建某县城中二区 DMA 分区计量小区，因为阀门拓扑关系不清楚，闭阀后压力不归零，在漏点修复之后，夜间最小流量无任何变化。事后通过阀门普查发现，该区供水管网水源入口不止唯一进口。

（4）阀门探测及井室堆淹埋：阀门井室淤积、失踪、堆埋、压占问题与城市道路扩建、施工拆迁项目密切相关，大拆大建项目越多，阀门井室被埋情况越严重。如果阀井巡查、探测、清理工作跟不上，就会埋下隐患。这些问题都给管网抢修、水量调配、管网检漏造成了很大困扰。由此可见，既需要配备井盖定位仪、GPS 等先进探测设备，还要制定配套机制重点检查、考核，才能把阀门井室探测、淤积清理做好。

（5）优化阀门布局、设计：随着城市供水规模扩大、用户的增多，DMA 分区计量、智慧水务项目、管网检漏以及科学调度的需求，原有阀门布局、设计已经不能满足当前物联网在线监测等需求。另外，起初阀门设计、布局也不完全符合给水排水相关设计规范和要求，阀门布局、设计与现实需求脱离。因此，应根据实际漏控、智慧水务、分区计量的建设需求不断优化阀门布局、设计，以满足各种检测、监测的需求。

总而言之，阀门不仅是重要的供水管网附属设施，也是供水管网漏控的基础，其在管网检漏、水质保障、快速止水、分区计量，科学调度、水量调配、压力管控等应用中发挥重要作用。不管是供水安全还是漏控治理，都应提升阀门管理的地位和重视程度，强化阀门的管理和维护。

3. 管道阀门管理在漏损控制应用

（1）管道阀门是声音探测基础：管道阀门是声音采集、探测的重要设施和基础，对管网检漏工作有着举足轻重的作用。阀门多少、状态好坏、间距大小直接影响声音探测工作，决定检漏工作是否可以开展。阀门布局、间距越合理、状态越好，声音探测工作越利于开展。检漏人员可通过听测阀门分析、判断、追踪管网的泄漏噪声，探测管网泄漏。同时，又是相关仪、噪声记录仪采集管网泄漏噪声不可或缺的重要基础设施。可见，管道附属设施管理是供水管网漏控工作的重要部分。

（2）阀门状态对声音探测影响：众所周知，阀门状态对声音探测有着直接的影响。阀门渗漏、开启圈数不够或半开启状态都会在阀体上产生声音。该声音与泄漏噪声十分相似，成为声音干扰源，很容易造成误判干扰供水管网漏损检测结果。对于检漏经验不足的人而言，很容易受阀门噪声的影响而忽略管网泄漏噪声，导致管网泄漏点遗漏。其次，管网装减压阀的管道，也会对阀栓听声、相关定位漏点造成干扰。由此可见，强化阀门维护、抢修，减少阀门状态对声音探测的影响非常重要。

（3）分区隔离、阻断止水：阀门的隔离、阻断功能决定了其在日常维修、应急抢修中能发挥止水效用，无论从 DMA 分区计量建设，还是从抢维修、管网接驳，阀门的隔离、阻断作用都是无可替代。阀门布局、设计越合理，操作越灵活，阻断止水越快，泄漏损失越小；反之，止水延缓，泄漏损失偏大。另外，在 DMA 分区计量建设中，阀门隔离、阻断作用对边界、范围确定，封闭、隔断供水区域起了决定作用。供水区域分界越清晰，越有利于评估区域的产销差、分析夜间最小流量，便于漏控治理。

（4）临时分区、分步闭阀检测泄漏线索：临时分区是提升检漏效率、缩短检漏周期，快速查找泄漏线索的重要手段，其与地毯式检漏普查相比有着不可比拟的优势。检漏人员可根据管网图纸，分析管网节点阀门控制区域，然后通过夜间 2：00～4：00 最小流量时段关闭节点阀门，观测入口流量计最小流量读数变化，可快速识别泄漏的区域或管段。另外，可采用便携式流量计，结合阀门设施，临时封闭、隔离，把大区域分为若干小的临时区域，再通过分步闭阀逐段查找泄漏线索。分步闭阀检测在城市管网、小区庭院管网检漏中发挥主导作用，特别适合复杂环境、疑难漏点及波疏性的 PE 管材漏点探测。在检漏工作中经常会遇到多次排查找不到泄漏线索的情况，检漏人员会通过分步闭阀、监测闭阀前后的流量变化评估和分析管网泄漏线索，为声音探测定位漏点提供便利条件。尤其 PE 管材传声特性差、声音衰减快，与金属管有一定差距，可以尝试多次启闭阀门来记录 PE 管壁噪声的变化，来探测 PE 管道漏损点方位。

3.7　输配水管网的漏损控制

推广应用预定位检漏技术和精确定点检漏技术，并根据供水管网的不同铺设条件，优化检漏方法。埋在泥土中的供水管网，应当以被动检漏法为主，主动检漏法为辅；上覆城市道路的供水管网，应以主动检漏法为主，被动检漏法为辅。鼓励在建立供水管网 GIS、GPS 系统基础上，采用区域泄漏普查系统技术和智能精定点检漏技术。

住房和城乡建设部《城市供水行业 2010 年技术进步发展规划及 2020 年远景目标》规定，冷镀锌钢管、灰口铸铁管等性能较差的管材不得用于城市供水市政管道系统。室外 DN200 以下，首选 PE 管及球墨铸铁管；DN300～DN1200，首选球墨铸铁管；DN≥1400，首选 PCCP 管和及钢管；其他管道也可以经过技术经济比较后选用。逐步淘汰灰口铸铁管；小口径管材（DN＜300）优先采用塑料管，逐步淘汰镀锌铁管。

推广应用供水管道连接、防腐等方面的先进施工技术。一般情况下，承插接口应采用橡胶圈密封的柔性接口技术，金属管内壁采用涂水泥砂浆或树脂的防腐技术；焊接、粘结的管道应考虑胀缩性问题，采用相应的施工技术，如适当距离安装柔性接口、伸缩器或 U 形弯管。

鼓励开发和应用管网查漏检修决策支持信息化技术。鼓励在建设管网 GIS 系统的基础上，配套建设具有关阀搜索、状态仿真、事故分析、决策调度等功能的决策支持系统，为管网查漏检修提供决策支持。

3.7.1　防止管道及其附属设施老化

1. 对管道老化导致的漏失主要采取的控制措施

（1）通过引进多队外部检漏队伍进行竞争，提升外协检漏队伍的工作积极性，提高管网漏失检测能力和及时维修控制漏失的速度。

（2）通过在区域内多点加装压力监测点的模式，实现全区域压力在线实时监测，对于监测点压力异常下降的地方及时跟进排查，使区域内的漏水点得以及时发现，快速控制漏失。

（3）通过对区域内的供水加压泵站出水流量进行实时监测和报警提醒，及时对加压泵站供水区域内的异常出水情况进行跟踪，及时排查处理漏水点，快速控制漏失。

（4）通过成立维抢修调度平台，结合 GPS 车辆监控系统，通过 GPS 对维抢修车辆进行统一调度，进一步提升和优化维抢修的效率。

（5）积极推进管网更新改造。增加附属设施的更新改造和维护费用，通过更新改造的方式对管网漏失情况进行深层次的处置，使超期服役的供水管网漏失得以彻底控制。

2. 对管道附属的排气阀、蝶阀等设施老化导致间接水损增大的控制方法

（1）对于管道附属的排气阀泵站的缓闭式止回阀采取每 3 年进行全面轮流检修的方法，以减少因管道气体排除不畅和止回阀失灵导致的漏水和爆管概率，降低因此而产生的水量损失。

（2）对于 DN400 以上管道附属的蝶阀，采取每 4 年对传动部分进行全面轮流拆解检修的方式，以提高管网维抢修过程阀门的可控性。

3.7.2　施工挖破管道规避措施

减少施工挖破供水管道事件概率，通过安排巡查人员，按照主供水干管和区域售水管道的铺设线路进行定期和不定期的巡查，并对施工在建项目进行专项跟踪，以及通过各建设申报窗口和施工工地现场发放《供水管线安全联系卡》的模式，提前与施工单位及时建立对接渠道，及时提供施工工地周边供水管线线位，降低因施工挖破管道产生的水量损失和社会负面效应。

3.7.3　对农村偷水的控制手段

面对着农村供水的不断介入接收管理，主要通过设置水表三级监控的模式，即 MMA 微计量分区，对农村供水管网的漏失进行多级监控，以及在计量水表设置磁感应阀等手段，对因此类现象导致的产销差情况进行重点查处。

总而言之，供水管网的漏失情况是一项综合结果，因此，漏失控制需要从规划、设计、施工、运行调度及运行管理等各个环节齐抓共管，并结合各地区的实际情况不断创新。

3.7.4　东北区域漏失控制

寒冷气候导致东北区域冻土层较深,一般达到 2.5~4.7m。供水管网管顶埋深要低于冰冻线 0.1m 以下,要保证供水管网的安全运行。东北三省管网漏损较高的主要原因如下:

图 3-12　黑龙江同江水司冬季管网漏水
地面鼓包现象

冰冻线较深,管网漏水不易反映到地面,一旦管网漏水,形成冻胀和融沉,漏水使土壤含水量饱和,凝结的冰块非常坚固,膨胀的冰块将土顶上来,并形成大土包(图 3-12);不含冰的寒土,随着温度持续下降,冻土层持续下延形成地裂,应力的变化使管道遭到破坏;管线埋深较大,单纯的听声检漏具有局限性,效果较差,漏点定位困难,探点平均开挖两次才能找到漏口,土方量大,费时、费力、费钱;春季气温升高,冰冻线从上向下开化,漏水点的冰和泥的混合体形成返浆。

3.7.5　漏损调查

1. 低压区调查

造成管网水压低的原因是多方面的,是基础调查工作中的重中之重。产生低压供水的原因包括:管线用水超负荷,从附近主管道上管道勾连;开口处变径管件冲水杂物堵塞;老旧管网内部锈蚀严重,过水断面变小;配水管径过细;阀门脱落或未完全打开;单向阀内弹簧锈死卡住;管网发生暗漏;劣质管材管件黑皮管锈蚀严重,塑料管过度热活粘结等。调查低压区时列出检查项目表,逐一排除,最后得出结论,拿出解决处理意见。

2. 计量调查

如果出厂水量与用户贸易计量不正确,或两者计量精度下降,难以作出确切的评价,出厂水流量计标定宜采用清水池容积法;电磁流量计采用电参数法;计量区考核表宜采用便携式流量计对比法;大口径贸易表宜采用校验鉴定法;分户水表一般采用抽样检定法。

3. 管网漏失状况调查

输水管漏水测定,一般输水管网中接出的支管数量较少,接出的支管呈环状勾连。测定输水管网的漏水量必须关闭环状沟通管的阀门,通常除关闭接出支管的阀门外,再在一个腰阀门井的两端接上两台便携流量计,读出同一单位时间内该段输水管的漏水量,同时也可以直接测漏水时的流速。庭院小区内配水管及用户给水管的漏水测定,小区内配水管一般支状管,直接安装 DMA 分区表即可测定。通过在夜间最小流量计算出漏水量。测定可分直接测定法和间接测定法两种。直接测定法测定时还要关闭所有进入用户给水管上的阀门,间接测定法原则上不关闭用户给水管阀门。直接法测定的结果就是单位时间内该区配水管与用户给水管之间的漏水量，间接法测定的结果为配水管与用户给水管的漏水量。

4. 用水量数据分析

同比和环比，对比是最常用的分析方法，而同比和环比又是对比中最常用的两种分析方法。同比是本期和去年同期的对比，环比是本期和上一期的对比。

3.7.6　给水管道的升压设备

建筑高度较大时，必须设置升压设备，提高建筑用水压力，满足用水要求。升压设备包括水泵、水箱、气压。

1. 屋顶水箱

作用：设于屋顶最高处，储存水量调节用水量的变化，稳定供水。

水箱的容量：应按供水及用水量变化曲线来确定，但实际上这种曲线不易取得，因此多采用经验数据和近似的计算。

水箱结构：由箱体、各种管道、托盘等组成。

水箱的缺点：

（1）水箱是靠其位置高度所形成的压力来供水的，为此需将水箱放在建筑物屋顶的最高处，在大型建筑中，即使如此还常常不能满足最不利供水点的供水水压要求。

（2）由于水箱存水量较大，在屋顶上形成很大荷重，增加结构荷载，不利于抗震，同时也有碍建筑美观。

2. 气压装置

也称气压水箱，此装置是将水及空气密封于压力水罐内，利用空气压力把箱内存水压送到供水系统中去，其作用与水箱相同。由于罐内水是受压力的，因此罐的位置不受高度和地点的限制。优点：灵活性大、建设快、水受污染少、不妨碍建筑美观、有利抗震；缺点：压力变化大、效率低、运行复杂、需经常补气、耗电能较多、供水安全性不如屋顶水箱可靠。

气压装置可分为变压式及定压式两种：

（1）变压式气压装置：常应用在没有稳定压力要求的供水系统中。变压式系统是罐内的水在压缩空气的压力下，被送往用水点。随着罐内水量的减少，空气体积膨胀，压力逐渐降低。当压力降到最小设计压力时，水泵启动重新充水，在压力升到最大设计压力后，水泵停机。管网处于高低压力变化的情况下运行。

1）单罐式。缺点：水罐中的空气在压力下会随水流走，使气量渐减少，影响气压装置的正常运行，必须及时补气，给维护管理工作带来不便并多耗功力。

2）隔膜式气压装置。在罐内装设弹性隔膜或胶囊，将水气隔开，膜上或囊外充以定量空气，膜下或囊内充水，罐内压力随贮水量增减而变化。优点：水气不相接触，罐中水不受空气污染，保证供水卫生；罐中空气不会外泄，因而不需经常补气，节省动力。

（2）定压式气压装置：用于供水压力要求较为稳定的供水系统中，罐内压力由空气压力调节阀调整，保持罐内压力稳定，供水效果较好，但多耗动力。这种定压式供水系统多采用双罐，一罐为气罐，另一罐为水罐，运行较方便。

3.7.7　几种快速查漏的方法

以下介绍一些水司认可的行之有效的查漏方法和手段：

1. 水质电导率化验法

水质化验一般指标有漏水点的含氯量，因为氯离子极易挥发，一般大漏可以化验出来，具有局限性。笔者用便携式化验仪器现场测试电导率非常有效、快捷。

自来水电导率＝$0.5 \sim 5.0 \times 10^{-2}$ S/m。一般自来水的电导率介于 $125 \sim 1250 \mu$S/cm。电导率是用来描述物质中电荷流动难易程度的参数。在公式中，电导率用希腊字母 σ 来表示。电导率 σ 的标准单位是西门子/米（S/m），为电阻率 ρ 的倒数，即 $\sigma = 1/\rho$。首先，随温度升高，电导率增大，导电率升高，同一城市不同水厂出水电导率值不同；其次，即便是同一水厂，不同管段/小区电导率也会不同。大概了解一下自来水出水电导率，宁波慈溪市 $80 \sim 150 \mu$S/cm，上海嘉定 $150 \sim 500 \mu$S/cm，偏差非常大，可能是受上游的水质影响问题；吉林市 $100 \sim 200 \mu$S/cm，靠近松花江，水质有保证；浙江省嘉兴市 $100 \sim 400 \mu$S/cm；江苏省南通市 $150 \sim 300 \mu$S/cm。

案例：辽宁省东港市自来水公司因为管网埋深低于海平面，造成几乎所有水表井阀门井都存水，笔者对管网附属设施井阀化验 42 个水样，对电导率与自来水比度 80% 以上的 14 个井坑进行抽水查验，沿水流上游查找均发现管网漏水点和阀门盘根压盖漏水，取得了很快找到 10 个漏水点的好成绩。见表 3-10。

辽宁省东港市自来水公司电导率指标对比的查漏表　　　　　　表 3-10

地点	水样	电导率 (S/m)	水温 (℃)	对比度 (%)	地点	水样	电导率 (S/m)	水温 (℃)	对比度 (%)
迎宾旅社楼下宝康药房	自来水	161	11.4		高速引道十字路口	自来水	163	16.1	
鹏程花园广海化妆街	自来水	165	13.7		老火车站厨卫大全楼东	水泵井水保出口 DN15	177	6.3	92
黄海大街和工业路交叉口	阀门井 DN500	626	5.4	26	海尔专卖店门前	阀门井 DN100	296	1.2	55
东港农商银行航海大街 100 号	阀门井 DN100	584	5	28	康乐园门前	阀门井 DN100	192	2.6	85
	表井 DN100	174	3.1	94	新兴路 36 号北	阀门井 DN101	581	1.9	28
老工商局司机水果店门前	表井 DN40	917	3.4	18	黄海市场老厅	表井 DN150	1780	2.6	9
老国税局门口前	消火栓井	883	11.1	18	新兴路与大东街交叉口南	阀门井 DN200	674	10.7	24

地点	水样	电导率 (S/m)	水温 (℃)	对比度 (%)	地点	水样	电导率 (S/m)	水温 (℃)	对比度 (%)
天诚电脑南路口	阀门井 DN100	827	12.1	20	政府转盘四通	阀门井 DN500	170	13.6	96
太子港门前	阀门井 DN100	1072	11.1	15	桥南邮政局门前	阀门井 DN150	166	14.1	98
桥南碧海圣功东	消火栓井	330	12.1	49	桥南平壤酒店	消火栓井	170	12.4	96
世纪广场东	消火栓井	174	13.4	94	桥南大富豪对面	阀门井	170	12.1	96
政府	阀门井 DN150	195	13.5	84	桥南邮政储蓄 门前	阀门井 DN100	587	13.2	28
索菲亚衣柜门口	阀门井 DN200	171	13.7	95	政府南	水表井 DN100	169	14	96
江海大酒店北侧	阀门井	168	15.4	97	江海大酒店东 南角	阀门井 DN300			电导率超出 1999
汇丰庄园门前	阀门井 DN1500	293	15.2	56	海州酒店对面	消火栓井	380	16	43
农业银行东北角	阀门井 DN200	185	12	88	江海大酒店	水表井 DN200			电导率超出 1999
东港南路与新达 街路口北	消火栓井	496	16.4	33	环保局门前偏东	阀门井 DN100	1439	13.5	11
迎宾旅社路口	阀门井 DN400	289	12.9	56	大东加油站西 沟边	阀门井 DN150	282	12.8	58
一经路丁字路口	阀门井 DN500	1385	14.3	12	单家井路口	阀门井 DN100	250	14	65
老车站建东车 行门前	阀门井 DN200	174	13	94	老批发市场转角 处大东区卫生 服务中心	水表井 DN25	1239	13.2	13
有线电视业务 大厅前	阀门井 DN100	643	13.8	25	批发市场程程 装饰材料门前	阀门井 DN100	206	13.7	79

2. 瞬时流量漏水的图形分析和统计计算分析法

图 3-13 为山东某水司某一分区 244d 长期瞬时流量曲线图。从该图可以看出，有两个存量漏口，漏量随着时间不断增长，从 2017 年 4 月 15 日到 2017 年 11 月，漏量由 2.5m³/h 上升到 9m³/h，因此，对该区进行梯级闭阀流量测试，锁定两个漏水管段，然后听声定位修复，夜间最小瞬时流量降到 2.5m³/h。

图 3-13　瞬时流量曲线图

3. 庭院小区基于黄金分割线原理漏水量计算法

因为每个水司有几百或几千只流量计，仅靠人工图形分析费时、费力，还不能及时发现，以 7d 夜间最小流量的数据采集为计算数据，依据黄金分割预警方法，可以快速、及时发现漏点并预警。黄金分割线计算法见图 3-14。

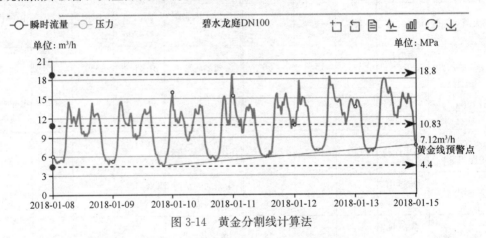

图 3-14　黄金分割线计算法

基于黄金分割原理的 DMA 庭院小区漏水计算分析预警见图 3-15。

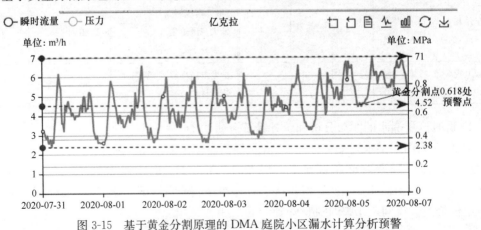

图 3-15　基于黄金分割原理的 DMA 庭院小区漏水计算分析预警

4. 管网漏水 K 线图形分析预警

通过同一时点的瞬时流量、压力 K 线图可以预警偷开消火栓和某一时点大量偷水。压力 K 线图形、瞬时流量和压力图形分析如图 3-16、图 3-17 所示。

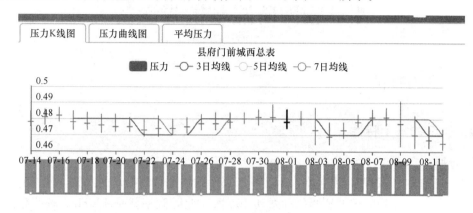

图 3-16　压力 K 线图

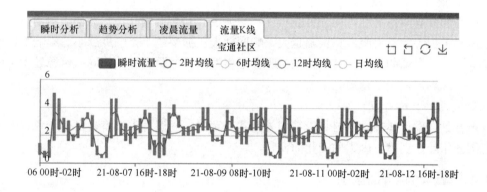

图 3-17　流量 K 线图

5. 区域管网"大流量升压找漏法"

案例：汝州水司老城区十字街老旧管网漏失严重，该区主管网为 DN400 灰铸铁管，支管大部分是不同口径的镀锌管，暗漏多、压力低。笔者后半夜让该公司关闭该管网所有支阀，用水厂 246m³/h 流量、0.5MPa 压力的水泵运行，对 DN400 灰铸铁管增压、增流，先人工沿管线排查主管道漏水点；然后，再逐个打开支管阀门查看，目的旨在把暗漏变为明漏，结果水漫金山，出现很多明漏。第二天，开始对漏点修复，对老城中村户表漏水用户先停水，户表用户拿缴纳水费收据申请开阀，凡是没有缴纳水费收据的按新户重新办理接水手续并追缴水费，发现有 32 户村户表私装接水。

4 管网听漏与检漏设备

4.1 声音的特征

4.1.1 声音的三个特性

1. 音调

声音的高低叫作音调，用频率表示，频率表示物体每秒内振动的次数，频率的单位是赫兹，符号 Hz。比如蝴蝶的翅膀每秒颤动 100 次，此时频率就是 100Hz。频率越高，音调越高；频率越低，音调越低。

2. 音量（又称响度）

声音的强弱叫作响度，用分贝表示声音的强度。其与振幅有关，振幅表示物体在振动时偏离原来位置的最大距离。振幅越大，响度越大；振幅越小，响度越小。影响响度的因素：其一，是振幅的大小；其二，是与听者距离发声体的距离有关，同一声源处发出的声音，离声源越远，响度越弱。

3. 音质（又称音色）

声音是由发声体本身的材料、结构等因素决定的，一般每人都有自己的音色，但人的音色随着年龄、训练等因素的变化而变化。

4.1.2 音调和响度的区别

(1) 音调指声音的高低，是由频率决定的；响度指声音的大小，是由振动的幅度和距声体远近来决定的。

(2) 音调高的响度不一定大，响度大的音调不一定高。

大口径管网漏水很难听到漏水声，但地面振动幅度大，这时夜间开着汽车，亮着汽车大灯，沿管线缓慢行驶，在大漏点的附近地面会出现尘埃，原因是管网中压力会在漏水点的周围产生强烈的振动，从而使地面尘土扬起，这种现象非常明显，易观察。水压越高，漏孔越大，尘埃越明显。特别选择阴天没有月光、无风的夜间观察效果最好。

4.1.3 管网漏水复合音

基音和泛音结合一起而形成的音，叫作复合音。日常我们所听到的管网漏水声音多为复合音。每个漏水声都不尽相同，漏口的复合音有三种：摩擦声、喷水声和撞击声。下面三种情况产生漏损的声音频率。

摩擦声是由水沿着管壁流动，顺着管道方向振动产生的。漏水的声音趋向于较高的频率，无论在何处，声音的频率在 300～3000Hz 之间（图 4-1）。

一般而言，高频率的漏水声音容易被识别，并不需要沿着管线走太远的距离。

喷水声是在漏水地点周围水循环形成的声音，趋向于较低的频率，在 10～1500Hz 之间（图 4-2）。

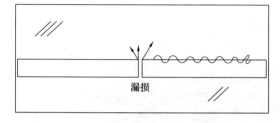

图 4-1 摩擦声

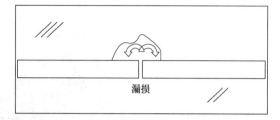

图 4-2 喷水声

撞击声是在漏水点周围的水撞击到管外壁形成的空腔以及击到岩石形成的声音，这些声音经常投射在漏水点周围。这种声音的频率也在 10～1500Hz 之间（图 4-3）。

操作人员使用带有频率过滤器的电子听漏棒，需注意在检测开始时应尽可能地把过滤器打开的频带宽一些，使得所有的漏水声音都进入仪器。当检查频带狭窄的部分时，把过滤器关得窄一些，能够使得其他一些不想要的声音被滤掉，如交通或者用水的声音。

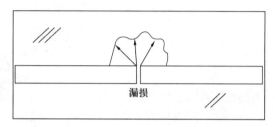

图 4-3 撞击声

管道材料和管道直径不同，传递漏水声音的方式也不同，因此，了解供水系统以确保选择的听漏位置在任何特殊漏损发生时都在可以听到的距离范围内是很重要的。一般情况下，金属管可以让漏损信号传递得比塑料管更远一些。石棉水泥管和水泥管往往介于二者之间。在理想的情况下，笔者曾经听到过漏水声音传播超过 1km，但是，比较保守的高限一般取 250m 左右，较低的限度（特别是塑料管）一般可以低到 10～15m。漏水声音也可以通过水传播。往往较低的频率，可以传递得更远一些，经常在使用带有水下听声器的相关仪时可以获得漏水位置。

操作人员必须经过训练，不仅掌握如何使用听漏仪器，而且也应该知道其局限性。因此操作人员可以根据仪器的局限性及漏水声音可能传播的距离来调整检测的标准。毕竟，如果对于塑料管采取每隔 200m 进行听漏，一般情况下漏损点是很容易被漏听的，除非是碰巧听漏点在消火栓或者其他附件附近，这样才能听到。对每一个新系统或者系统的每一个新漏点，都必须根据其各自的特点进行处理。听声者必须掌握漏水声的局限性和影响因素来做出判断。

4.1.4 人的听觉频率

次声波：频率低于 20Hz 的声音叫作次声波。特点：传播距离远，无孔不入等，主要发生于大型的自然灾害如地震、海啸、火山台风、核爆炸等。

超声波：频率高于 20000Hz 的声音叫作超声波。特点：方向性好、穿透能力强、易于获得较集中的声能等，可用于测距、测速、清洗、碎石等。

人类的听觉频率为 20～2000Hz，动物的听觉范围通常与人不一样，比如狗的听觉范围就比人的听觉范围大，猫、海豚的听觉上限都比人类高。大象的语言对人类来说就是次声波。人耳听觉特征见图4-4。

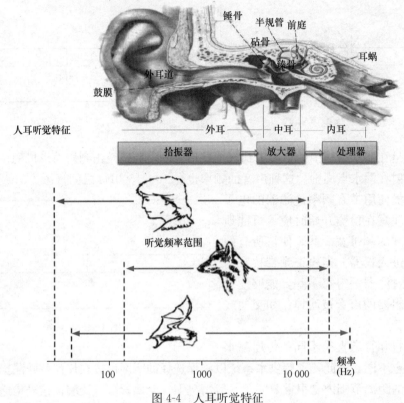

图 4-4　人耳听觉特征

　　人能听到声音的条件必须要有发声体、介质、良好的听觉器官、足够的响度定的频率范围。所以，管网漏水听声作业需要具备三个条件：漏点声源且发声振动的频率在20～20000Hz之间；有传声的介质，如空气、水、土壤、金属、木棒固体等贴近耳朵；有良好的听力，也就是接受器。

　　管网漏水的漏量一样，由于压力、埋深、土壤、路面、漏口形式等不同，听声杆耳听的声音特征也不同。漏水点耳听筒振动信号规律分析见表4-1。

漏水点耳听筒振动信号规律分析表　　　　　　　　　　　　　　表 4-1

影响因素		听筒信号		
		特征信号	耳感	原因分析
压力	大	强烈啸声	强劲、活跃	摩擦加剧、水头有力、流水声被掩盖
	中	啸声	较有力、活跃	摩擦减弱、水头无力、流水声较明显
	小	咕咕声	无力、较活跃	摩擦弱、水头无、流水声较突出
埋深	深	弱嗡声	无力、稍有层次	埋深越深、衰减越大、高频更加严重
	中	嗡呼声	较有力、有层次	高频衰减较大、水头声、流水声较明显
	浅	啸声	较强劲、活跃	衰减减小、水头声、流水声略被掩盖

续表

影响因素		听筒信号		
		特征信号	耳感	原因分析
土质	碎料	啸哧声	很活跃、层次强	反射、绕射增加、衰减较少
	沙土	呼声	较无力、单调	介质颗粒细小、低频振动衰减大
	黏土	嗡声	无力、较有层次	介质弹性增大、衰减增大、低频反应较好一些
路面	方块	啸声、哨声	强烈、活跃	容易被激发振动
	柏油	嗡啸声	活跃、有层次	骨料性质、弹性性质互相作用
	混凝土	哧声	较有力、有层次感	较高频率振动衰减小
漏口方向	向上	哧啸声	高昂、有层次	水头声较接近地面、衰减小、明显
	向下	咕嘟声	活跃、有层次	水头声增大明显
长周口漏	长	强烈啸声	强劲、活跃	摩擦面积增大、漏口声加剧
	短	哧声	较有力、层次差	摩擦小、出水少、水头较有力
漏口面积	大	呼啦声	活跃、变化大	出水多、流水声大、容易形成水浸式
	小	哧声	有力、较有层次	摩擦减小、出水较少、水头较强
含水量	多	嗡声	较无力、单调	水对声振动衰减大
	少	啸声、哨声	较有力、有层次	含水少对声振动衰减小
水渗出路面		呼声	无力、单调	对应含水量很多、衰减很大、有时无声
水流入下水道		哗啦声	很活跃、变化大	水流有落差、击水声明显

4.1.5　噪声的危害和控制

噪声的含义：噪声在物理学上指一切不规则的信号，在生理学上指一切对人们的休息、学习、工作或要听的声音产生干扰的声音。按噪声的波长，可以将噪声分为长波噪声、中波噪声和短波噪声；按城市的环境噪声来源，可以将噪声分为交通噪声、工业噪声和建筑施工噪声等。

给水管道噪声包括以下几种：

1. 流水噪声

流水噪声是水在管道内流动时，因水流断面大小改变，水流方向变化而产生的噪声。如水嘴开启时的哨叫声，水通过弯头、三通、十字形管产生的管路振动，水流与管壁之间的摩擦噪声等，都属流水噪声。流水噪声随流速和局部阻力的增大而增大，随管道材料相对密度减小而提高，并因共鸣而增强。现代建筑管路布置日趋复杂，新型管材相对密度均较轻，故流水噪声是给水管道噪声的主要来源。

2. 汽蚀噪声

汽蚀噪声是打开出水阀时，因管道内气体的汽蚀现象而产生的爆破声。管路内压力越高，这种爆破噪声越大，因而产生的危害越大。

3. 振动噪声

振动噪声是自闭冲洗阀关闭时，水击引起阀体振动产生的噪声。当压力过高时，这种噪声很大，应特别重视。

4. 压力冲击噪声（水锤噪声）

压力冲击噪声是管路中由于水流速度过大或过快地启闭阀门、突然关闭回流阻止器而引起的噪声。这种噪声是因水击使管路振动而产生的。当水龙头构件松弛，流速过大时，由于绕流漩涡和紊流的作用使构件振动也会产生冲击噪声。

5. 充水噪声

充水噪声是向受水器充水时，由于水流冲撞卫生设备壁或水体而产生的噪声。其噪声因卫生器具的共振而增强。

6. 摩擦噪声

摩擦噪声主要是热水管道温度变化引起管道长度变化而产生的，常发生在管道的支座、套管处。因其不会频繁发生，故而影响较小。

从物理角度讲，噪声就是发声体做无规则振动时发出的声音，可以在管网内检测。带压机器人利用噪声发生器的原理，对非金属管地面走向定位。

4.1.6　管网中噪声控制

给水管道压力超过 0.3MPa 且管径≤20mm 及管路较长时，管道会产生啸叫和振动，这主要由高速水流动力与管道系统产生共振所致。综合防治措施有适当加大管径、采用曲挠橡胶接头、支架与管道接触处加橡胶垫以及加装减压阀等。但注意减压阀本身也有噪声，要经反复调试，使噪声减至最小。

4.1.7　声音传播速度

水能够传播声音，其传播声音的速度比空气传播声音的速度要快得多。有人测量在气温 0℃ 时，声音在空气中的传播速度是 332m/s，在水中的传播速度是 1450m/s。声音的传播速度跟介质的性质有着密切的关联性。声音传播过程中，介质粒子依次在其平衡位置附近振动，某个粒子偏离平衡位置时，周围其他粒子就要将其拉回到平衡位置上，即介质粒子具有一种反抗偏离平衡位置的特点。不同的介质粒子，反抗强度不同，反抗强度越大，传递振动也越大，传递声音的速度就越快。水分子的反抗强度比空气中的粒子大，因此声音在水中的传播速度比在空气中快。铁原子的反抗强度比水分子大，所以声音在钢铁中传播的速度更快，达到 5000m/s。

4.2　供水管网漏水检测

4.2.1　漏水声的特征

管道漏水查找漏水点主要凭借的就是管道漏水的声音，漏水声包括水冲出管道时冲击振动产生的声音，以及水流冲击管道周围介质时产生的声音。因此，需要充分了解这种声音传播的特点，才能更准确地判断出漏水点的位置。

漏水声在介质中传播的时候会因为受到摩擦而转化动能为部分热能，导致漏水声组件被吸收，介质吸能的程度和频率有密切的关系，频率越高，损耗越大，所以高频的漏水声衰减比低频漏水声快得多。在听漏的现场，漏水点的正上方高频成分最强，往远处会逐渐减弱，检漏工作人员要捕捉的正是这个高频成分的声音，也就是平时说的"沙沙的漏水声"。不同管材对应的噪声强度见图4-5。

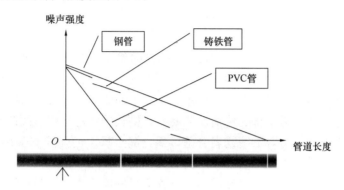

图 4-5 不同管材对应的噪声强度

4.2.2 供水管网漏水声衰减特性

（1）漏水声与管材的关系：漏水声在管道中的传播与管道材质有关。漏水声在管道中传播的衰减率一般为：钢管＜铸铁管＜钢筋混凝土管。

（2）漏水声的衰减率与管径成正比。漏水声在小管道中的传播效果较好，尤其是在DN25以下的镀锌管道中，衰减率很低，传播距离很远；大的管道衰减率较大，特别是DN1000以上的非金属管道衰减率就更大，探测效果不明显。

（3）漏水声的衰减率与传播距离成反比。漏水声在管道中传播距离越远，能量消耗就越多，漏水声就越小，捕捉就越困难；反之，漏水声在管道中传播距离越近，能量消耗就越少，漏水声变化不大，捕捉就越容易。

（4）衰减率与压力关系不大。压力高时，漏水声比较尖锐；管道压力的大小对漏水声的衰减率影响很小，几乎可以忽略不计，管道压力低探测漏水困难是由于漏水声本身的能量低的缘故。

4.2.3 漏水产生的原因

漏水产生的原因主要有：①接头松脱；②水压过高；③水锤冲击过大；④管路锈蚀；⑤重物冲击；⑥管路沉陷；⑦冻害。

漏水种类有两种：有声漏水和无声漏水，见图4-6。

水嘴滴漏属无声漏水，滴漏量也是惊人的，用量筒和秒表测定做一试验：每秒1滴水，每天滴水量为37.9L，每年13.83m³；每秒稳定流5滴水，每天滴水量为151.4L，每月4.52m³ 水。类似卫生间马桶滴漏通常很容易被忽视，漏量低于水表的始动流量时，越是小漏对供水企业危害越大。中小供水企业一般来讲户表有十几万户或更多，每秒限流5滴水 DN15水表不会走动，自来水公司每月损失水量5万余 m³。

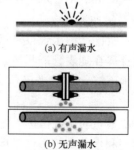

(a) 有声漏水

(b) 无声漏水

图 4-6 漏水种类

4.2.4 影响漏水噪声的强度特征

小漏水孔和高水压通常产生高频率的漏水噪声。因为管道的部分阻塞会造成水压增大并对水流造成进一步的干扰，所以一般在阀门、管道弯头、三通和管道末端等位置产生的噪声强度比较大。

漏水噪声可以通过管道中的水传播，也可以通过管壁传播，还会进入管道周围的土壤传播。噪声在"硬"材料中的传播性能更好，所以噪声在金属管道中的传播距离要比在石棉水泥管道的传播距离大得多，而在石棉水泥管道中的传播距离又要比在塑料管道的传播距离要大。土壤通常比管道本身的传播性能要差，松软的沙地又比上面铺有硬质的砖块的压实土壤的传播性能差。沿着土壤或者管壁传播，漏水噪声的强度和音调都会发生改变。管道的埋深越大、土壤越松软，漏水噪声越弱。

如果金属管道出现漏水，漏水噪声会沿着管道很好地传播。在塑料管道上的传播就差一些。这就意味着在金属管道上可以听到漏水噪声的距离要比塑料管道大。离漏水噪声源的距离越远，要精确地确定漏水噪声的位置就越困难。

背景噪声可能会对漏水造成干扰。交通和机器噪声可以通过空气或者土壤传播很长的距离，而且经常与漏水噪声的频率相同。有时候，可能需要在晚上干扰噪声比较少的时间进行漏水听声探测。

在使用任何仪器进行漏水听声探测时，采用一些系统的方法技术非常重要。漏水听声探测技术练习也非常必要，能够分辨出不同的声音，识别背景噪声或者干扰噪声，从而可以将干扰排除掉。在进行开挖之前，通过现场对情况的合理性分析以排除其他噪声源（非漏水）也至关重要，如用水噪声或者半开闭的阀门等。

4.2.5 管网漏点观察方法

1. 看漏

又称为直接观察，最基本的漏损定位方法是看漏，三人一组，由熟知管线位置的老师傅带队，沿某一管线行走，以寻找出在地面以上的漏水，或者在很干旱的季节在管线上有旺盛的绿色植物覆盖的地方，很容易直接观察定位的漏水点。这个特殊的漏损发生在地面上的排气阀。其他的漏损，虽然没有这么明显，但也经常可以观察到。

虽然看漏并不是非常高超的技术，但是也不能低估，特别是对产销差率比较高的水司，通过看漏直接观察管线附近的污水井、雨水沟、供热沟、电缆井、阀门和水表井是否有流动的清水，是可以判断管线断裂和爆管定位非常快速的方法。

2. 听漏

听漏已经出现很多年，是漏损探测中最常见的一种方法。操作者可使用不同的仪器通过裸露在地表管道配件如阀门消火栓等，确定可以听到漏水声音的地方听声。通过听声确定地下漏水点的准确位置。这种方法检测配件如消火栓、水表和阀门，被称为栓阀检漏法。

通过对一些可进入的接触点进行听声，能缩小漏水点位置的范围。如水表、消火栓、阀门和水龙头等提供了良好的拾声点，尤其是金属管道。用手持探头和延长杆在这些位置进行听声。

如果管道没有可以进入的接触点，或者管道是非金属材料的，使用带三脚底座的手持传感器进行听声，把手持传感器放置在怀疑有漏水的管道的上方。沿着管线管道行走，在管道的每一个可进入的接头处或者地面上以一定的间隔进行听声，直到找到噪声强度最大的区域。当在管道接头上听声时，噪声最大的位置并不一定代表是漏水点的位置，而只是这个接头离漏水点最近。在土壤层厚度比较小或者土壤成分的传播性能更好的位置，漏水噪声的强度也会表现得比较强。漏水噪声会沿着阻力最小的路径进行传播。

3. 监漏

一般来说是构建 DMA 分区，根据夜间最小流量的变化来侦测新增漏点所在的区域。或者在管网上布置若干数量的噪声监测点，上传数据平台分析计算漏水声音，这种方法被广泛用于各个供水公司，一旦有新的漏点很容易监测到，是一项非常成熟的技术。

4.2.6　漏水点位置的定位

对漏水点的位置进行精确定位，包含一个对比多个点的漏水噪声强度的过程。选择最适合的传感器装置：适用于坚硬地面的钻孔和适用于松软地面的探杆。

使用手持传感器并调节耳机的音量控制旋钮，以获得舒适的音量水平。当你通过耳机听完一个点的噪声之后，关闭耳机的声音，并把手持探头移动到下一个检测点。

重复上面的过程对每一个检测点进行听声，沿着管道的路由如果检测到的噪声强度越来越大，说明越来越靠近漏水点。如果漏水噪声强度变小，说明已经经过了漏水点，应该往回走并以更小的测量间距进行检测。漏水噪声强度最大的位置就是漏水点的位置，同时也要注意前面提到的土壤状况。

4.2.7　漏水点及漏水量的测定

降低漏水量首先须确认漏水位置，再从经济上考虑必要的处理措施。漏水有明漏和暗漏两种。明漏是不难发现的，现场观察如果在管网附近发现有清水冒出或路面局部下陷、泥土潮湿、绿化带植物特别茂盛，下凹部位经常潮湿有水，阀门井、配水井内长期积水，就可判断此处为漏水点；暗漏是指管网漏水而在地面没有任何显示，漏出的水渗入地下或直接流入附近下水道。暗漏的隐蔽性较强，要确定漏水点比较困难，只有借助检漏仪和听漏棒等其他设备。影响地面供水管网听声的因素包括：①漏水声音的大小；②管道的埋深；③环境噪声。

漏水量的测定方法包括以下几种：

1. 公式法

在一些较大漏水点及一些不便测量的漏水点中，通常采取公式计量。理论依据是带有压力势能的水转为具有动能的漏水，两者之间遵循能量守恒原理，即漏出的水的动能与在管道没有漏出之前的能量相等。根据漏水断面和工况压力（工况压力取平均值）确定漏水量。

结合国内其他城市的检漏经验，计算管网漏口水量的方法有以下几种：

（1）孔口出流法。

$$Q = C \times a \times \sqrt{2 \times g \times h}$$

式中：Q——推算漏水量（m^3/s）；

C——漏水系数；

h——损失的水压（MPa）；

g——9.8m/s；

a——漏水孔面积（m^2）。

（2）计时容积法（称重法）。

对于较小管网漏口用容积法，用盆子往水桶舀漏出的水，用水桶的刻度进行计量和计时，计时得出每小时漏水量。

具体方法是：先挖开漏水点，保证有足够的接水空间，采用器具（如盆、桶、塑料袋等）把管道的漏水在一定的时间内全部接入标准容器内，然后用称计量漏水量。如果在测量过程中，不能保证把全部的漏水接入到器具内，可以采用对未接入器具内的漏水量进行估算。

例题：某探漏技术人员，在某路段发现 DN100 的供水管道上有一暗漏水点。经开挖后，用容积法测量其漏水量，其测量数据如下：

已知：测量人员用容器接水，从开始计时到测量结束用了 6.5s 的时间，测得漏点的水量是 30.9kg；又由于现场情况不能大面积开挖，测量人员用盆接水时，还有大约 1/5 的漏水尚未接入。则该漏水点的实际漏水量：

单位时间接入的漏水量为：$Q_1 = 30.9 \div 6.5 \times 3600 \div 1000 = 17.11 m^3/h$

单位时间的漏水量为：$Q_2 = Q_1 \div (1 - 1/5) = 17.11 \div 0.8 = 21.38 m^3/h$

（3）工作坑容积法（图4-7）。

工作坑容积法是最简单，同时也是比较经济适用的测量漏水量的方法；漏水充满土方坑时先计算所挖掘的土方体积，然后计时土坑充满水的时间，再计算每小时漏水量。

图 4-7 工作坑容积法

工作坑法容积根据现场漏水点情况，具备条件的采用一定时间内，工作坑实接测量或者用泵抽取现场漏水计量，也可采用漏点装表方式。

（4）DMA 分区流量计测定法。

在漏水管段上利用分区表或安装便携式流量计显示瞬时流量计算漏水量。

例题：利用进入小区的自来水公司收费水表的漏前瞬时流量和原来未漏瞬时流量差额计算漏水量。

深圳某工业园突然发生爆管形成暗漏，该工业园原来是一片洼地填方建成工业园，园内供水管网 PE160 管 4.5km，爆管后夜间最小瞬时流量 80.32m^3/h，爆管前夜间最小瞬

时流量 $5.6m^3/h$。流量计数值见图 4-8。

计算漏水量：$(80.32-5.6)\times24=1793m^3/d$。

听声行走的路线一般采用：①直线形，②单
"S"形，③双"S"形。技术要求：①间隔 $50\sim$
$80cm$，②有异常时做"米"字形剖面分析。漏水
的去向一般包括：①流出地表，②渗入地下，
③沿地下设施流走（沿下水道、电缆井、通信井
等通道流走）。听声干扰主要包括：①用水集中体
现在三通、弯头处，管径 $DN\leqslant50mm$ 时尤为突
出，②阀门半开/半关时，③有落差的下水，④变压器、路灯产生的电流声，⑤风声，
⑥城市噪声。

图 4-8 流量计数值

4.2.8 音频检漏与修漏

当压力水从漏水点喷出，水与孔口发生摩擦产生振动，然后沿管道、土层传播开来。
根据这个原理，可利用以下方法确定漏水点。

(1) 用听漏棒直接检漏。听漏棒的原理是将漏水产生的声音稍加放大传至人的耳朵。
此种方法简单，可以沿管线连续检测。

(2) 用钢钎接听漏仪间接听漏。因有些管道埋深较大，土质传导差，可在适当位置打
入钢钎传导声音，再将听漏仪接至钢钎上检漏。

(3) 电子放大听声仪检漏。用传感器把地面振动转化为微电量变化，经电子放大，由
仪表显示声音大小和音质，灵敏度高，测定较准。

听声检漏修漏中应遵循原则：

(1) 要清楚地了解地下管线的实际走向、材质、管径、水压及使用年限等。

(2) 要了解检漏现场是否有其他管线，如电力和通信电缆、下水管道、煤气管道等。

(3) 漏水处理漏水量若超过允许值，就确定准确漏水点，然后根据现场不同的漏水的
情况，采取不同的修漏处理方法。

1. 补焊处理

管道焊缝漏水要停水补焊，铸铁管须使用铸铁焊条。补焊前除应将表面清理干净外，
要先在裂纹两端各钻一个小洞（防止因热胀冷缩而使裂纹继续延伸），并对裂纹打坡口后
再焊，最后补焊小洞，完毕后要对焊口作防腐处理。

2. 法兰漏水

更换橡皮垫圈，按法兰孔数配齐螺栓，注意上螺栓时要对称紧固。如果是因基础下陷
而导致，则应对管道加设支墩。

3. 承插口漏水

水泥管或铸铁管承插口漏水，应将泄漏处的封口填料剔除（注意不要振动太大），冲
洗干净后用油麻捣实，再用青铅或石棉水泥封口，也可加钢套处理；塑料管接头处漏水，
可把接头处截去，加伸缩节重接，也可用钢套管加橡胶圈紧固处理。

4. 大面积漏水

钢管漏水割去漏水段重新焊接一段钢管或在裂缝处补焊一块曲率相同、厚度差不多的

钢板，焊前应作除锈处理，焊后作防腐处理。铸铁管是环向裂纹，可以加设钢套管、再在钢套管与铁管之间打入青铅或油麻、石棉水泥。如果是纵向裂纹，则应在裂纹两端钻小孔以防裂纹延伸，再加套管处理，也可将裂纹较多的管段割断再加套管处理。套管两端内壁15～20mm 处焊一条钢筋，直径大小随间隙而定，可防止充填物掉入管内并使充填间隙均匀。球墨铸铁管是一种强度较高、耐腐蚀性强的管材，接口都是采用橡皮垫圈形式。漏水处理的方法也是补焊加套管；在有活接头的地方可以更换管道，换管时要采用两个以上的捯链，不能将附近管道作为支点。

4.2.9　防止管网漏水预防措施

1. 设计预防

主要从管道材质、接口形式、工作压力、埋深、埋设位置、防腐等因素考虑。如主要路面或过路管埋深小于 1.2m 时就不宜用铸铁管，否则一定要加设钢套管或直接用钢管、球墨铸铁管；在有不均匀沉降的地方，接口形式不宜采用刚性接口；塑料管每隔一段距离要设置伸缩节，以防管道冷热变形引起接口开胶；设计时要注意避免管道突变或 90°转弯，以防水锤及气蚀的产生。

2. 施工预防

合理的设计需要高质量的施工来保证。施工中特别要注意管底基础工程要平整、结实，覆土要密实，最好管顶覆 20cm 砂或石末，两侧均匀，不应有较大的块石硬物，以防形成支点或破坏防腐层；不同的管材要按相应的施工规范要求施工，如塑料管接头处严禁扭曲变形等；工程竣工后要按规范要求进行水压试验。

3. 供水管网的运行管理

许多漏水是因为运行管理不善而引起的。在管网运行管理中要注意：

（1）要绘出完整的竣工图，要整理出详细的管网布置图，以便熟悉地下管网情况。

（2）在有地下管线的区域施工时，要根据图纸找出已有管线位置，施工时要避开。

（3）成立管网巡视维修小组，配备先进的检漏仪器，发现漏水及时处理，以防水压增高产生爆裂，避免出现较大的漏水事故。

（4）定期抄表分析，发现用水量突增时要及时分析原因。

给水管网的漏水原因是复杂、多方面的，涉及面很广，是科研、设计、施工和运行管理人员长期研究的课题。只有能引起有关部门的高度重视，经过全体同行专家的长期共同努力，才能真正解决这一难题。

4.3　检漏设备的原理与使用效果

4.3.1　检漏设备的前世今生

随着我国城市建设发展，用水需求逐渐增加，水资源浪费也不断增大。从 20 世纪 70 年代开始各地供水企业逐渐重视管网检漏工作，计划经济年代国内没有专门生产销售管网检漏设备厂家，而国外生产的检漏设备价格昂贵，供水企业全靠自己制作听声杆听漏，制作方法五花八门，最简单的是机械式听漏棒，用铁杆焊接一个铁盘，类似医生听筒，有的用钢筋镶上一个木把当作听声杆用，有的用医用听诊器改造一下，还有重庆自来水公司一位听漏师傅把大锤焊上一节钢管，每天晚上沿管网找漏口，日行几十千米，取得较好效果，被评为全国劳模。

4.3.2　听漏棒（听声棒）、检漏饼（图4-9）

听漏棒分木棒和金属棒两种。地面的振动通过木棒引起空气振动，能起一定放大作用，然后传至顶端，耳朵贴在顶端就能听到声音。金属棒是把地面声音通过金属棒传至金属薄膜（类似电话听筒）。

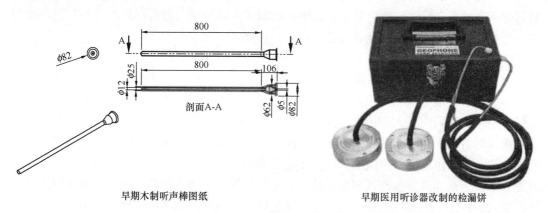

早期木制听声棒图纸　　　　　　　　早期医用听诊器改制的检漏饼

图4-9　听漏棒、检漏饼

检漏饼类似听诊器，将地面振动声传至薄膜，借薄膜振动引起的空气振动由气管传至耳朵，其放大倍数较大，听到的声音较高。总之，这类听声器听得的声音较小或很小，外界其他成音范围内的噪声也将同时进入，因此需要听力好、经验丰富的听漏师傅，才能取得较满意的结果。

听声棒检漏设备在世界各国已使用80多年，至今仍是有效工具。听声杆是用于供水检漏工作的一种最经济、简单便携的检漏工具，其主要由听筒、听针、压电陶瓷振动片和其他附件组成。其听筒采用尼龙材料经精密机械加工制成，听针采用特种钢材制作。管道听漏检测法就是把听漏杆的细尖的一端放在管道暴露的地方，听筒贴在耳朵上，仔细侦听，可以辨别听测点附近的管道是否漏水，如果有"嘶嘶"声，说明水管可能漏水了。一般的经验是漏洞很小，声音为"嘶嘶"的声音，如果大的话则为"轰轰"声响。有经验的技术人员甚至可以根据漏水声音频率的高低判断漏水点在多少米范围之内。听漏棒一般是与漏水检测仪配合使用，漏水检测仪用于定位漏点的位置。听声棒功能特点如下：

（1）可插入草坪、松软地面、小孔间隙处，以深入被测点，适应各种水管道。

（2）有三种型号杆长：1m、1.5m、1.8m。

（3）防振，无须电源，自身无噪声，音色纯正。

（4）听筒采用尼龙材质，内置感应膜片，灵敏度更高。

（5）只要将机械式听声杆放置在管道阀门或暴露的管道上，就能听出附近是否漏水。

（6）机械式听声杆还可以用来诊听如电机、泵、轴承工作状态是否异常。

（7）机械式听声杆具有直接传导声音的特性和价廉物美的优点。

听声杆使用方法如下：

（1）检测管道上的漏水点，首先找到管道的阀门、消火栓分支等一切外露点，然后在外界噪声相对较小的时间（一般在夜里），用听声杆的杆尖接触到这些外露点，耳朵紧贴听筒，这时如果附近的管道有漏水点，则漏水声沿着管壁传递到杆尖，再传至杆身，最后经振动膜把音量扩大，这样就可以听到很远地方的音量较小的漏水声了。

（2）用听声杆听管道的外露点时，可以听到管道左右两端漏点的距离，主要取决于管道材质和漏水声频率的高低，因为钢管和铸铁管传音较好，可以听得很远；而水泥管和塑料管是声音的不良导体，所以只能听近距离的漏水声。至于通过听到的声音判断漏点的距离，则只能根据个人检漏的经验而定。

听声杆使用效果：

为了达到要求，听漏要在深夜其他噪声很小的时刻进行。由于听棒灵敏度很低，要听得较小的漏水必须每 $1\sim2m$ 逐段听漏。另外还要注意，同样的漏水在沥青路面、水泥路面等坚硬路面其响声较大，传播范围较广；在块石路面、弹性路面声音传播较集中；而煤渣路面、碎石泥土或泥土路面则声波传播较差。漏水在管件附近听到的漏水声常受管件的影响，有时管件附近漏水声较响，但并不是正确的地位。一般传播范围广的漏水声不易被忽视，但确定正确位置往往较困难，反之容易被忽视，但找到声音后比较容易找到正确漏水点位置。据国外的典型调查，用听棒听漏定位与开挖修漏准确率统计见表 4-2。

用听棒听漏与开挖修漏准确率统计表   表 4-2

挖坑次数（次）	发现漏水件数（件）	占比%
1	13	32.5
2	17	42.5
3	7	17.5
4	2	5.0
5	1	2.5
挖坑总数为81次	40件	49.38

从表 4-2 的统计可见，准确到一次挖坑就发现漏水的约占三分之一，平均发现一处漏水要挖坑二次占 42.5%。根据现在有经验的检漏工人的技术水平和听声杆的性能，尤其是先钻孔后开挖，其漏点开挖确率可远高于上述统计数字。

4.3.3 电子放大音听仪（电子听漏仪）

1. 设备原理

电子听漏仪又称地面检漏仪，是目前普遍推广的产品，国内外这类产品的基本原理和主要结构大体相同，其基本构成为传感器、放大器、滤波电路、显示器、供电电源和耳机六个部分，变化最多的是显示部分和附加功能，从原来的模拟信号处理发展到现在的数字信号处理。采用数字信号处理技术的听漏仪，其抗环境干扰能力显著增强，能够实现数字频率分析、数字滤波。最新的智能数字式检漏仪具备了处理动态实时信号和有效信号（也称最小值信号）的功能，能连续监控并辨别漏水与短时用水的情况。

电子放大听声仪就是用传感器把地面振动转为微电量变化，然后通过电子放大，用仪表或耳机表示声音大小和音色。由于电子放大，可把微弱的地面振动声放大到人们容易听到的音量。可以采用频率选择，把漏水声以外的声音频率衰减掉，甚至在直接听声时选择第一频率能通过的频段，在间接听声时选择第二、三频率能通过的频段，以减少外界的干扰。

虽然采用频率选择方式可适当降低其他噪声的干扰，但仍不能完全避免。因此电子听声仪仍和听棒一样需要依靠经验区别漏水声和其他干扰。为了防止干扰，仪器本身要大力降低本机噪声。

2. 电子听漏仪的性能

电子听漏仪的性能主要从三个方面衡量：灵敏度、线性放大、温度湿度漂移。

（1）灵敏度合格与否在于能否在安静的条件下听到微小的水声，一般的电子听漏仪都可以达到这个要求。

（2）线性放大是衡量电子听漏仪质量最重要的标志，测试时将放大倍数置于最大，观察电子听漏仪是否会发出非正常鸣声。若性能好，漏水声得到正常放大，不会出现电流振荡的叫声。

（3）温度和湿度对电子听漏仪也有影响，电子听漏仪内部电子器件（电容、电感、电阻、放大器等）的参数均会随着温度和湿度而变化，进而影响到整个电子听漏仪的质量。质量不好的电子听漏仪在使用一段时间后会出现随天气阴晴出现性能不稳定的现象。与听声杆相比，电子听漏仪具有效率高和抗干扰能力强的特征。

电子听漏仪的耳机与耳朵相对固定，不需要调整，听一个路面点的声音 1～2s 即可。假若检查同一条已知管线，电子听仪的速度是听声杆的 3～4 倍。

3. 电子听漏仪使用效果

电子放大听声的听漏方法和步骤基本上同听漏棒，由于电子放大器灵敏度很高，在管道上直接听声，如没有响声，可以说明数十米甚至百米（根据仪器灵敏度）内无大中漏水，附近也无小漏；反之，说明附近有漏水须进一步细心寻找。由于灵敏度很高，在地面上也可听得几米甚至几十米内有无漏水。因此，用电子放大听声仪检查管段漏水，不必每1m、2m 检查一次。可根据仪表灵敏度，参照上述可听范围，适当留有余地后，确定每次听漏间隔距离。

4.3.4　相关检漏仪

国外相关检漏仪于 1960 年开发，当时设备庞大，实用性较差。经过改进，1976 年开发了携带式相关检漏仪 MK Palmer EA/WR，既缩小了仪表大小又提高了测量精度，原来两个探头到相关仪主机间要用电缆连接，以后改用无线通道传送。随后国外多家厂商也相继生产这类检漏仪。20 世纪 80 年代后，国外主要城市供水单位陆续配备这种检漏设备。由于该仪器价格较贵（1984 年每台约 14000 美元），故当时使用台数尚不是很多。

现代的相关检漏仪储存着多种管材和组合以及多种管道布置形式，只要输入管道材质、布置形式和管段距离，即可算出漏水点距离。使用相关检漏仪须具有两个传感器直接放在管道（或阀门等）上的条件，而且两个接触点的位置必须使传感器能够明显地显示漏水声的尖峰信号。现有相关检漏仪在一般漏水的条件下，在小口径配水管的场合，两个传感器的距离不宜超过 200m。

河南某自来水公司使用相关检漏仪检测 220 个漏水点的统计，相关检漏仪的检漏精度达90％左右，比常规听声法每找到五个漏水点，平均有一个干坑有所提高。根据相关检漏仪一定时间实际使用情况，初步看法如下：

（1）较小口径水管，较大漏水量时可在200m范围内正确地找到漏水地点。

（2）由于小漏的漏水声较低，传输距离较短，故欲确定小漏的漏水地点，必须大幅度缩小两个传感器的距离，限制了应用相关检漏仪的检测范围。

（3）由于同样漏水声在大口径水管的传输距离比小口径要小，因此两个传感器的距离要求也进一步缩小。大口径管道一般设置阀门及消火栓等设施较少，按规定距离接触管道比较困难，故相关检漏仪在大口径水管检漏上应用受到较多的限制。

（4）可考虑先用电子放大检漏仪在可接触点（如阀门、消火栓等）上检查有否漏水信号，如在两个接触点上均有漏水信号，再用相关检漏仪去找具体漏水地点，这样比较省事，而且较有把握。

（5）从统计的精度看，具有丰富经验和高度责任性的听漏技工用听声设备也可能达到类似的水平。

（6）检漏精度与管深无关，与外界噪声也基本上无关，在管道深噪声大的场合，相关检漏仪显示很大优越性。

（7）相关检漏仪不能替代其他检漏仪器，而是其补充。

4.3.5　气体示踪检漏法

在水中加入无毒易检测的示踪剂，测出示剂从而确定漏水地点。所有的检测仪器中，示踪检漏主要用于管网较为单一的环境，即通过气体的浓度情况进行检测，再对管道中存在的漏点，通过对管道中气压检测，可以更好地确定管道的漏点位置。当这些气体随着管道的漏点渗出，管道中的气体遗漏增加地面气体的浓度，气体浓度大的地方就是漏点。这种仪器不适用于比较复杂地形。示踪检漏仪使用的过程中，当对地面进行钻孔集气的时候，注意两个孔的间距不能超过0.5m。通过检测示踪气体的浓度沿管道的变化来寻找漏水点，灵敏度较高，但使用条件较为苛刻，必须知道水流的方向，同时支管的存在会导致气体的泄漏，致使检测失效。主要采用的示踪气体如下：

1. 六氟化硫

六氟化硫是无色、无味、无毒、不易燃的气体，在大气压力下不易溶解，但在漏水处容易逸出；用手持式的检测器即能测出空气中7％～10％浓度的六氟化硫；密度为空气的5.11倍，使该气体能够聚集在测试空管的底部。

（1）使用方法。

1）在欲测试的管段上每隔一定距离（1～2m）钻直径为13～50mm，深为150～600mm（视管道深浅而定）的孔口；

2）在管道上游端注入折合浓度为6.3mg/L的六氟化硫30～60min；

3）用探测器在孔口处测六氟化硫浓度，浓度最高处即为漏水处。

（2）主要优缺点。

优点：

1）不需断水；

2）能比较正确地找到较小的漏水点。

缺点：

1）要打不少孔，限制了其在城市特别是路面坚硬或地下管道复杂条件下的使用；

2）国内不生产该测试设备和气体；

3）设备和操作比较复杂；

4）检测大口径水管时气体用量较大。

2. 一氧化二氮

一氧化二氮是水溶性气体，须用红外线测示器测定，也像六氟化硫那样需要沿管线上钻孔。而红外线测示器价格又很贵，故该办法并不实用。

3. 10％氮气、90％空气

使用这种方法前须把水排空。氮气是极小和很轻的分子，可用热传导或比较声波的方式来测试。

4. 甲烷-氮气

用2.5％的甲烷和氮气混合的气体，使用时要把水排空。因甲烷比空气轻，故可不必钻孔。用火焰电离探测器可测到百分之几浓度的甲烷。这个方法也不实用。

5. 甲烷-氩气

这种混合气体对于比空气重和比空气轻的方式均可应用。甲烷用火焰电离探测器测定，氩用比较声波法测定。

以上介绍的示踪法价格高、设备多、操作复杂、限制条件也多，实际上并不实用，必要时可考虑研究。

目前示踪气体探测法常用气体是对管道中注入5％的氢气和95％氮气的混合体，然后在管道上用氢气检漏仪进行检测。如果在地面出现了大量的氢气，就可以确定漏点所在。

4.3.6 几种必要的检漏辅助工具

1. 金属管寻管仪

各种测定具体漏水地点的方法均需事先知道管道的位置。如不知道管道地位，用听声法确定漏水地点时，因听声点离开管位而听不到漏水声，相关检漏仪也不能正确指出漏水地点。管位资料主要依靠工图，如资料不符或缺乏资料则依靠寻管仪确定具体管位。

一般，寻管仪分为两部分：一是发信器，使信号感应金属管；二是接收器，能接收发射器发出的感应高频信号（一般为100kHz之类频率）。

寻管时把发信器和接收器在地面上移动（图4-10），当发信器和接收器均在管上时接收的，信号最强。利用这个原理可以寻找埋设的位置，弯头和接出的弓形管。如果把接收机斜放与地面呈45°交角，然后移动接收器（仍与地面呈45°）。当接收信号最强或最弱

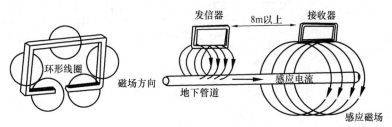

图4-10 金属管寻管原理图

时，地面上管中心与接收器中心的距离就是管子的深度。

遇有阀门、消火栓等与水管连接的设备时，也可把发信器的输出信号直接与管件接触，然后移动收信器位置寻找管位。

寻管仪可以正确地找出管位，但不能区别水管、煤气管或电缆等管种。这需要加上其他因素来加以判断，如找到管位上的阀门或连接的消火栓，就容易识别其是什么管道。寻管仪可测出大致的管道深度。

2. 非金属水管寻管仪

非金属管道如石棉水泥管、塑料管，其不能传导感应电流，因此利用水传导声频性能好的特点，由发信器发射一定频率，利用水的传导，用接信器找出信号最强处即是管位。

3. 寻盖仪

因覆土或修筑路面，阀门盖有时被覆盖，而检漏或修漏时常须利用阀门。确定阀门的位置主要依靠档案资料，有时因资料不齐，或为了方便，可用寻盖仪寻找阀门盖位置。一般寻盖仪有两个振荡器，一个振荡器的线圈约为 30cm 直径，另一为小型线圈。两个振荡器的频率相同，一般为几十千赫兹。当附近遇到阀门盖时，大线圈的电感量改变，振荡频率也改变，于是两个振荡器发生频率差。当差值大于几十赫兹，人耳即能听到声音。利用这个原理，可以正确地找到约 30cm 深度范围内的阀门盖位置。

4.4 现代检漏设备创新与研究

目前检漏设备研发趋势向两个方向转变：一是由夜间检漏向日间检漏转变；二是管网地表听声向管网内检测转变。日间检测主要有地质雷达探漏技术和气体检漏技术，管网内检测多功能压力管网机器人检测技术。

4.4.1 地质雷达探漏

1. 地质雷达探漏原理

地质雷达从天线发出的波是一种很狭窄而上升快的脉冲波。所使用的脉冲是根据欲探测的埋设物的深度而选定。一般分为：1GHz 用于埋深为 10cm 以下的埋设物，300～500MHz 用于埋设物深度为 1～2m，80～150MHz 用于埋得更深的。天线发出的脉冲波穿过混凝土铺的路面到地下。当到达不同地下埋设物的分界面时，如土层变化，水、空气、水管等，这些发出的脉冲波就被反射上来。地质雷达探测原理图见图 4-11。

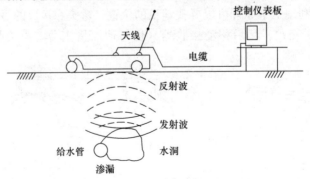

图 4-11 地质雷达探测原理图

此外，不同埋设物按其介电特性具有不同的脉冲反射速度，这些复杂的反射数据由天线收集，经过记录数据并运算分析，将结果映像在显示终端屏幕上。由地质雷达取得的图像中的变化所得差别通常表现为，以可视化的形式分清地下的漏水与空洞情况。如图 4-12 所示为净空 5.00m、面积 3.60m² 雷达取得的图像。

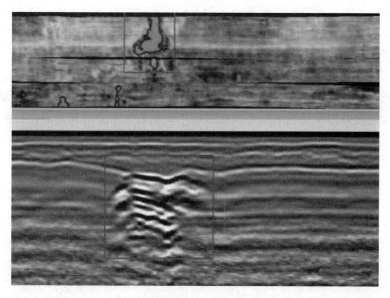

图 4-12　雷达探测图

当电磁波传到地下，由于每一埋设物的电气特性不同，传播和反射速度也不同。埋设物的电气特性以介电常数来表示。有关检漏的不同地下埋设物的介电常数及其传播速度见表 4-3。

不同地下埋设物的介电常数及其传播速度　　　　　　　表 4-3

物体	介电常数	速度（cm/ns）
黏土（干）	2～4	19
黏土（湿）	15	7
壤土（干）	2～5	19
壤土（湿）	19	6～8
砂（干）	2～6	19
砂（湿）	25	6
空气	1	30
清洁水	81	3

介电常数 e 的公式为：$\varepsilon_r = \dfrac{\varepsilon}{\varepsilon_0}$

式中：ε——埋设物的介电常数；

ε_r——介电常数 e；

ε_0 ——空气的介电常数。

当漏水点是空洞时，介电常数的差别为：空气：土壤＝1：2.4～2.5；

当漏水点附近积聚水时，介电常数的差别为：水：土壤＝81：2.4～2.5。

空洞雷达图像的特征是空洞与土壤边界的反射增强了，并且图像中空洞的底部比实际的更浅。这是因为在空洞处的反射速度比附近的土壤的反射速度更快。储水洞的图像和空洞不同，表现为储水洞底看起来比实际更深。这是因为漏水的积聚，附近土壤含水率高，使介电常数更大。

我国土壤分类可以分为：砂质土、黏质土和壤土三种类型。由于含水量的变化以及漏水点长期对土壤的冲刷，地下管网附近一般可形成空洞和储水洞（滞留水）。两种情况下，周围土壤的介电常数差别是较大的，也就可以用地质雷达来分清其差值，可在显示屏中读出其差值。

2. 地质雷达探漏的优缺点

地质雷达是一种使用高频电磁波探测地下介质分布的非破坏性探测仪器。通过剖面扫描的方式获得地下断面的扫描图像。通过对雷达图像的判读，便可得到地下目标物的分布位置和状态。当供水管道发生漏水后，水流冲击会使附近土壤产生异常，如冲击形成的空洞，水的高介电常数使电磁波出现异常，从而推断异常处漏水。适宜用地下雷达检漏的管线，在现场进一步研究表明，地质雷达在很多方面比常规的听漏方法有利。地质雷达可用于检出不产生漏水声的漏水点以及声音不能反映到路面的漏水点。但是，其缺点也很明显：

(1) 不适用于地下水位高的漏水点；

(2) 不适用于海水渗入的地区；

(3) 在含水率高的土壤中，最多只能检查地下 2m 深的漏水；

(4) 不容易寻得支管的位置或非金属管；

(5) 随着地质构造的差异，在图像中的管道深度不同。

通过改进雷达装置的功能很难克服这些弱点，主要原因是采集信号时会收集地下散发的波，不能用图像分析之类的技术来加以解决。因此，地质雷达适用于大中口径配水管的检漏。漏水产生的次生影响是可能导致道路下沉。从这个意义上讲，在城镇公路及其他干道下埋设的水管，不管是否漏水，每年至少检查一次。这类检查具有路面和管网健康检查诊断的特性。用地质雷达进行检查能提供很有效的信息。虽然在工艺技术上已有明显的进展，包括从电子放大检漏仪到相关检漏仪，但现行的方法仍未跨出检查漏水点发出的漏水声振动的范畴。已经试验了几种以不检查漏水声源为因子的其他检漏方法，但至今还没有一个成熟的实际应用。

用地质雷达检查漏水点尚处于实验阶段，专家们也将进一步收集更多的现场资料并继续研究雷达实用技术，以满足当前的需要。当今供水的维护和控制正进行着一个引人注目的转变，即从仅追求漏水后的"症状性的处理方法"转到漏水发生前就能防止漏水的方法。

4.4.2　卫星探漏

早在20世纪70年代日本 Yukio Furu Kawa 等人对使用地质雷达系统检漏技术进行了

研究，随着近代传感器技术发展，该技术趋于成熟，发展为卫星供水管网检漏和地面雷达检漏技术，当然也可用无人机飞行雷达断面扫描技术。

（1）卫星检漏的原理。

供水管道的卫星探漏技术就是采用目标区域的长波段雷达卫星的大范围全极化影像数据，经滤波等处理后，提取介电常数来分析土壤含水量，从中解译出供水管道的疑似泄漏点。介电常数的值受到雷达系统参数、土壤质地的组成、温度以及土壤的物理、化学和生物学特性多个因素综合影响，其中最主要的因素就是土壤含水量的大小（图4-13）。

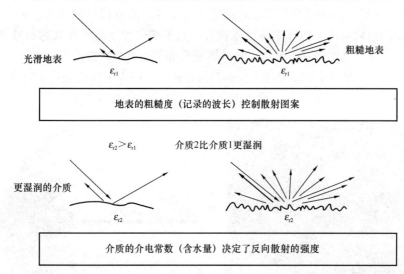

图4-13 卫星检漏原理图

日本供水管道的卫星探漏技术将疑似漏水点的范围缩小到100m半径范围内。以色列供水管道的卫星探漏技术将疑似漏水点的范围缩小到50m半径范围内。卫星探漏技术漏口追踪定位靠地面听声方法。

（2）某市天地协同卫星探漏的部分典型漏点分析。

本次天地协同的卫星探漏，找出了如下各种类型的漏水：

1）不同管径暗漏。最大管径：DN600；最小管径：DN25。

2）不同漏量。暗漏最大漏量：$1500m^3/d(62.5m^3/h)$；微小渗漏：$5m^3/d(0.2m^3/h)$。

3）不同材质。暗漏管道不同材质：包含PE、PVC、PPR、ABS等各种非金属管材及金属管材4大漏量井内漏。

4）偷水管道暗漏、常规巡查死角内的暗漏偷水管道漏水：找到了偷接的管道有漏水，寻常不认为有漏水的地方找到暗漏，实现了无死角找漏。

5）大量的各种类型设施漏：短时间内集中找到了接近400个各种类型的设施漏。

4.4.3 管内检查技术

1. 自由式检漏球

将信号处理和显示单元的传感器放置在管道内部，采集管内图像和声学噪声，进而识别泄漏位置。对支管较多、老旧城市管网腐蚀较严重的情况不适用，对小直径管道不适用，同时存在着传感器回收问题（图 4-14）。

2. 供水管道压力检测机器人（以深圳博铭维技术股份有限公司 Snake 供水管道带压检测机器人为例）

压力管道检测机器人是集音频检测、视频检测于一体的检测机器人，主要用于城市供、排水管道进行实时带压泄漏检测。

Snake 压力管道检测机器人，搭载了高灵敏度水听诊器、高清摄像单元、高精度定位单元及微型 6 轴惯性导航姿态传感器，可有效检测供水管道微小泄漏、管瘤、气囊、管内杂质（砂石、杂物）等多种异常情况，实时通过尾部线缆将检测数据传回地面控制平台。同时，结合米标和地面信标系统，精准定位异常位置。对于部分管线因年代久远导致路由信息缺失，也可以应用该产品实现路由重构。通过搭配多型号动力伞，适用 DN200～DN3000 任意管材的供水管道，可通过 DN80 及以上闸阀投放探视器，进入主管道进行实时带压检测，无需中断管道正常运营，定位精度达到±0.5m，最远单次可检测 2000m（图 4-15、图 4-16）。

图 4-14　自由式检漏设备智能球

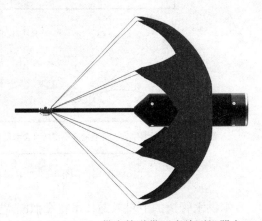

图 4-15　Snake 供水管道带压内检测机器人

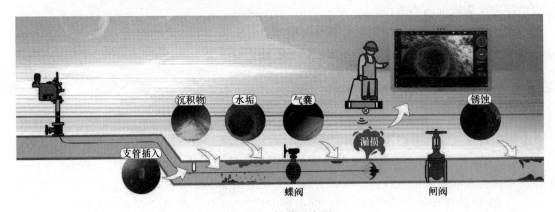

图 4-16　操作示意图

4.4.4　其他检漏设备

1. 噪声记录器

将多个振动传感器（或水听器）安装在管网暴露处，持续监测管道声波信号并上传，在计算机上通过专业的处理软件快速检测是否存在漏损，但难以监听到微小的噪声，背景噪声的干扰也较大，精度与记录器数量有关，价格昂贵、投资回收期长。

2. 光纤传感技术法

监测供水管道发生泄漏时引起的压降及温度变化，光纤传感技术在工程中应用案例较少，主要原因是传感器数量多，其解调仪价格昂贵，同时工程实际中发现存在不稳定的现象。

3. 瞬变流检测法

瞬变流检测法通过人为地在管道内制造扰动，使系统产生瞬变流，根据典型位置压力信号的畸变和衰减特性辨识泄漏信息。由于在瞬变条件下，即使微小的泄漏也会使管道的水压波形产生明显差别，通过对管道压力信号的辨识来进行泄漏定位，人为生成瞬间变流过程，比较不同泄漏点位置和泄漏面积条件下计算得到的瞬变压力变化过程与实测压力变化过程，对漏损进行判断。目前，还存在着噪声干扰大，致使分析结果产生误差等问题，模型的可靠性不高等问题。

4.4.5　学习型漏水声音数据库（FIDO）

FIDO 是一个实时解释泄漏留下的独特数据轨迹的人工智能平台。FIDO 的独特之处在于其包含了数千个经过验证的文件，其中包括由 FIDO 在管道中收集和分析的数据，这些文件流经泄漏管网现场录制音频。这些数据不仅是声学的，而且也是动态的，给出了一个详细的泄漏解释。

FIDO 的智能是由于其对泄漏数据的深入学习和不断增长的人工智能库。随着这种智能的增长，FIDO 在发现棘手的漏洞方面变得更加有效。FIDO 可以听到其他噪声背后的泄漏，例如隐藏不是管网泄漏声音的，如电气噪声、风声、二供电机运转声等。给出了即时泄漏的概率，并确定了跟踪泄漏的优先工作日程。

4.5　漏水控制的财务分析

4.5.1　降低漏损效益分析

《住房和城乡建设部办公厅　国家发展改革委办公厅关于加强公共供水管网漏损控制的通知》（建办城〔2022〕2 号）中明确：到 2025 年，全国城市公共供水管网漏损率力争控制在 9% 以内。其中，提到了"分区计量"和"管网压力调控"是加强公共管网漏损控制的重要任务。

漏损控制所得的经济效益等于或稍大于投入的费用时的漏损率，系合理漏率。一般可以按年统计。

一般投入的费用包括为检查漏损而花费的人工费、管理费、设备折旧费以及漏水修理费的总和。降低管网漏损水量所获得的效益，可分为四种情况：

第一种情况：供水能力有余量。则 $B=Q \times S$

式中：B——降低漏损水量所获得的效益；

Q——降低的漏水量；

S——单位水量的可变成本（包括药剂、电耗、原水费等可变部分）。

第二种情况：供水能力刚刚适应用水需要。降低管网漏损量可缓建给水设施，延缓建设投资。则 $B = Q \times S + K \times Q \times i$

式中：K——单位水量的造价；

i——年息。

第三种情况：目前供水已不能满足用水需要，而且有时影响了工业生产并造成损失的。则 $B = Q \times S + K \times Q \times i + F \times Q \times U$

式中：F——因缺水每立方米引起平均工业生产的损失值；

U——整个缺水量中其中造成工业生产值损失部分所占的比例。

从以上计算方法可见，一般可事先对预期的效益和费用进行估算，进行某典型区的试点并加以验证，然后再行扩大，或逐年按上述原则复算验证后，调整目标值便逐步迫近到合理的漏损率。

第四种情况：商业漏损（表观漏损）$B = Q \times J$

式中：J——平均水价。

4.5.2　净水工艺可变成本构成

管网漏水一般按照净化水计算财务损失价值，包括供水企业所购买的水资源费，每个水司所处的地理位置不同，所用的原水不同，水资源税也不同，费用区间在 0.2～1.3 元/t；电费 0.25～0.9 元/t；净化药剂费 0.08 元/t 左右；因为漏水需要扩建水厂，水厂建设费 8000～10000 元/t；有部分供水管网漏水顺着污水管网进入污水处理厂，产生了污水处理成本水 0.9 元/t 左右。每降低一吨漏水，可按上述方法计算节约的财务价值。

案例：某供水企业某年全年修复管网暗漏、明漏的漏水点 1263 个，全年减少漏水量 75 万 t。则挽回财务损失计算如下：

查阅本年度净水吨水变动成本南水北调源水费 0.56 元/t，电费 0.42 元/t，净化药剂费 0.08 元/t，共计 1.06 元/t；修漏节约价值＝75×1.06＝79.5 万元。

4.5.3　合理检漏周期的确定

通常在检漏和修理作业完成后，区内的漏水量降低一定数量，但尚有一定残留漏水量，随着时间推移，经过一定检漏循环年份后，漏水量又逐步恢复，一般漏水量变化如图 4-17 所示。

此分析检漏循环年 n 的漏水量情况。可用下列方式求出经济的循环周期。

$$X_n = A \times \frac{L}{n}; \quad A = A_1 + A_2; \quad A_2 = n \times a$$

式中：X_n——n 年检漏循环一次时每年的漏损控制费（元）；

A——平均每公里漏损控制费（元/km）；

A_1——n 年内的检漏费（元）；

A_2——漏损控制费中的漏水修复费（元）；

a——平均每年漏水修复费（元）；

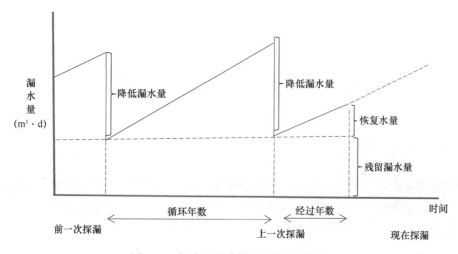

图 4-17 漏水量的降低与探漏循环时间

L——漏损控制的配水管长度（km）；

n——检漏循环年数（年）。

检漏循环年数与漏水损失费的关系：

$$Q_n = 365 \times S \times L \times \left(q_0 - \frac{r \times n}{2}\right)$$

式中：Q_n——n 年循环检漏时，每年平均漏水损失费（元）；

S——管网每年每公里漏水量增加值（元/d）；

q_0——完成检漏和修理作业后的残留漏水量（元/m³）；

r——每年增加的漏水量 [m³/（d·km）]。

检漏经济的循环年数：

$(X_n + Q_n)$ 为最小时的经济循环年数 n 如下：

$$\frac{\mathrm{d}(X_n + Q_n)}{\mathrm{d}n} = 0 ; \quad n = \sqrt{\frac{A_1}{182.5 \times S \times r}}$$

可见对管道条件较差、漏水增加较快的地区或管段，应采用较短的检漏循环年数，相反可采用较长的循环年数。检漏循环年数不仅各地不一定相同，即使同一个水司范围内，可根据漏水多少、漏水所造成的影响的不同，也不一定相同。

某水司分析技术经济条件后，区域检漏法的每年监视次数及检查次数见表 4-4。

某水司区域检漏法的每年监视次数及检查次数 表 4-4

区域抄表到户数	建议频率（次/年）		适用范围（次/年）	
	便携式流量计监视	探漏检查	便携式流量计监视	探漏检查
小区小于 1000 户	3	1.25	2~4	1~1.5
小区大于 1000 户	4	1.5	3~6	1.25~2
小区小于 1500 户	4	2	3~6	1.75~2.5
小区大于 2000 户	6	2.5	4~12	2~3

5　表计与商业漏损管理

5.1　水表的作用

　　水表是供水行业专用计量器具，水表包括贸易结算水表与考核表。其中，贸易结算水表也就是立户注册水表，根据用户性质可以分为户表、非户表。户表是指生活用水性质的一户一表，非户表是指生活用水一户一表之外的所有注册贸易结算水表。考核表（DMA）是指与用户贸易结算水表进行水量数据比对，并考核该区域漏损率的水表。

5.1.1　水表发展简史

　　见图 5-1。

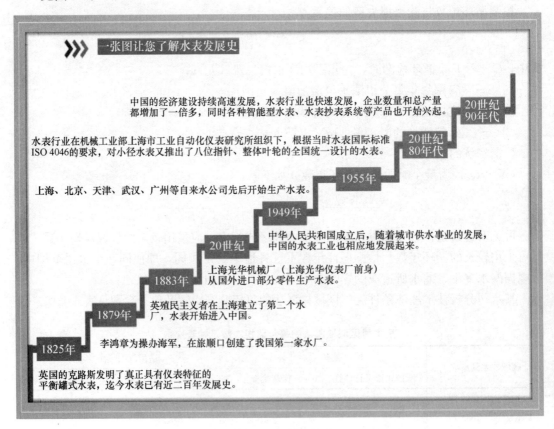

图 5-1　水表发展史

5.1.2 水表计量检定规程

1. 水表的法律地位

计量检定规程有国家、部门和地方计量检定规程三种，其实施范围分别为全国、部门内部和地方行政区域内。当国家颁布了全国统一的计量检定规程后，部门和地方便不得颁布同一种计量检定规程。

《饮用冷水水表检定规程》JJG 162—2019 是由国家市场监督管理总局颁布实施的国家计量检定规程，作为全国范围内统一实施计量法制管理的技术依据。

2. 水表的执行主体

由于计量检定规程具有强制执行力，因此执行主体必须经法定授权。依据《计量法》，我国经法定授权的执行主体有两类：一类是按依法设置的法定计量检定机构，另一类是依法授权的法定计量检定机构。无论是依法设置还是依法授权，法律地位相同，业务上均应接受市场监督管理行政部门的领导，管理体系上均应符合现行标准《法定计量检定机构考核规范》JJF 1069 的要求。

生产企业和用户不是计量检定规程的执行主体。计量检定规程对于生产企业和用户来说，仅仅是产品特性所要满足的一种技术文件。

3. 户用水表的使用期限

《饮用冷水水表检定规程》JJG 162—2019 规定，公称口径不大于 DN50 且常用流量不大于 $16m^3/h$ 的户用水表实行安装前首次检定，到期轮换的管理制度。DN25 及以下的水表使用期限为 6 年，DN32～DN50 的水表使用期限为 4 年。

轮换下来的水表即使经检定计量性能合格也不应继续使用，因为无法保证是否还能继续再使用一个周期。

4. 水表使用中的最大允许误差

《饮用冷水水表检定规程》JJG 162—2019 规定，使用中水表的最大允许误差是新制造水表最大允许误差的 2 倍。这项规定不是凭空而来的，而是依据统计学原理推断而来的。

新制造水表的测量误差在各种影响因素得到有效控制、接近理想的实验室条件下测量得到。根据测量学理论，水表的测量误差呈正态分布，测量条件越优越，随机干扰因素越少，正态分布的方差越小；测量条件越差，随机干扰因素越多，正态分布的方差也越大。通常认为安装在使用现场的水表测量条件比实验室条件要差得多，测量误差的方差比实验室条件下要大得多。由此根据统计学原理分析，将水表的重复性作为测量误差标准差的最佳估计值，以重复性不超过最大允许误差绝对值的 1/3 作为推断前提。当使用现场水表的测量误差以 95% 的置信概率满足使用中水表最大允许误差要求时，同时满足新制造水表最大允许误差要求的置信概率高达 98%。

5. 水表的计量性能要求

水表的计量性能要求包括测量范围、准确度等级和最大允许误差、误差曲线。

1) 测量范围

用四个特征流量点和三个流量比值来描述。

四个特征流量点：

最小流量 Q_1、分界流量 Q_2、常用流量 Q_3 和过载流量 Q_4。

三个流量比值：

$Q_4/Q_3=1.25$ 表征水表可短期超载运行的测量范围；$Q_2/Q_1=1.6$ 表征水表计量性能下降但仍可控的测量范围；Q_3/Q_1 表征水表可长期运行的额定测量范围，从 40、50、63、80、100、125、160、200、250、315、400、500、630、800、1000……的标准化数列中选取。

常用流量 Q_3 从 1.0、1.6、2.5、4、6.3、10、16、25、40、63、100、160、250、400、630、1000、1600、2500……的标准化数列中选取。

《饮用冷水水表和热水水表》GB/T 778.1～5—2018 和《饮用冷水水表检定规程》JJG 162—2019 发布以后，凡不符合上述要求的水表意味着既不符合标准要求也不符合计量检定规程要求，应予以淘汰。

2）准确度等级和最大允许误差

为方便计量法制管理，水表的准确度等级分为 1 级和 2 级。

对于 1 级水表，包括分界流量 Q_2 至过载流量 Q_4 的流量高区最大允许误差为 ±1%，包括最小流量 Q_1 至不包括分界流量 Q_2 的流量低区最大允许误差为 ±3%。

对于 2 级水表，包括分界流量 Q_2 至过载流量 Q_4 的流量高区最大允许误差为 ±2%，包括最小流量 Q_1 至不包括分界流量 Q_2 的流量低区最大允许误差为 ±5%。

计量法制管理意味着水表的准确度等级只有 1 级和 2 级两种，不能自定义，既不能有更优的等级也不能有更差的等级，或介于两个等级之间的等级。

5.2 水表的分类

5.2.1 机械水表

1. 按测量原理，可分为速度式水表和容积式水表。

容积式水表一般采用活塞式结构。与速度式水表不同，容积式水表测量的是经过水表的实际流体的体积。最形象的比喻好比大型超市或者宾馆门前的那种转门，只能以固定方向转动，每转过一定角度，流体就经水表转到另一侧。所以，容积式水表测量较速度式水表要更为精确。速度式水表测量根据经过流体速度不同会有 ±2% 的误差，而容积式水表误差可以控制在 ±0.5% 甚至更低的水平。

1）速度式水表：安装在封闭管道中，由一个运动元件组成，并由水流运动速度直接使其获得动力速度的水表。典型的速度式水表有旋翼式水表（图 5-2）、螺翼式水表。旋翼式水表中又有单流束水表和多流束水表。

2）容积式水表（图 5-3）：安装在管道中，由一些被逐次充满和排放流体的已知容积的容室和凭借流体驱动的机构组成的水表，或简称定量排放式水

图 5-2　速度式水表（旋翼式）　图 5-3　容积式水表

表。容积式水表一般采用活塞式结构。

依照旧版标准，按计量等级可分为 A 级表、B 级表、C 级表、D 级表。计量等级反映了水表的工作流量范围，尤其是小流量下的计量性能。按照从低到高的次序，一般分为 A 级表、B 级表、C 级表、D 级表，其计量性能分别达到国家标准中规定的计量等级 A、B、C、D 的相应要求。

新版标准发布后，计量等级分类方法变得相当复杂，主要根据流量值与量程比等各项参数来确定。简单说来，量程越大，计量等级越高。

2. 按公称口径，通常分为小口径水表和大口径水表。

公称口径 40mm 及以下的水表通常称为小口径水表，公称口径 50mm 以上的水表称为大口径水表。小口径水表一般用螺纹连接，大口径水表一般用法兰连接。但有些特殊类型的水表也有 40mm 用法兰连接的。

3. 按用途，分为民用水表和工业用水表。

4. 按安装方向，通常分为水平安装水表和立式安装水表（又称立式表），是指安装时其流向平行或垂直于水平面的水表，在水表的标度盘上用"H"代表水平安装，用"V"代表垂直安装。容积式水表可于任何位置安装，不影响精度。

5. 按介质温度，可分为冷水表和热水表，水温 30℃是其分界线（各个国家的要求都有些微区别，有些国家冷水表上限可达 50℃）（图 5-4）。

图 5-4 热水表和冷水表

6. 按使用的压力，可分为普通水表和高压水表。在中国，普通水表的公称压力一般为 1MPa。高压水表是最大使用压力超过 1MPa 的各类水表，主要用于流经管道的油田地下注水及其他工业用水的测量。

7. 按计数器是否浸入水，分为湿式水表、干式水表和液封水表。

8. 指针字轮组合式水表。行业中常把指针式水表称为 C 型表，把字轮式和指针字轮组合式称为 E 型表或数码式。

9. 按驱动叶轮的水流束数，分为多流束水表和单流束水表（简称单流表）。

10. 按数据读取方式，分为传统机械水表和智能远传水表。

5.2.2 流量计（电子水表）

常用的流量计有以下几种。

1. 电磁流量计（电磁水表）

电磁流量计是利用法拉第定律估算其通过水体速度的仪表。当水流通过电磁场时产生电流，电流大小与水的速度成正比。流量则通过其在仪表横截面的速度估算出来。

2. 超声波流量计（超声水表）

超声波流量计利用多普勒效应原理或传输时差来估算流经仪表的水的速度。该仪表有超声波发射器，从顺流与逆流两个方向发射超声波。对于多普勒超声流量计，流速与通过水后接收到的声音振幅的差值成正比；对于时差式超声流量计，流速与两个信号之间的传输时间差成正比。超声波流量计可以作为一个固定的全通径流量计装入管道，或采用绑带、螺栓固定在外管壁上。超声波流量计既可以长期安装，也可以临时安装。

3. 管段式流量计

又称全通径流量计，是指满流量通过仪表的流量计。因此，其安装需针对相应口径的管段进行更换。全通径流量计可用于配水干管及用户支管。在大口径主管上，其安装成本较高。

4. 插入式流量计

插入式流量计是一种可以通过管道顶部的接水点插入到管道中的仪表。用于较大直径的配水干管，而不是用户支管，阀门和仪表可带压安装，因此用户供水不会中断，同时也降低了安装成本。对同样口径的配水干管，插入式流量计安装费用显著低于同口径的全通径流量计。在特大口径管道，可以使用多探头插入式流量计，流量计上具有多个速度传感器。这些速度传感器可以是涡轮式、电磁或超声式。由于在主管截面流速分布不均匀，因此插入式流量计的精度通常低于全通径流量计。考虑到流速分布的不均匀性，插入式流量计可通过在不同深度测量流速、采用标准深度流速，或用多个传感器对不同深度流速积分的方法测量。

按流量计所安装地点和使用性质不同，分为收费用的贸易流量计和水司内部使用的流量计。例如，水司内部使用的流量计有：

（1）原水流量计：测量从水源中抽取的原水体积的流量计，例如水井、河道取水或海水取水。

（2）出厂水流量计：一种用于测量水厂输出到输配水系统自来水体积的流量计。

（3）配水输入流量计：测量输入到管网水量的流量计。通常是出厂水流量计，但也可能是测量供水单位输入、传输水量的流量计。

（4）DMA 流量计：测量流入或流出 DMA 流量的流量计。

5.3　表具计量损失与误差

计量是水表的基本功能，计量与所用水量以及后期所交费用紧密相连。传统机械水表的计量原理主要是依靠表内的机械运动带动计量数值的变化，从而形成计量。但是，传统计量水表在使用过程中，其叶轮常常会受到干扰，比如脉冲干扰、磁场干扰以及人为干扰等，从而使得水表使用有失精准。

管网漏损数据源自各个环节的水量计量，因此计量的准确性是确定管网漏损的关键。而在供水单位的实际运营中，流量计、水表的类型多样，安装条件千差万别，使用年限也各不相同。这些都是影响表具计量精度的因素。

5.3.1 表观漏损攻略

增加计费计量用水量；水表管理（水表选型恰当、水表安装正确、维持水表良好运行）；抄表管理（人工抄表准确、远传表抄表准确和数据传输正常）；数据管理（数据质量探查、分析过滤错误）；打击非法用水（监督与稽查、流程管理），规范用水秩序；客观准确统计免费用水量，逐步按计划降低计量损失等。

5.3.2 表观损失（商业损失）

1. 水表计量表具误差

水表是供水企业与用户进行结算贸易的唯一计量器具，是供水企业收取用户水费的主要依据。水表计量出现偏差，对供水企业提高水费回收率、降低产销差率都将产生负面影响。产生水表计量偏差的原因如下：

（1）水表本身质量的问题。水表不是正规厂家生产的，配件不合格；出厂时不检定，或检定不合格也不做修正，或检定装置本身也不合格；老式A级表的精度不够。这样难免造成水表计量出现偏差。

（2）水表超期的问题。水表要定期检定到期更换。水表在使用时，叶轮旋转与顶尖摩擦频繁，而顶尖又是水表内支撑叶轮转动的重要部件，造成顶尖磨损，一是导致顶尖与叶轮之间摩擦阻力增大，水表计量偏负；二是叶轮位置下降，叶轮与叶轮盒之间距离增大，阻力减小，水表计量偏正。在水表使用时，由于水表内配水的不均匀性，流经叶轮盒斜进水口侧流量大于水表出口侧的进水流量，一是导致顶尖中部与叶轮轴套频繁摩擦，叶轮向水表出水口侧倾斜，使叶轮边缘部位与叶轮盒内壁产生亲近，阻力增大，同时叶轮直径被磨小，水对叶轮的冲击力矩变小，水表计量偏负；二是叶轮上部中轴与上夹板轴套向水表出水口倾斜，上夹板轴套频繁摩擦，被磨成椭圆形，叶轮中轴发生偏移，叶轮轴与齿轮盒之间产生磨损，导致阻力增大，同样水表计量偏负。

（3）水表选型的问题。在选择水表口径时，没有根据用户用水的变化规律，未经水力计算合理选择水表型号，造成有的在装水表型号口径偏大，在用水低谷时用水流量低于水表规定的最小流量，使水表计量偏负；有的在装水表型号口径偏小，在用水的大部分时间内，用水流量大于水表规定的额定流量，长期运行会造成水表零部件的机械磨损，从而使水表计量不准。

（4）设计安装问题。依据检定规程规定，水表必须安装在管道的直线上。水表的进水口侧直线管段长度不得小于水表口径的10倍，出口侧直管长度不得小于水表口径的5倍；否则，容易产生激流、涡流，引起水表计量偏差。水表安装倾斜，造成叶轮轴与上夹板衬套、顶尖与叶轮衬套、齿轮轴与夹板间阻力增大，有时还伴有齿轮啮合现象，导致水表计量偏负。水表安装在振动带上，如将水表安装在人行道、机动车道等强烈振动的地方，使水表被破坏或水表齿轮松动、错位，从而影响计量精度。

（5）管网水质问题。管材质量不好有杂物、安装中遗留杂物或水质本身的问题，当杂物堵住部分进水口，流量一定时，通过水表的水流速增大，水表计量偏正，造成水表走快；当杂物穿过水表过滤网时易造成水表叶轮被缠被挤，使叶轮与齿轮分离或卡死，水表计量偏负，造成水表走慢。

（6）水中空气的影响。管道维修后，常常混有空气。残留于水表中的多数空气滞留在上部，当随水排出水表外时，水表指针所指示的容量往往大于实际的排水量；其余残存的空气还能削弱水表调整器的作用，使调整器对水的反击作用显著削弱，水表计量偏正。

（7）表前阀门的问题。水表使用时，表前阀门没有全部开启，有时用表前阀门进行调节水表流量，致使水表的示值计量偏差。

2. 水量结算误差

抄表时间随意提前或推后；抄表员不到位，估抄、漏抄、错抄、请人代抄；有故障水表不及时通知维护部门；抄表账本不清晰、完整、整洁，不正确、及时地登记和传递；当月抄表单不按时送交公司经营部及时审核准确送报；对无表用水，水表吨位有反弹及走动不准；用户故意损坏水表等违章用水现象，不及时查明上报；不协助公司相关人员按章处理；没有做好统计工作，理顺用户编号，如实体现未交户和报停户月底报公司核查；年终没做好记载及变更工作；水量突增突减的用水户没查明原因，分析用水情况；抄表前没与用水户验表、核实水量并予记载。

3. 非法盗水用水

盗用城市公共供水：指以非法占有为目的，采用非法手段盗取城市公共供水的行为。主要包括以下几个方面：擅自在公共供水管道及附属设施上盗水的，非火警擅自启用消火栓和无表防火装置盗水的，绕越公共供水企业结算用水计量装置盗水的，擅自拆除、改装、更换、破坏、加装作弊装置和使用未经法定计量检定机构检定合格等不符合国家规定的结算用水计量装置进行盗水的，擅自损坏供水企业结算用水表装置上的铅封及修改、伪造计量数据进行盗水的，私自拆卸（或伪造）水表铅封、擅自开启、改装、倒装和移动水表盗水的，擅自将自建设施供水管道系统与公共供水管网系统连接盗水的，用其他方法盗用城市公共供水的，有些单位和个人转供城市公共供水也是盗水行为。

4. 政府部门不付费用水

环卫用水、绿化用水、消防用水及其他临时性用水，政府部门应付费用水。

5.3.3　在线水表运行误差

任何水表的误差都不是常数正负 2%，这个数值只不过是水表出厂时在常用流量点的标定值。换句话说所有类型的水表和流量计在线运行中经过水表的实际流量不同，计量误差也不同。对于高流量误差变化小，对于小流量误差变化大。

5.3.4　管网压力对机械式水表结构影响

机械式水表的运动元件主要包括：容积式水表的旋转活塞，叶轮式水表的旋转叶轮和传动齿轮。机械式水表的支撑元件主要包括：容积式水表的计量腔，叶轮式水表叶轮和齿轮的轴系。水表的承压件大量采用塑料材料，结构和强度设计、加工和装配精度均非常重要，管网的压力对水表的影响分析很容易疏忽内漏问题。旋转活塞容积式水表、旋翼式多流束水表和垂直螺翼式水表等旋转轴线与流动轴线相垂直的水表有一个共性结构，即计量机构将壳体分割成进水侧和出水侧两部分，进出水分界处有一个内密封面。当管网中静压过高内密封面失效时，即发生内漏，致使一部分水未流经计量机构即流出水表。因此发生内漏时水表的示值误差会呈现出比较严重的系统性偏负。

如果管网静压过大，或者水表因材料强度不足时也会发生塑性变形乃至断裂。承压件的弹性变形在允许的管网压力保证范围内应控制得尽量小，否则可能导致以下情况发生：外密封失效，介质外漏；内密封失效，介质内漏；活塞或叶轮等旋转元件轴心偏移，运转不平稳；齿轮等传动机构耦合不良，发生卡滞或脱啮等。

水泵在工作过程中通常也会吸入空气并将其搅碎、压缩成微小气团。旋翼式水表和垂直螺翼式水表，腔体中存在高于有效流动截面的空腔结构，容易积存空气形成气穴。由于气团是一种可压缩的弹性体，会对旋转元件的运动产生阻尼作用，增加运动阻力，使得水表的示值误差呈现偏负。

5.3.5 水表的计量效率

计量效率不仅与水表本身的特性有关，例如水表的量程范围、各个流量点的误差等，也与用户的用水特性有关，比如用户的用水量集中在常用流量附近，还是分布在小流量、常用流量和大流量各个区间。可以明显看出，计量效率与自来水公司的经济效益密切相关，因此，水表的计量效率越高，在消耗相同水量的情况下，回收水费就越多。同时水表计量效率也影响着产销差率，如果一款水表的计量效率能在70%之上，则对产销差率的贡献就是正面的，反之如果一款水表的计量效率不到30%，则会对产销差率产生负面的影响。

5.3.6 在线水表运行误差三要素

1. 水表的在线流量模式

只要知道水表在运行中的流量模式，知道每天每个时点经过水表的瞬时流量，就可以估算出该台水表的误差。

机械式水表分界流量 Q_2 把流量范围分为高区和低区，高区与低区的允许误差不同。当水龙头开到最大时，与水龙头开得非常小，水表刚开始转时，这两种情况下的允许误差是不一样，同一块水表在 $Q_1 \sim Q_2$ 之间运行一般低区负误差是高区的 2 倍以上，如果该水表口径过大，后半夜水量始动流量以下运行水表或低于始动流量值，开始不显示瞬时值和累积用水量。如果在 $Q_2 \sim Q_3$ 之间流量模式运行，该水表在线误差正负 2%，如果在 $Q_3 \sim Q_4$ 之间运行，该水表在线误差负 5% 以上，因为水表运行速度很快，机件磨损加速水表损坏。同样的水表，根据最终用户的用水流量特点，用水量可能被准确计量，也可能有显著的误差。工业大户用水计量的用户用水模式，与一般家庭的用户用水模式有着明显的不同。自来水公司必须正确掌握用户用水模式，选择适当口径的水表进行安装，然后评估用户的计量模式，进行流量评估，夜间最小流量、过载流量、负载天数等都会因为供水模式不同而有所改变。因此在判断个案的流量范围时，用户采用的供水模式也必须一并考量，以免因供水模式不同，导致研究的结果并不正确。图 5-5 是某市化纤厂 200mm 注册水表一个月用水量流量分布比率图，从图中可以看出 200mm 水表适配口径比较合理。

2. 在线水表的适配口径

民间有一个说法：有多大的脚，穿多大的鞋。在水表口径选型上，也是如此，什么样的计量场景，就安装什么样的口径水表。例如，某水司 100mm 口径收费水表共安装 138 块，平均水量每月 3169.87m³，平均每天用水量 106m³，平均瞬时 4.4m³/h，100mm 水

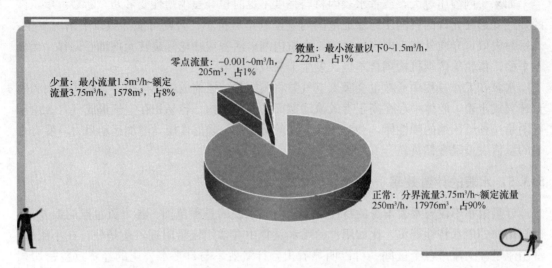

图 5-5 某市化纤厂 200mm 注册水表一个月用水量流量分布比率图

表 Q_3 是 80m³/h，平均计量效率＝4.4÷80×100＝5.5％，平均秒流速 0.156m/s，100mm 水表 Q_2 是 10m³/h，显然水表选型口径偏大，从表 5-1 中查到每天用水量 106m³，水表选型用 60mm 口径水表即可。

从供水模式上看，在大部分时间最小流量与分界流量段计量，始动流量也大，则会偏慢 5％以上。如果安装是流量计，流量计运行期间流量模式应控制在 0.3～3m/s 之间才能正确计量体积，况且上述 100mm 口径水表平均秒流速 0.156m/s，加上流量计还有小流量点信号切除时不计量盲区，计量一定变慢。

3. 水表口径的选择

(1) 在线运行水表可依据用水数据的用水量估算水表口径。

根据用水量选择机械水表的口径（表 5-1）。

机械水表依据月用水数据的用水量估算水表口径　　　　　　　　　表 5-1

水表在役用水量		额定流量 Q_3	水表的口径
（m³/m）	（m³/d）	（m³/h）	（mm）
0～180	0～6	1.5	15
180～250	6～8	2.5	20
250～350	8～12	3.5	25
350～540	12～18	5	32
540～900	18～30	10	40
900～1500	30～50	15	50
1500～4500	50～120	25	60
4500～7500	120～250	40	65
750～13000	250～500	60	80

（2）用水表的瞬时流量曲线选择水表口径。

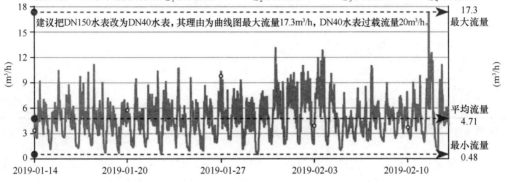

图 5-6 某水司现役 DN150DMA 水表口径瞬时流量曲线图

从图 5-6 中可以看出，湖北某市水司光武宾馆安装 150mm 口径水表显然过大，每月在线运行水量＝4.71×24×30＝3391m³，最小流量 0.48m³/h，平均流量 4.71m³/h，最大流量 17.3m³/h。公称 150mm 水表低区流量 4.5～30m³/h，所有在线运行水量在低区负偏差较大，根据流量模式安装一台公称尺寸 60mm 水表较合适。再例如河南新蔡水司在新安装国税局办公楼水表时，一台 100mm 电磁流量计与一台 40mm 机械水表串联安装，试验在线运行结果 40mm 水表比 100mm 流量计多走了 40%水量。

（3）流量计口径选择。

流量计种类繁多，计量精度不一，流量计适配口径选择要注意以下几点：

一是根据现场流量模式表腔流速在 0.3～3m/s 之间，这样才能保持流量计的计量精度。例如，山东某水司电厂流量计因电厂扩建机组用水量增加，原先是 DN200 电磁流量计，现场运行水量由 360m³/h 增加到 735m³/h，表腔内秒流速由原来的 3.18m/s 增加到 6.49m/s，因此计量偏慢，当月公司整体产销差率增加 1.8%，经改为 DN300 流量计后流量计流速 2.86m/s，消除了计量负误差，产销差率恢复正常。

根据流量计口径推荐最大流量与最小流量见表 5-2。

流量计口径流量范围推荐表　　　　　　　表 5-2

流量 (m³/h) 流速 口径 (mm)	误差<0.5% 流速 3m/s	误差<2.5% 流速 0.3m/s	经济流速 1.06m/s	每百米压降 (m)	每百米压降 (m)	每百米压降 (m)
40	13.6	1.36	4.8	37.91	0.43	4.88
80	54.2	5.42	19.2	15.28	0.18	1.99
100	85	8.5	30	11.59	0.13	1.49
150	191.5	19.15	67.5	6.96	0.08	0.89
200	340	34	120	4.84	0.05	0.62
250	532	53.2	187.5	3.67	0.04	0.47
300	765	76.5	270	2.91	0.03	0.38

流量 (m³/h) 流速 口径 (mm)	误差<0.5% 流速3m/s	误差<2.5% 流速0.3m/s	经济流速 1.06m/s	每百米压降 (m)	每百米压降 (m)	每百米压降 (m)
400	1360	136	480	2.05	0.02	0.26
500	2125	212.5	750	1.56	0.02	0.20
600	3060	306	1080	1.24	0.01	0.16
800	5450	545	1920	0.88	0.01	0.11
1000	8500	1414	3000	0.67	0.01	0.09
1200	12250	1225	4320	0.54	0.01	0.07

注：流速快速计算方法（1.06÷经济流量×实际流量）。

二是贸易表流量计尽可能选择管段式，一旦与用户计量纠纷时便于拆卸到国家指定的标定工作站进行校验。例如，辽宁某水司有一用户安装 200mm 插入式流量计，用水户对计量存在争议，插入式流量计拆卸到生产厂家标定出具证明符合出厂误差值，用户不认可，最后把安装流量计钢管段切割掉再一次到国家授权第三方机构标定，结果因钢管内径尺寸误差，流量计偏快 10% 左右，并出具标定意见书。该水司不但付了流量计标定费，还逐月返还多收水费。

三是特别关注流量计出厂时量程设置和最小流量点的切除。例如，河南某水司帘子布厂 200mm 流量计，流量计量程设置 270m³/h，该厂往清水池放水时瞬时流量达 350m³/h，超量程部分流量计不计量，修改量程后每年增收水费 29 万 t。

（4）电磁流量计精度和等级。

市场上通用型电磁流量计的性能有较大差别，有些精度高、功能多，有些精度低、功能简单。精度高的仪表基本误差为（±0.5%～±1%）R，精度低的仪表则为（±1.5%～±2.5%）FS，两者价格相差 1～2 倍。因此测量精度要求不很高的场所（例如非贸易核算仅以水司内部计量为目的）选用高精度仪表在经济上是不合算的。有些型号仪表声称有更高的精确度，基本误差（±0.2%～±0.3%）R，但有严格的安装要求和参比条件，例如环境温度 20～22℃，前后置直管段长度要求分别大于 10D 和 3D（通常为 5D 和 2D），甚至提出流量传感器要与前后置直管组成一体在流量标准装置上做实流校准，以减少夹装不善的影响。因此在多种型号选择比较时不要单纯只看高指标，要详细阅读制造厂样本或说明书做综合分析。市场上电磁流量计的功能差别也很大，简单地就只是测量单向流量，只输出模拟信号带动后位仪表；多功能仪表有测双向流、量程切换、上下限流量报警、空管和电源切断报警、小信号切除、流量显示和总量计算、自动核对和故障自诊断、与上位机通信和运动组态等。有些型号仪表的串行数字通信功能可选多种通信接口和专用芯片（ASIC），以连接 HART 协议系统、PROFTBUS、Modbus、CONFIG、FF 现场总线等。

（5）流量计量术语的标准定义（源自：国际水协）。

电磁流量计、超声波流量计、超声波流量计、管段式流量计、插入式流量计参考5.2.2 节介绍，下面介绍其他几种流量计和术语：

1）体积流量计。

体积流量计是一种直接或间接测量排出水的体积的仪器。并且，许多体积流量计实际测量的是被测流体的速度，而不是直接测量其体积流量。

2）容积式流量计。

容积式流量计是一种直接测量流体体积的体积流量计，采用固定的容积测量室或测量室组（当水通过仪表时该容积测量室被水充满）进行流量测定。流量计通过累计水体在给定时段内填充测量室的次数来估算流量。它是一种直接测量流体体积流量的仪表。

3）涡轮式流量计。

涡轮流量计是一种间接测量流体体积的体积流量计，采用涡轮测量通过仪表的水的速度。流量计可由单股或多股射流驱动涡轮。被测流体的流量是由该流体通过仪表内部横截面的速度估算出来的。是一种间接测量流体体积流量的仪表。

4）全通径流量计。

全通径流量计是指满流量通过仪表的流量计。因此，其安装需针对相应口径的管段进行更换。全通径流量计可用于配水干管及用户支管。在大口径主管上，其安装成本较高。

5）流量计校准。

随着时间的推移，流量计性能可能会偏离出厂设定。流量计校准是检查仪表校准参数是否符合出厂设定值的过程。良好的接地连接也是所有电子仪表的关键，因此在校准过程中应进行检查。

6）流量计核验。

即使一个仪表校准得很好，但也可能会由于安装问题，使得测量不准确。仪表精度很容易受到安装不良的影响，例如，安装方位错误、安装位置太靠近弯头、水泵或其他可能影响水流的装置等。因此，应定期（如1～3年）对仪表性能进行核验。核验可以简单地将在用表测量的流量与上下游其他流量计的测量流量进行比较。如果核验表明可能存在问题，则应进行更复杂的核验。可以采用在仪表附近安装多探头插入式流量计，使用一个临时的外夹式超声波流量计，或者将流量计记录的水量与注入或放空配水池的水量进行对比的方法来核验流量计精度。

7）瞬时流量。

流量是水通过管网中某个特定点的速度。流量的常用单位为 L/s、m³/h、gal/min。

（6）在线水表的安装环境。

水表的安装环境注意以下几项：

1）保证水表的前后方具有足够长的直线管段，水表安装位置不能离墙太近，这对水平螺翼式水表尤为重要，表前应留有不少于10倍水表口径长度的直线管道。表后应不少于5倍水表口径长度的直线管道。如果水表前阀门直接与水表连接，则阀门开度对水表示值误差的影响是极其明显的。水表外壳距墙面的距离为10～30mm。流量计表前应留有不少于5倍口径长度的直线管道，流量计后应不少于3倍水表口径长度的直线管道，要保证计量管段始终充满水，电磁流量计要有完好接地，应为其提供计算流量信号的参考电位。

2）水表安装，应避免太阳直射、水淹和有害气体、液体的侵蚀，并要做好防冻措施。水表的上游和下游处的连接管道不能缩径；法兰密封圈不得突出伸入管道内或错位。

3）水表安装的环境要整洁，易于检定抄表及拆换水表，应远离有载重车辆通过的道路。水表在安装前，必须清除管道内的杂物。

4）水表安装方向、表壳箭头方向与管道内水流方向要一致。安装位置应保证管道中充满水，气泡不会集中在表内，应避免水表安装在管道的最高点。

5）新装管道应先清除管道内的石子、泥沙、麻丝等杂质，水质较差的在水表前应装过滤网，过滤网要定期清洗。

6）水表在使用过程中，要对零件的磨损、腐蚀及其他易损件及时检修，定期到技术监督部门进行检测。根据我国水表检定规程规定，水表检定周期一般为两年。

注意：安装水表前后管段与水表的中心线要同心，避免强行连接。水表前后管段与水表不同心，强行连接，连接口就会受到很大的剪切应力作用，随着时间的增长，接口处就会发生渗漏，也极易造成水表的损坏。尤其是晚上管网用水量少、水压较高时还可能发生断裂现象。另外，水表前后管段与水表不同连接，还会影响水表示值的准确性。户表安装时小口径旋翼式水表必须水平安装。前后或左右倾斜都会导致灵敏度降低。

4. 居民用户用水规律研究

下面以 DN15 户表为例说明这点：始动流量为 7～10L/h，当安装在空置的用户时，马桶漏损量为 9L/h（每天的漏水总体积是 240L，每月漏水 0.65m³），不会计量到任何用水量计量。同样的水表安装在没有漏损的用户，用水量为 300～3000L/h 时，测量误差小于±2%。研究表明水表内的传动组件的损耗对小流量的测量精度有很大的影响。通常情况下，这种小流量是由用户内的漏损、洗手间以及水嘴滴漏产生的，这样的漏失都是由自来水公司承担。

本书作者并没看到哪个水司的漏控管理去积极地维修住户家里的马桶漏水来减少自来水公司的损失。必要的小漏维护通常很容易被自来水公司忽视，事实上仅水嘴滴漏也是惊人的，可用量筒和秒表测定做个试验，每秒 1 滴水每天滴水量为 37.9L，每年 13.83m³；每秒稳定流 5 滴水，每小时漏水 6.3L，每天滴水量为 151.4L，每月 4.52m³ 水，每年 54.24m³，这样的滴水 15mm 水表根本就不走，一个水司有几十万块户表有十分之一这种现象，表损失非常惊人。类似卫生间马桶滴漏通常很容易被忽视，越是小漏，对供水企业危害越大。

5.3.7　水表使用年限与少计量百分率的研究

山东某县级市自来水公司抽查拆回 285 块使用 1～10 年的水表，其中：15mm 的 126 块，20mm 的 34 块，25mm 的 59 块，40mm 以上的 66 块。经过小心拆表运输途中避免振动送到水表修校中心，直接上校表台测试校验，测试结果见表 5-3。

表 5-3

误差幅度（%）	计量偏快水表个数	百分比（%）	计量偏慢水表个数	百分比（%）	±2%以内水表个数
2.1～3	69	20.56	37	13.17	
3.1～5	35	12.46	4	1.42	
5.1～10	30	10.68	3	1.07	
10.1～15	13	4.63	1		

续表

误差幅度 （%）	计量偏快 水表个数	百分比 （%）	计量偏慢 水表个数	百分比 （%）	±2%以内 水表个数
15.1～20	3	1.07	1		
20.1～25	0		1		
25.1～30	2	0.01			
30.1～35	1				
合计	153	54.5	47	16.7	81

测试结果有的水表偏快，有的水表偏慢。有±2%以内符合计量标准的水表81块，其余的200块水表误差程度都不符合国家相关规程（不包括损坏停走的3块，玻璃破碎无法校验的1块）。扣除停走和玻璃破碎的水表数，实际校验水表为281个。

根据以上统计，精度符合新表规定的占28.8%，偏快的占54.5%，偏慢的占16.7%。如快慢均按幅度的中值计算，则上述281只水表平均快2.1%。为了弄清偏快原因，水表修校厂拆开水表检查，发现偏快的水表在滤网中均有不同程度的垃圾（主要是铁锈，还有其他施工中进入的杂物），偏快程度越大，垃圾积得也越多。于是，清理滤网中垃圾后重新校验，结果偏快的水表均恢复到正常范围。

水表长期在Q_1、Q_2状态下运行一定会偏慢；用水户的坐便器、水嘴滴漏引起的产销差率一定会直接转嫁给供水企业。

考虑到以上因素，要评估供水企业中所安装水表的准确度，必须有两组信息：第一，所安装的水表类型水表的误差曲线，例如A级表、D级表和流量计误差曲线不一样；第二，不同类型用户对同一口径水表在线流量需求不同。第一组信息很容易得到，因为只需要把运行多年水表拆下来到水表测试台校验就得知。但是，确定流量需求模式是一项成本更高的任务，并且存在较大的不确定性。

实际上，现役运行的水表缺乏真实、可靠的数据来计算水表实际准确度。可采取以下步骤验证负误差水表计量的水量比例，根据水表特性（表型、使用时间、公称直径、额定流量、累计流量等）对水表运行流量点进行分类。为了验证此项数据，本书编写组建立一个模拟测试平台，一块D级DN100水表作为标准比对表，然后在管路上分别串联安装DN200、DN150、DN100、DN80、DN60、DN40水表。基于黄金比例的原理：以标准表常用流量分割0.191、0.382、0.618、0.809、1.191、1.382、1.618为流量点，运行水量，这些数字中0.382、0.618、1.382最为重要，极容易在由这3个数产生的黄金分割线流量点处的两头水表产生负误差。

"始动流量"没有普遍的定义。应该注意的是，启动叶轮运动所需的流量与保持叶轮运动所需的流量不同，并且两者都可以被认为是"始动流量"。通常情况下，后一个数字是有用的，因为这是水表在中高流量用水后继续记录漏损的阈值。第二是在实验室需要相当长的时间来确定始动流量。这个数字可以用低流量时的误差来估计。

这种相关性有利于估计始动流量和用30L/h流量下的误差重建误差曲线。当流经水表的实际流量无法获得时，测试值应该是最小值、分界值、标称值和最大值涵盖仪器的所有实际测量范围。

5.3.8 水表误差的衰减率

当按不同使用时间对水表进行分层抽样时，很容易获得某个型号的加权误差的演变。一般而言，线性近似可以很好地再现误差演化规律。误差演化可以通过线性函数比较准确地描述，但在这种情况下，二阶多项式吻合得更好。

考虑到这种误差的演化，通过简单的线性模型来调整测定的流量点误差，对于1类居民用户的用水模式。可得到图5-7所示的加权误差演化规律。图中显示流量越大误差越小。

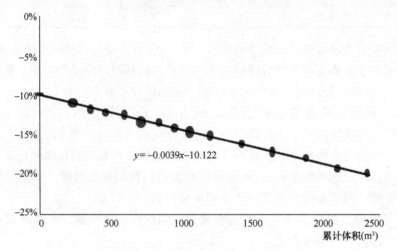

图 5-7　加权误差的衰减率与累计体积的关系
源自：《水表与计量》［西班牙］弗朗西斯科·阿雷吉小恩里克等著、
中国漏损控制专家委员会译。

一般来讲，我国 DN15 口径户表始动流量为 10L/h 以下（日本称不感量，德国称计量盲区），随着水表使用年限增加始动流量也要增加。国外研究资料表明，塑料机芯的 DN15 旋翼式机械水表，使用 6 年后始动流量增加 3.92％，同时也会引起最小流量和分界流量增大误差值。国外某城市水在供水区选择不同型号口径和使用年份的水表进行实际调查测定其各种流量范围的使用概率和该范围时水表少计水量的百分率。按不同使用年份制成图5-8，这样可以统计出不同年份的 X 值。

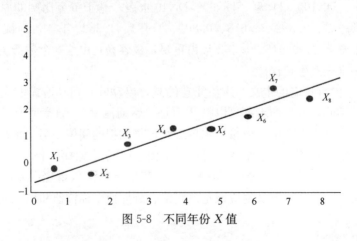

图 5-8　不同年份 X 值

该曲线可以 $Y=aX+b$ 表示，Y 为使用 X 年后的水表实际少计百分率，X 为使用年数，a 为水表少计率逐年上升比例，b 为水表原有的少计率。

根据该地区统计结果如下：

塑料表：口径 25mm 及以下，$Y_1=0.75X-0.58$；口径 40mm 以上，$Y_2=0.46X-0.67$。

金属表：口径 25mm 及以下，$Y_1=2.06X+2.99$；口径 40mm 以上，$Y_2=2.88X+0.73$。

以上线性方程可见，水表少计量的增长与使用年份成正比例，塑料表增长速度低于金属表。

5.3.9 居民用户用水需求分析

在对居民住宅用水量分析时一般分为四个方面：坐便器用水量、洗衣机用水量、淋浴器用水量和水嘴用水。

1. 住宅坐便器用水量

坐便器用水通常是室内住宅需水的最大来源，平均 70.0L/（人·d）。坐便器用水量分为小流量、中流量和大流量，坐便器冲洗小流量节水型现在已有 5.7L/次冲水、4.2L/次冲水和 3.8L/次冲水的小流量坐便器，低于 3.8L/次冲水的小流量坐便器还很少见。中等到大流量坐便器的冲洗水量为 13.2L/次冲水、15.1L/次冲水、17.0L/次冲水、18.9L/次冲水、20.8L/次冲水，1950 年以前的器具甚至高达 26.5L/次冲水。目前，常见除 6.0L/次冲水的器具以外，还有一些用水量为 7.6L/次冲水坐便器。冲水坐便器的实际用水量有时与坐便器生产厂家公布的不同，其原因包括：器具组件安装不正确（如重力冲洗坐便器的水位设定与水箱内标志不匹配）；制造缺陷；过低或过高的给水压力。住宅坐便器用水量通常占典型非节水住宅室内总用水量的 26.7%。

2. 洗衣机用水量

通常是室内住宅用水的第二大来源，平均为 56.8L/（人·d）。据住宅终端用水研究发现，在典型独户非节水住宅里，洗衣机用水占室内住宅用水的 21.7%。家用洗衣机的平均使用频率为 0.37 负荷/（人·d），相当于 155L/负荷。早些年购买的家用洗衣机的平均估计用水量为 37.9~71.5L/（人·d）（即 102~193L/负荷）。这些数据反映了洗衣机用水效率的不断提高。

3. 淋浴器用水量

在室内住宅用水中，通常是第三大用水需求，平均用水量为 43.9L/（人·d）；在典型独户住宅中，占室内用水量的 16.8%。住宅淋浴器的实际平均流量为 8.3L/min。研究发现，非节水型住宅的淋浴器用水量为 61.7L/（人·d），实际平均流量为 12.9L/min。

4. 水嘴用水量

通常水嘴用水量是居民住宅第四大用水需求。水嘴用水包括厨房水嘴、洗漱面盆水嘴、拖布冲洗水嘴等。厨房和卫生间水嘴的用水之和平均用水量为 41.3L/（人·d），占室内用水量的 15.7%。对水嘴规定在不同的管网动压的情况下规定了最大流量，厨房和卫生间水嘴在 0.54MPa 压力下高峰用水量不超过 9.5L/min，即每小时出水量 570L。研究发现非节水型住宅的水嘴用水量为 39.0L/（人·d），平均流量为 9.81L/min。各国对水嘴流量作出了相应的规定，对不同水嘴规定在不同的管网动压的情况下规定了最大流量，厨房和卫生间水嘴在 0.54MPa 压力下高峰用水量不超过 9.5L/min，即每小时出水量 0.57m³/h，不超过 8.45L/min。我国对水嘴按流量分级也势在必行。根据流量估计的小流量和大流量水嘴的平均用水和节水量。小流量厨房和卫生间水嘴在 0.54MPa 压力下高峰用水量不超过 9.5L/min，或在 0.41MPa 压力下流量不超过 8.3L/min。美国能源法案最初规定小流量水嘴在 0.54MPa 压力条件下的流量不超过 9.5L/min，1998 年 3 月其修订案补充规定在 0.41MPa 压力条件下厨房和卫生间水嘴的流量不超过 8.3L/min。中、大流量水嘴在 0.54MPa 压力条件下的流量为 10.4L/min、11.4L/min 直到 26.5L/min。

通常水嘴的全开实际流量为额定流量的 2/3（67％），因多数用户除在注满容器时以外，不会全开。例如，用户全开 0.54MPa 压力下额定流量为 9.5L/min 水嘴向锅或盆注水，则流量为 9.5L/min；当手柄开启 2/3 时，使用 0.54MPa 压力下，水嘴润湿和清洗，则流量为 7.6L/min。住宅水嘴的实际平均流量为 5.1L/min，一项较早的研究发现非节水型住宅的水嘴用水量为 39.0L/（人·d），平均流量为 9.81L/min。这些数据反映了水嘴用水效率自 20 世纪 80 年代中期以来逐渐提高。按照水嘴安装的大致年份估计住宅用水量，美国住宅终端用水研究的调查报告，非节水型独户住宅厨房和卫生间的平均使用频率 8.1L/（min·人·d），此前认为是 4.0L/（min·人·d）。非住宅的水嘴使用频率和用水量尚未明确提出。公共卫生间使用的计量式水嘴通常设置为出流 10s 后自动关闭。在商业和机构中的卫生间和浴室水嘴流量通常小于厨房和洗涤盆水嘴。水嘴一天的漏失可达到数升甚至数百升。未关闭的水嘴一天可能浪费数吨到数百吨水。

据此原理可以通过这一方式确定水嘴已知流量校核水表的误差：水表没有出户抄表员入户抄表时，用预先标定容量的袋子（10～20L）或水桶（称重）收集水嘴出水量。①开启水嘴（全开是水嘴额定流量，半开或开启 2/3 是水嘴的实际流量），并用手机秒表记录时间和流量；②读取水表启闭前后的水表飞轮读数（保持其他器具和用水设备处于关闭状态）；③比对袋子里的水与水表读数是否一致，并计算出水表误差。

5.4　表观漏损控制方法

表观漏损，也称商业漏损，是管网漏损的主要组成部分之一。表观漏损管理包括在管理、控制和降低表观损失各方面的活动。表观漏损可以分成四个显著不同的方面，分别为表具计量误差、数据抄收错误、数据处理错误及非法用水。

5.4.1　表观漏损的典型控制方法

1. 户内水表防止倒装

在水表螺丝/螺母上安装钢丝铅封（防盗格林），按计划定期更换水表。

2. 防止数据处理和计费错误

根据其他数据库，例如地址文件核查用户计费注册信息（梳理表册）；定期更改抄表路线；实地检查设备安装情况。

3. 防止非法用水

以定期换表为契机，可以检查用户是否有偷盗用水的行为，将偷盗者列入营业收费信息系统"黑名单"，情节严重的移送司法机关刑事诉讼，并强化防盗措施，使用一次性水表上盖，安装防盗格林。水表是用六角螺丝连接的叫格林，格林一头外牙一头内牙，意思是说格林与阀门一起，即水表前带锁的闸阀钥匙。安装在水表上时，通常都是防盗锁闭阀装在水表前方，利于停水等操作，普通闸阀或球阀装在水表后，以利于表出现故障后进行拆卸及关阀停水等操作。防盗格林由阀体、阀芯、阀杆和锁闭机构构成，锁闭机构是在阀体锁闭孔中装与阀芯相连接的阀杆，阀杆上装弹簧、棘爪和棘轮锁帽，阀体为三通，阀芯也有与阀体相对应的三个贯通孔，调整阀芯位置后，把棘轮锁帽拧上，用户就不能自行开启。具有换向和锁闭功能，对供暖、供水系统一户一组可以控制通断，非破坏性不能开启，实现有效控制。

水表盗水案例见图 5-9。

图 5-9　水表盗水案例（图片源自：上海水司）

4. 防止低估未计量用水

（1）增加用于估计未计量居民用水的监测器的统计规模和社会经济分组；

（2）即使用户不是根据水表读数计费的，也要确保公用和其他用途用水有水表计量；

（3）检查水表口径与过流水量是否匹配；

（4）对标记的房屋进行计费数据库核查；

（5）实地排查非法连接；

（6）考虑按计划扩大非住宅场所的计量；

（7）实地调查未计量消防设施，排除滥用行为情况；

（8）按计划更换更高等级水表。

5. 防止用户计量不准确

对拆迁房屋进行实地调查，根据用水记录账单随机抽检。

表观漏损与真实漏失一样，也存在"不可避免表观漏损"与"经济表观漏损水平"的概念。其中，不可避免表观漏损是由可达到的最小计量误差、可达到的最小非法用水量和可忽略的数据处理误差构成；而经济表观漏损水平则由表具的优化选型和更新、非法用水的适度管理和可忽略的数据处理误差构成。由于控制表观漏损本身也需要投入成本，因此，并非将表观漏损控制到越低越好；而是应当在考虑成本的前提下，达到适合供水单位的经济漏损水平。

5.4.2　水表选型的几项措施

水表是自来水公司与用水用户的唯一结算依据，选择符合用户实际情况的管理水表对于水司的管理相当重要，直接影响着水司的产销差率。从技术层面上来讲，水表及其读数是实现产销差水量管控必要的工具。水表通过提供用水地点和水量信息，帮助监测用水、识别漏损量、指出特定用水类型的降漏措施。

水表管理存在的问题：表观损失大，有效收回水费的水量减少；水表的各时段用水量运行情况不清楚；未有数据分析软件，及时分析水表的运行情况；供水管网、水表故障不能及时发现。

普遍存在的问题是：水表选型不合适，存在"大流量小表""小流量大表"的情况，水表没有得到有效计量；水表安装不规范；水表未进行严格的年限管理。

水表选型应对措施：

(1) 选择水表规格时，应先估算通常情况使用流量的大小和流量范围，然后将常用流量最接近该值的那种规格的水表作为首选。因为水表在常用流量下工作性能的稳定性和耐用性是最佳的，比较符合设计要求。大型耗水工业用户选用水表时，可以选择一台较大口径水表，也可用数台相对较小口径水表并联的方法。这样，能在不影响用户正常供水的情况下，对个别发生故障的水表进行维修或换表。

(2) 针对用水用户流量变化幅度很大，应优选高量程比的水表，让水表的最大与最小用量区间均在分界流量与常用流量之间，减少水表的误差。

(3) 水表使用年限：口径为 15~25 (含 25) mm 的水表使用期限不得超过六年、口径为 25~50 (含 50) mm 的水表使用期限不得超过四年、口径大于 50mm 的水表两年或更短时间到期轮换。

笔者在澳大利亚观察到的水表选型和我国水表选型截然不同，通用的累积型水表主要有 3 种：

(1) 容积式水表 (图 5-10)：含有振荡活塞或转盘，当水旋转运动时，水表将监测的流速转换为流量。由于容积式水表在计量小水量时非常准确，所以常用于住宅和小型商业设施中。容积式水表并不适合在大流量情况下长期连续运行，如果在此情况下使用，它们将受损坏，从而提供不精准的读数。容积式水表常安装在公称口径 DN15~DN50 的管路。其对 DN15~DN50 等小流量管路可提供准确读数，但对大流量连续流的计量不太准确。

(2) 涡轮式水表 (图 5-11)：具有螺翼形叶轮，当水流入水表时旋转，水流速度与叶轮转速成正比。涡轮式水表最适合计量大流量，例如，用水量大的工业或商业用户，也可以准确计量一些中等流量。如果涡轮式水表的叶轮被沉积物覆盖或堵塞，则计量流量偏小。涡轮式水表常安装在公称口径为 DN50~DN200 的管路。

(3) 复合式水表 (图 5-12)：将上述两种水表合二为一，用于需要大、小流量的设施。例如，工业用户中的用水量白天大、晚上小，用复合式水表计量最准确。通常情况

图 5-10　澳大利亚容积式水表

图 5-11　澳大利亚涡轮式水表

图 5-12　澳大利亚复合式水表

下，复合式水表中大口径组件是涡轮式水表，小口径组件是容积式水表。容积式水表用于计量小流量，当流速增大时由涡轮式水表计量。复合式水表记录单一表盘的总流量或各水表的单独流量（在此情况下，需要两个水表的读数确定总流量）。复合式水表通常安装在大流量的工业和商业设施公称口径为 DN80～DN200 的管路。

5.4.3　水表的口径适配校核

我国水表计量规定，水表出厂和校验误差分界流量与额定流量之间可正负 2%，其他流量段正负 5%。为了在水表实际现场保持精准计量，首先是水表在线流量与水表适配口径相适应，避免大口径水表拉小流量，更要避免大流量用小口径水表，如果初始安装水表口径与在线流量不符，计量误差很可能负 5% 或更多。见表 5-4。

机械水表流量分布表　　　　　　　　　表 5-4

型号	公称口径 (mm)	过载流量 Q_4 (m³/h)	常用流量 Q_3 (m³/h)	分界流量 Q_2 (m³/h)	最小流量 Q_1 (m³/h)
水平旋翼式	15	3	1.5	0.12	0.03
水平旋翼式	20	5	2.5	0.2	0.05
水平旋翼式	25	7	3.5	0.28	0.07
水平旋翼式	40	20	10	0.8	0.2
水平旋翼式	50	30	15	3	0.45
WS	50	30	20	1.5	0.3
WS	80	80	55	3.0	0.6
WS	100	120	80	4.5	0.7
WS	150	300	200	9.0	1.5
WS	200	500	320	25	3.5
WS	50	30	15	3.0	0.45
WS	80	80	40	8.0	1.2
WS	100	120	60	12	1.8
WS	150	300	150	30	4.5
WS	200	500	250	75	20
复式	50 (15)	50	40	51.2	32
复式	80 (20)	78.75	63	80.64	50.4
复式	100 (25/20)	125	100	128	80 (50)
复式	150 (40)	312.5	250	320	200
复式	200 (50)	500	400	512	320
WPD	40	30	15	3	0.45
WPD	50	30	15	3	0.45
WPD	80	80	40	8	1.2
WPD	100	120	60	12	1.8
WPD	150	300	150	30	4.5
WPD	200	500	250	50	7.5

解决方法：水表装大了可关闭大水表再旁通一个适配口径恰当的小水表，水表装小了直接更换一个大点水表即可。

1. 水表的并联安装

见图 5-13。

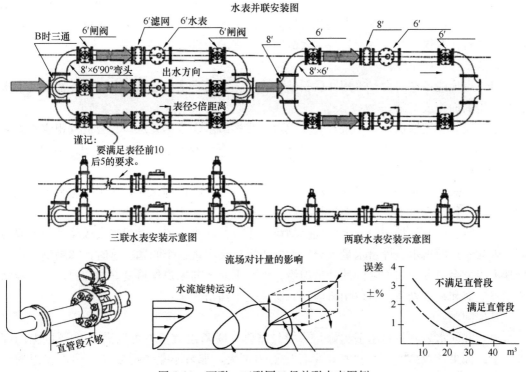

图 5-13　两联、三联同口径并联水表图例

2. 水表并联安装的优缺点

如图 5-13 所示，并联水表的配表设计通常为一条进水管，一条出水管，中间并联安装两组或以上的水表，这种配表设计一般会应用在大口径水表上，DN40 以下的小口径水表则没有这个必要，下面探讨一下水表并联安装的一些优缺点。

优点：

（1）计量相对更精确。由于一组水表变成两组或多组，水表口径变小，在选用同一种类型水表的前提下，水表的始动流量 Q_s、最小流量 Q_1 都变小了，所以在计量小流量时相对更精确了，由于多组水表合计总的过流能力没有减少，所以大流量的计量精度也不会受到明显的影响。

（2）水表维护、更换可避免停水。如图 5-13 所示，如果仅安装了一组水表，那水表维护、检修或更换时，都需要关阀从而影响正常供水。采用并联水表后，两组水表可轮流作业，仅是对用户造成短时的供水量减少或降压供水而不是停水，影响相对较小，尤其是对于不间断生产且不能停水的用户更有意义（当然更有力的保障是用户有足够容量的蓄水池）。

（3）解决某些配表问题。不少用户的用水量并不是一开始就能达到设计标准，其水量提升有一个过程。实际配表设计时，一般会按用户最大需水量考虑。如果仅安装了一套水表，当用户初期用水量低于水表分界流量 Q_2，则计量就会明显偏慢，配表合理性就大打折扣。而并联两组或多组水表则可以有效缓解这个问题，因为用户初始用水量少的时候，完全可以只启用其中一组水表，计量精度明显好于单独水表的设计。如日后用水量上升，则再根据情况启用其他并联水表。

（4）容易发现水表的故障。并联安装的水表，只要水表规格型号相同，其计量水量也是基本相同的，如果发现两者之间相差较大，则很容易判断其中一个水表可能有故障，这种直观的对比对供水企业及时发现水表故障有一定的帮助。

缺点：

（1）占地或占空间大。采用并联安装水表后，无论是横向还是竖向设计，都增大了水表组占用的面积或空间。

（2）安装费用增加。将一组水表变成两组或多组水表，尽管水表、管道及相应的配件口径变小了，但明显是多了一组或多组水表，所需安装材料、人工自然要比一组水表多，费用也相应上升。

（3）水表日后维护和更换成本较高。与安装费用高的道理一样，多了一组水表及配套的直管和配件，今后抄表、水表维护检修、更换的成本都相应会高一些。

（4）容易引发计量纠纷。上面优点的第 4 点，并联水表容易发现水表故障是一把双刃剑，因为一旦两组水表计量水量差异很大，用户也会发现这个问题。这时，如果供水企业处理不当就会引发与用户之间的计量纠纷，因此平时要与用户保持良好的沟通，发生异常要积极应对和科学处理，争取用户信任，避免发生纠纷。

其他问题：

（1）并联水表并不是越多越好，一般只需要并联两组就基本可以满足 90% 以上的配表需求。如果计量精度要求更高，量程比要求更大，那就不是考虑安装更多水表组的问题，而是考虑选用高精度电子式水表的问题。实际应用中，很少需要并联三组或以上的水表。

（2）两组并联安装的水表，水表正常状态下，同一规格的水表并联运行，其示值误差变化量不大；但不同口径的水表并联运行，其示值误差的变化趋势会有明显不同（即预示计量差异比较明显），因此并联水表安装要尽量考虑同一口径、类型的水表。

（3）当各种原因需要关停其中一组水表，另一组水表就要避免运行在过载流量 Q_4 或以上的区间，以免导致超负荷运行甚至造成水表损坏。即关停一组水表前，要做水量分析。

（4）常用的并联安装方案都是根据水表的横截面积来考虑，例如：需要安装 DN200 水表的，可拆分为两组 DN150 水表并联安装；需要安装 DN150 水表的，可拆分为两组 DN100 水表并联安装；如此类推。

小结：

大口径水表采用并联安装的模式，如果供水企业能合理运用、管理到位，并保持与用户良好的沟通，确实可以解决配表设计及水表运维管理的一些实际问题，对改善供水计量管理也有一定的成效。

5.4.4　不可避免表观漏损

不可避免表观漏损是指水表在正常使用状态下，难以避免的内部漏损。

最小计量误差。这里说计量误差并不是指在某一流量点上的水表计量误差，而是以水量加权的计量误差，也就是国内常说的计量效率。不同水表的计量误差曲线存在一定差异，在按水量加权之后，差异会更大。因此，在实际水表的选用中，不仅要考虑水表本身的误差曲线，还要考虑用户的用水规律。通过国外的研究资料，几种常见新居民水表（口径 20mm 及以下）的加权计量误差分别为：容积式水表为 $-1\%\sim0$ 之间；单流束与多流束水表为 $-6\%\sim-3\%$ 之间；超声水表为 $-4\%\sim-2\%$ 之间；电磁水表为 $-1\%\sim0$ 之间。非居民水表（口径 20mm 以上）的加权计量误差为 $-1\%\sim0$ 之间。总体估算下来，不可避免的计量误差约为 -2%。当然，这只是一个估计值，与水表技术、用水规律、居民和非居民水量的比例有关。

5.4.5 可达到的最小计量误差

随着水表的使用年限的增加，水表的计量精度会发生衰减，损失掉的水量会越来越多。此时，应该考虑何时更换水表。随着更换周期的增长，年均损失掉的水量就会越来越多，而年均水表更换的成本就会越来越低。两者的成本叠加起来，是一个先下降后升高的过程，最优的更换周期就是总成本最低时对应的时间，称为经济更换周期。有人在报告中提到，当采用最优更换周期更换水表时，加权计量误差通常在 $-6\%\sim-2\%$ 之间，平均约为 -4%，与水表购置与安装成本、水表精度衰减速率、水费和用户用水规律相关。

5.4.6 优化计量误差

上述经济表观漏损水平需要综合的管理手段才能得出，具体包含水表型号和技术选型、质量控制测试、优化安装位置、强化数据处理、水表和用户设施检验、在役水表的测试等方面，这是一个长期的过程，也是一个反复的循环过程，只有通过多年的工作，才能达到经济表观漏损水平。

5.4.7 水表的经济学研究

水表的主要特征是更新或更换投资。一旦水表达到使用年限，水司就需要更换，以便业务活动能够继续。选择这种类型设备的两个最常用的方法是净现值（PV）和等效的年度年金（EAA）。

净现值是估算项目的不同的更新现金流，从这个数字中扣除初始投资。正值意味着投资是有利可图的。

5.4.8 正确测定水表计量精度的衰减规律

随着水表的老化，其计量精度会发生一定的衰减。其衰减速率的速度决定了最优的更换周期，也决定经济表观漏损水平。水表计量精度的衰减速率取决于水表本身的质量情况、安装条件、水质等多个方面。因此，需要通过试验来确定不同条件下的水表计量精度衰减速率。

水表计量精度衰减的测定需要按照严格的采样、测试流程进行，需要标准化的工作流程。在水表选型、计量效率评估方法等方面制定了标准化的工程流程。由管网团队获取用户的用水习惯，由技术中心测试水表的误差曲线，二者结合得到计量效率；管网部对供应商的质量管理和技术水平进行考察，结合计量效率、离散度和合格率得到水表基准技术评估评测结果；结合计量效率、水表采购成本和城市水价，形成经济评估评测结果。在上述工作流程的基础上，形成了一系列水表的对标评测报告。该方法值得同行参考。

在水表计量精度测定过程中发现，水表精度的衰减规律并非一致。对 DN40、DN50、DN80、DN100、DN150 的 5 种口径 10 个品牌水表的计量效率的测定结果发现，虽然总体上计量效率呈衰减趋势，但各个样本之间的差别比较明显。

5.4.9　水表面板上的符号知识介绍

水表面板指的是水表上用于显示读数的面板

1. 水表面板上 CPA、CMC 含义

CPA：CPA 标志是计量器具形式批准证书的专用标志。进口计量器具需经国务院计量行政部门授权的技术机构进行定型鉴定，定型鉴定的结果由承担鉴定的技术机构报国务院计量行政部门审核。经审核合格的，由国务院计量行政部门向申请人颁发《中华人民共和国进口计量器具型式批准证书》，并准予在相应的计量器具和包装上使用中华人民共和国进口计量器具形式批准的 CPA 专用标志和编号。

CMC："中华人民共和国制造计量器具许可证"标志，英文缩写"China Metrology Certification"，意为中国制造计量器具许可证。取得制造计量器具许可证的企业，可在其生产的计量器具上标注 CMC 标志。该标志表明计量器具制造企业具备生产计量器具的能力。

2. 水表面板上 Q 含义

Q 代表流量，Q_p 是常用流量，Q_t 是分界流量，Q_{min} 是最小流量，Q_s 是过载流量。

水表新规程中 Q_1 是最小流量，Q_2 是分界流量，Q_3 是常用流量，Q_4 是过载流量或叫最大流量。

3. 水表面板上 R 含义

水表面板上的 R 是指水表的量程比（水表的有效测量范围），例如：DN15 水表，$Q_3=2.5$，$R=100$，是指 DN15 水表，常用流量为 2.5m³/h，量程比为 100：1，即最小流量为 2.5÷100＝0.025m³/h。那么，此款水表的有效测量范围为 0.025～2.5m³/h。

4. 水表的 A 级、B 级含义

为了更准确地体现水表产品的性能，标准规定水表的流量区域分为高区和低区，并分别有相应的最大允许误差，高区为±2%，低区为±5%。高区和低区的下限流量越小，说明水表的工作流量范围越大，计量能力越强，这样就划分为计量等级 A、B、C、D 级。其中，A 级是起码要求，B 级比 A 级高，D 级最高。一般的水表大多为 A 级或 B 级，标注在水表度盘上或铜罩上。

5.4.10　智能水表的应用

智能水表是一种利用现代微电子技术、现代传感技术、智能 IC 卡技术对用水量进行计量并进行用水数据传递及结算交易的新型水表。与传统水表一般只具有流量采集和机械指针显示用水量的功能相比，是很大的进步。智能水表除了可对用水量进行记录和电子显示外，还可以按照约定对用水量进行控制，并且自动完成阶梯水价的水费计算，同时可以进行用水数据存储的功能。

　　智能 IC 卡工作的基本原理是：射频读写器向 IC 卡发一组固定频率的电磁波，卡片内有一个 IC 串联谐振电路，其频率与读写器发射的频率相同。在电磁波激励下，LC 谐振电路产生共振，从而使电容内有了电荷；在这个电荷的另一端，接有一个单向导通的电子泵，将电容内的电荷送到另一个电容内存储。当所积累的电荷达到 2V 时，此电容可作为电源为其他电路提供工作电压，将卡内数据发射出去或接收读写器的数据。接触式 IC 卡接口技术原理是 IC 卡读写器要能读写符合 ISO 7816 标准的 IC 卡。IC 卡接口电路作为 IC 卡与 IFD 内的 CPU 进行通信的唯一通道，为保证通信和数据交换的安全与可靠，其产生的电信号必须满足要求。

　　智能水表的应用无疑使抄表环节变得更加高效，也大幅降低了在数据采集和整理过程中发生错误的可能性。以往的人工抄表方式难免会存在误读、估读、漏读、错记等错误，从而会对漏损的分析造成影响，而现在智能水表的应用，可以很大程度上避免这种人为操作错误，从而提高读表质量。智能水表的核心功能由自动抄表技术和通信传输技术实现。其中，自动抄表技术可分为脉冲式和直读式两种，通信传输技术可分为有线和无线两种。

5.4.11　使用智能水表的优缺点

　　智能水表多见于大用户水表以及 DMA 入口水表等区域计量水表，因为大用户和区域计量水表的通过流量较大，采用智能水表可以及时发现问题，最大可能地节约水量。例如在某市，1800 个大用户（月均用水量 1000m³ 以上）占了总用户数的 0.11%，而水费却贡献了接近 20%。因此，对这些大用户全部采用了智能水表。

　　智能水表在大用户中的应用。当这些大用户的水量发生异常时，可以及时发现，并通知用户和供水单位，起到很好的节水效果，提升用户服务水平。通过水量的智能监测，发现某段时间流量突增，尤其是最小夜间流量发生了明显升高，判断为用户表后管线发生了漏水，并自动发送信息给用户和供水单位。如果没有智能水表的应用，则需要一个抄表周期（2 个月）之后才有可能发现异常。在区域计量中，智能水表的应用更为广泛，所有基于实时流量数据的漏损分析工作全部得益于智能水表的应用。尤其是在分区计量体系建设较为完善的管网，这些智能水表所提供的数据，为精细地掌握管网运行状况创造了条件，构成了智慧水务的基础。

　　在居民用户中，智能水表的应用也越来越多。可以使供水单位和用户更加准确地掌握用水规律，从而一方面可以帮助供水单位分析计量效率，另一方面也帮助供水单位提升服务水平。

　　智能水表（从 IC 卡表开始）进入市场已经 20 多年。水司对应用结果不满意。首当其冲的是计量数据采集的准确性和可靠性让水司不放心。计量数据采集的准确性要贯穿于水表整个寿命周期。事实证明，影响水表整个寿命周期计量数据准确性的主要因素是水表的可靠性，而不单单是计量精度。可以说可靠性影响更大。

　　例如黑龙江某县级水司，多年大量使用 IC 卡表，有 6 万多块，是一个质量总出问题的小水表厂产品，该水司很多用水户初期充值 100 元水费，用了三年水表阀门不会自动关闭仍在用水，采用此表本意是先交费充值后用水，却变成了只用水不交费现象，给水司水费回收带来很大问题，最终价格很高的智能 IC 卡表变为人工抄收读表的机械表。

5.4.12 水表类型经济性

其经济性要根据水表的使用年限、水价和周期内运行水量综合考虑，计算公式：（水表价格＋安装费用＋维护费用）÷（每年运行水量×水表使用年限×现行基础水价）×100＝水表折旧率。以 DN15 水表按现行标准使用期为 6 年，每户每月用水量为 13m³，不含污水处理费的基础水价 3.5 元/t 为资料计算；

（智能远传水表价格每只 300 元＋30 元安装费＋60 元 6 年期维修费）÷（13m³ 水×12 个月×6 年使用期×3.5 元水价）×100＝11.91％；

（机械水表价格每只 65 元＋30 元安装费＋60 元 6 年期维修费）÷（13m³ 水×12 个月×6 年使用期×3.5 元水价）×100＝4.73％；

显然不同类型水表折旧率不同，根据水表的使用年限 6 年，智能远传水表年折旧率为 11.91％，机械水表年折旧率为 4.73％。

5.4.13 供水效率与售水量的关系

供水效率的计算是某一期间售水量与供水量的比值。这是国外非常流行的考核指标，供水效率＝产销差率；供水量—售水量＝产销差水量，从字义上讲，产销差水量既包含供水过程中的管网漏失损失量，又包含着表观抄收、表具误差、统计误差等商业损失；例如违章非法用水是无收益的量，查处后可变为有收益水量，进而会提升供水效益，他们之间"供"的减少"售"的提升，缩小两者的数字距离，自然而然地会有效地降低产销差率。

上面讲了供水效率的提升关乎两点：①减少供水量；②提升售水量。供水量中的"供"字关系到供水企业投入的生产成本，"售"反映了销售自来水中所获收入的情况。但笔者认为，产销差从 40％降到 20％相对容易，一定是管网中的"漏"量大于商业损失的"损"量，工作重点是查漏；但从 20％降到 15％甚至更低，则需要付出很大的努力，极可能是商业损失的"损"字大于管网中的"漏"字，换表查表工作放为重点。在这里由于成本控制/漏量降低的边际效益递减效应会导致后期降差速度变慢，优化收益管理能够延缓降差速度变慢，也就是说后期降差收费管理很重要，同时维持住降差成果也很重要。不妨考查一下降差的三个阶段：

第一阶段"查、修、管"。"查"先组织若干小组徒步沿所有管线巡查翻下水井、电缆、暖气沟找明漏，后找暗漏。"修"是要有资金投入，某些管段因管材质量、初期施工质量不好，频繁漏水，修了漏、漏了又修，成了探漏工以漏养漏提奖的地方，这类管网一定要提出管网改造计划治理。"管"字建章立制，违章追究，例如管网抢修不注意大量泥石杂物进入管网，抢修完后堵塞管网压力下降，打坏水表要追究责任人。见图 5-14。这是笔者在山东某水司亲眼所见，换水表施工时大量的泥砂石子进入管网中，

图 5-14 水表损坏

两天后变成这样子，换表后比换表前压力下降很多，管网杂物堵塞，清理难度很大。

第二阶段产差在 20％以下时工作重点是商业损失中的"损"字，要确定了"损"的原因所在，"止损"工作则还需更大力气来完成，譬如计量表具、户内管道的安装和更换等。

第三阶段就一个"保"字，当产销到 12％甚至更低时，保持降差成果更难，稍不注意就会反弹。一般来讲当月产销差率上下浮动 3％是正常现象，这里存在流计误差，例如户表抄收有的水司两个月抄一次，每个月按区各抄 50％水表，存在户表水量每月差异有高有低，上下浮动现象。

5.4.14　抄表错误以及数据处理和账面错误

（1）加强计量器具、抄表、收费统计报表等工作，减少表观损失，增加销售收入。对表具口径偏大，在分界流量以下运行贸易水表排查和缩径；对抄表员实行各居民小表户均水量考核；及时更换和维护"淹、埋、黄、坏"表。

（2）加强前 20 名用水大户的计量管理，建议设大客户专管人员，每 10d 观察水量和对比分析。

（3）连续三个月零读数的户表，由抄表员关闭户表阀门，并书面通知住户，如果用户申请开阀，由抄表员和水表检定站人员与用户预约时间共同入户在线检验水表好坏，对于坏表立即更换及追缴水费。

产销差水量的管理要有精准的计量、负责任的抄表、规范的管网安装、优质管材管件、及时的修漏、合适的出厂水压、完整的计量分区等。

5.4.15　水表腔内气团负误差影响

与气团相关的另一个现象是空气的阻尼效应。一些水表的流道是非直通型的，如旋翼式水表和垂直螺翼式水表，安装计量机构的腔体中存在高于有效流动截面的空腔结构，容易积存空气形成气穴。毫米尺度以上的气团一旦在气穴结构处聚焦，则很难再被排出。当气团与叶轮、齿轮等旋转元件接触时，在表面张力作用下吸附在旋转元件上。由于气团是一种可压缩的弹性体，会对旋转元件的运动产生阻尼作用，增加运动阻力，使得水表的示值误差呈现偏负。在这种情形下增加水压可以缩小气团的尺寸，一定程度上能够改善阻尼效应的不利影响。串联检定水表时增加了排气的难度，更容易发生阻尼效应，检定过程中需要加以识别和判断，并采取更有效的排气措施。

5.5　营业数据对比分析

供水企业作为公用服务型企业，在抓好保障民生、服务社会、提供公共产品和服务的同时，也要建立严格的抄收管理体系。抄收中严格执行自来水水价的用户分类，加强对抄表工水价管控，不得随意改变用户水价类别。对于用户价格分类，不能一个人说了算，应由公司有关部门、营业所领导和抄表人员共同确定。

5.5.1　提升抄收质量

建立 DMA 分区的同时还要建立抄收员分区业绩指标体系，如：每个分区块的供水量、售水量、水费回收率、长期欠费户数、户表零水量水表数和大用水户水表误差监控等，量化地评价供水营销员（抄表员）的工作质量，不断地细化抄表工作内容。通过指标设置把抄表员的工作重点引导到公司的无收益水量、表观管理和收入效益的关键点上。

"抄对表、抄好表"是抄表员工作最基本的要求之一。然而，并不能完全说明抄表的管理水平高，只能说明水表读数就是这么多，还应考虑是否存在计量误差、盗用水、终端贸易机械水表运行期间缠绕故障等问题。

5.5.2　抄表数据的统计分析

抄收人员月底抄表报数，产销差率每月计算一次，计算当月水费，要把事后月底算账转变为事前控制，尤其是前二十名用户大表每天、每周、半月、每月都有对比报表，加大各种数据对比分析任务。解读数据报告的四个步骤：判断数据，理解数据，发现事实，产生见解。判断数据是为了确保数据报告中的数据准确无误、客观存在；理解数据是去了解数据背后的统计口径；发现事实是产生见解前的必要步骤，也是产生见解的重要基础。

水司数据源产生有原始数据和派生数据，细分有净水工艺数据、水质数据、泵站能耗数据、管网运行数据、营业收费数据等。原始数据是用户数据库中的数据，或者是终端用户所存储使用的各种数据，是未经过处理或简化的数据，这些数据可能是也可能不是机器可读形式，构成了物理存在的数据。原始数据有多种存在形式，如文本数据、图像数据、音频数据或者几种数据混合存在。派生数据由其他数据产生的、非原始的数据，是某些空间分析的结果。

在数据分析的对比、细分、溯源六字箴言中，对比占据着重要的地位，也是最简单的数据分析方法之一，可以说无对比不分析。

营销数据可对比性的四个"一致"原则：

（1）对象一致。例如，某天南郝区域考核表比高压区供水考核表增长 30%，这两个数据没有对比性，当天供水量南郝区域 173m³，而高压区供水量 9035m³，水量基数根本不是一个数量级，所以不能用相对数对比，只能用增长水量绝对数对比，这个案例就是属于对比的对象不一致。

（2）时间属性一致。例如，全公司第三季度比第二季度增加售水量 60 万 t，认为第三季度抄收工作比第二季度好那就大错特错，对比时必须时间属性是一致的。第三季度是供水高峰，用水量需求大。由于季节变化系数的影响与第二季度没有可比性，应该与去年、前年第三季度同期对比。

（3）定义和计算方法一致。在水价定义中有工商业用水价格、居民生活用水价和特行用水价格；在售水回款中又定义为，水费收入和替财政代收的水附加费、污水处理费。这些都有一定的计算方法。

（4）数据源一致。数据源不一致产生的差异一般比较隐蔽。对比虽然是最简单的分析方法，但是使用前一定要慎重，一定要考虑清楚，一定要坚守数据源一致的可对比性的原则。

5.5.3 居民用水户表零水量管理

这是针对小区内入住率、空置户和户表故障管理的补充指标。连续三个月零读数的户表，由抄表员关闭户表前闭门，并书面通知住户，其理由基于没有入住避免户内漏水给用户造成损失。如果用户申请开阀，由抄表员和水表检定站人员与用户预约时间共同入户在线检验水表快慢。具体方法：携带 2L 量桶或塑料袋一个，用手机中秒表测试时间，在户内厨房水嘴全开情况下，接满 2L 量桶所用时间 20s。见图 5-15。

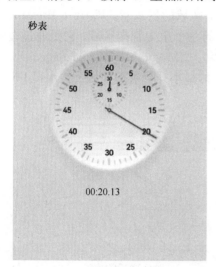

图 5-15 手机秒表计时

也就是说，当前压力 0.35MPa 的水嘴全开大流量下，水嘴全开 12L/min，每小时用水量 0.72m³。当水嘴开 1/4 小流量状态下，每小时用水量 0.18m³。

把两个流量点测试所需时间和水量与事先拍照水表读数比对，来评价水表计量误差作为参考，对该户水表精度进行计算记录存档。必要时拆掉水表上校验来排除故障表和误差表现象，其目的是达到公平、公正计量，提升客户的满意度，同时通过小区户表抽样调查方法评价小区户表的整体误差。

5.5.4 打击非法盗水及规范用水

《最高人民法院最高人民检察院关于办理盗窃刑事案件适用法律若干问题的解释》中第四条规定：（三）盗窃电力、燃气、自来水等财物，盗窃数量能够查实的，按照查实的数量计算盗窃数额；盗窃数量无法查实的，以盗窃前六个月月均正常用量减去盗窃后计量仪表显示的月均用量推算盗窃数额；盗窃前正常使用不足六个月的，按照正常使用期间的月均用量减去盗窃后计量仪表显示的月均用量推算盗窃数额。盗窃公私财物价值规定的"数额较大""数额巨大""数额特别巨大"。相应调整为3000～1 万元以上、3 万～10 万元以上、50 万元以上。对盗窃罪数额标准的确定，应当与类似犯罪相协调。

6 DMA、PMA、MMA 分区与水量平衡表

DMA（District Metered Area，独立计量区域）是指供水管网中的一个区域，它是由一组水表和阀门组成的，用于控制和监测特定区域的供水量。PMA（Pressure Management Area，压力管理区域）是指供水管网中的一个压力管理区域，它是通过在管道上设置调压阀门来控制和维持特定区域的供水压力。MMA（Metered Management Area，微计量区域）又称微计量区域，是指供水管网中的最小计量管理区域。某水司 DMA 一级分区示意见图 6-1。

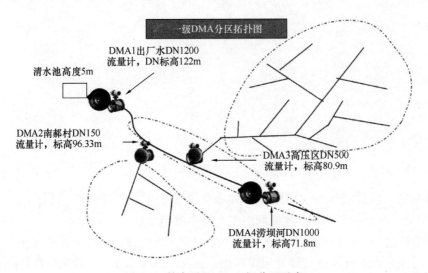

图 6-1 某水司 DMA 一级分区示意

在这里把水厂清水池比作大茶壶，如果说出厂水的流量计是茶壶嘴的出水量，后面所有水表就是茶杯了。在 DMA 计量分区中，有入口流量和出口流量，每个出口流量又进入下一个 DMA 区，这样出厂水的流量计是茶壶嘴的出水量，一级一级地倒入各个分区，分为一级、二级……计量分区。每级中分区中，又分为单独的计量分区，最终到枝状管网末梢用户；在最终端分区中非法接管和漏水严重区域，例如老旧住宅区，再在每栋楼或漏洞口装表分区，被称为 MMA 微计量分区方法。每个 MMA 微计量分区抄表到户的用户平均不到 40 个，分区装表口径 DN25～DN60，可以有效地发现偷水用户、计量偏差、水表损坏等，尤其适用于村镇供水。

在一级 DMA 分区的基础上，综合考虑供水干管路径、地形、压力、边界条件，分别将两个一级阶区分为三个二级阶区，结合单独 PMA 压力分区或 DMA、PMA 一体化的分区。结果应达到压力分布均匀；余氯、水龄明显改善；各区域实现独立计量，供水、用水情况清晰，产销差水量有效、逐步降低的效果。

6.1　DMA、PMA、MMA 分区的定义

6.1.1　DMA 分区的概念

DMA 目前已经成为国际公认的管网控漏的方法。早期的计量分区在主管网阀门井处旁通一个小口径水表，夜间关闭阀门通过小表计量最小流量。

DMA 概念，网络解释为：DMA 分区管理是控制城市供水系统水量漏失的有效方法之一，其概念是在 1980 年初，由英国水工业协会在其水务联合大会上首次提出。在报告中，DMA 被定义为供配水系统中一个被切割分离的独立区域，通常采取关闭阀门或安装流量计，形成虚拟或实际独立区域。通过对进入或流出这一区域的水量进行计量，并对流量分析来定量泄漏水平，从而利于检漏人员更准确地决定在何时何处检漏更为有利，并进行主动泄漏控制。

以上概念看到这几个词，切割、独立、关闭阀门和安装流量计。其原理是将整个城镇供水管网划分为若干个供水区域，进行流量、压力和漏点监测，实现量化漏损水量空间分布。

6.1.2　PMA 分区的概念

PMA 分区是以压力调控为主，兼顾区域计量，可有效地控制城市管网漏失。为此，提出结合图论的 PMA 分区方法，首先，运用自适应 AP 聚类算法结合经济性计算对供水管网进行初步分区，确定分区数目；然后，运用迪杰斯特拉（Dijkstra）算法计算各个聚类中心点到水源的最短路径，确定各个分区的供水管段，建立分区边界优化模型，运用模拟退火算法求解该模型；最后，结合人工经验对部分分区进行适当合并，形成最终方案，取得良好效果。该种分区方法是以计算机算法为主体并结合人工经验，很大限度降低分区的工作量，并且比传统的人工试错分区具有更大的搜索空间，可用于指导实际供水管网的PMA 分区。

6.1.3　DMA 分区的切级属性

从图 6-2 可以看到，在切割、独立 DMA 中有两个关键词：关闭阀门和安装流量计，图中×为四个边界阀门，边界阀门关闭时一定要关严。图中 M 为分区流量计，若有一点泄漏，在压力作用下像切割机一样很快把阀门冲坏，一般情况非管网事故下该阀门永久关闭。图中 9 个圆点是流量计，表具选型并非多大口径管网选多大口径的流量计，应根据流量模式选择口径，根据表 6-1 酌情选择。

水表性能　表 6-1

性能	机械式水表	电磁流量计	超声波水表
始动流量	差	好	好
准确度	差	好	好
低功耗	优	差	优

续表

性能	机械式水表	电磁流量计	超声波水表
抗干扰	差	优	优
高频采样无市电	可以	可以	可以
不截断管道安装	不可以	可以	可以
不导电介质	可测量	不可测量	可测量

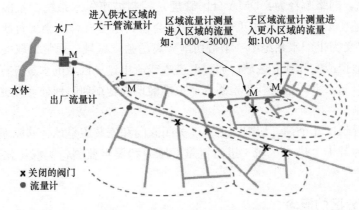

图 6-2　某区域 DMA 分区示意图

6.1.4　MMA 分区的概念

　　MMA 分区包含 1 个考核水表和小于 40 个收费的合法住宅户表贸易水表连接点。这也相当于我国的楼头、楼洞口考核表，通过考核表与贸易表流量值的比较，查找非法用水和破坏水表现象。

　　MMA 的大规模应用开始于南非共和国。2009～2011 年期间，伴随南非建筑物和安装户表计量水表的进程，南非诺维萨德自来水公司与检漏部门解决了管网中大部分泄漏。通过更换或新装 MMA 水表，获得了大量漏损信息，其中某些泄漏是相当明显的。同时，通过另外一项对非法用户偷水的调查发现，MMA 微计量分区的产销差率分析管理效果高于预期。2011 年产销差率减少量为 120 万 m³，主要是在 MMA 管网上发现了 1300 个偷水点和漏水点，这些偷水点、漏水点已探知修复后评估 75 万 m³/年水量，并在同一年内进行了修复补交水费，收益大于投入。

　　近些年，南非诺维萨德供水公司的特色是建立了 250 个 MMA，最初旨在控制 20 世纪 90 年代建造的老旧小区和难民殖民管网混乱地区的非法用水。每个微计量分区都包含 1 个考核水表和多个用于收费的贸易水表，考核水表安装在合法管网和入户管网的连接点。目前南非诺维萨德供水公司 MMA 涵盖了 100km 主干管，拥有 1 万个"临时注册用户"连接管（平均每个 MMA 包含约 40 个连接管）。由于这些微计量分区在过去几年中产销差率迅速降低，贡献率占整个管网系统的产销差率 10%。

6.2 DMA 计量分区的内涵与外延

漏损控制是进行 DMA 管理最主要的目的，以往供水企业都是被动检漏，发现问题后才去定位、维修，导致泄漏时间很长，总的水损增大，即使请商业检漏公司进行漏水普查，也只能在短时间内取得很好的效果，但是由于漏水重复出现，并不能从根本上达到降漏损的目的。只有通过准确的夜间凌晨最小流量计量、实时的漏水噪声监测、准确快速的漏水定位和维修、合理的压力管理，才能最终达到控制漏损、逐步降低产销差的目的。

6.2.1 估算 DMA 的真实漏损水量

真实漏损水量实际上是指该区内干管和用户支管的管道漏损水量。漏失如果发生在干管或管道接头的小孔或裂缝处，则会全天 24h 持续漏水。相反，若漏失发生在用户支管处，则漏失水量随着用户全天需水量的变化而变化。在早晚供水高峰时漏失水量最多，在夜间大多用户都在睡觉没有用水的时候漏失则最少。因为夜间是用户用水量最小的时候，而干管的漏失是连续的，DMA 分区引入夜间最小流量测量制度就是在夜间时段监测漏失水量。图 6-3 显示的是一个典型的以居民生活用水为主的 DMA 的 7d 瞬时流量变化曲线图。

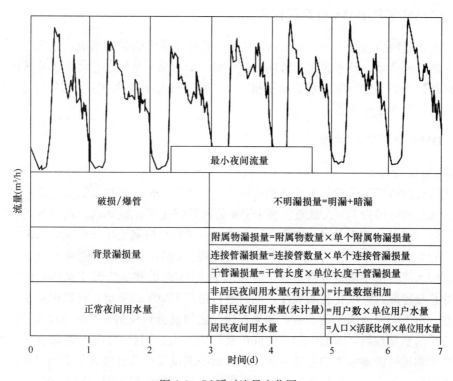

图 6-3 7d 瞬时流量变化图

为了估算 DMA 的漏失水平，应该计算出系统的净夜间流量，其值是用夜间最小流量减去合法夜间用水流量。经验法选取合法夜间流量，选取夜间 2～4 时的时间段，进行合法夜间流量测试。具体做法是通过测量该时间段每个DMA内所有的非住宅用户的贸易表进行同一时点读表，以及10%住宅用户水表在2h内的用水量，计算出平均的合法夜间流量。下面公式可以确定漏水量：

漏水量＝夜间最小流量－合法夜间流量。

可以通过一个简单的减法，以产销差水量减去漏失量来计算表观损失水量，计算式如下：

表观损失水量＝产销差水量－净夜间流量。

一旦确定DMA具有显著的表观漏损，供水企业管理人员应该调查水表是否出现故障或被破坏，以及是否存在非法接管。管理人员也可以对DMA的每个用户进行一系列的调查，以确定所有用户都包含在计费数据库内，拜访所有用户并逐一检查每户的水表。

6.2.2　计量分区的本质

通过计量分区实现供水管网流量、压力传感器智能硬件的互联互通，搭建的是物理平台。大数据的作用是为供水管网实现智能化管理提供数据和信息，是智能化供水漏损管理平台。通过数据的采集、分析和处理可得到供水管网实现最佳运行状态的决策信息，然后依据获得的大数据信息实施供水管网的运行管理，从而提高运行效率，减少水资源损耗，降低运行成本，提高用户服务能力，增强企业盈利能力。

6.2.3　供水分区与DMA分区的区别

通常配水管网由直径100～400mm，从主干管接受供水的管道组成，供水分区是配水管网内大的地理区域，其水源来自管网的主干管。而DMA是配水管网供水分区内部离散的水力区块。可用于监测管网系统流量和压力，通过引入凌晨最小流量测量制度，选择漏损较大的区域作为工作重点。

6.2.4　DMA分区管理的意义

DMA分区管理即选择独立供水区域采用区域性计量管理，对降低小区内供水设施的漏损，实行长期持续的监控具有非常重要的意义。作为DMA的初始试验，应有针对性地选择比较独立的区域做DMA试点。在DMA分区管理完善、成熟后，通过现场试验及管网推广，将逐渐形成基于DMA的管网漏失监测、预警、控制工作新模式，未来的管网流量、压力和表具管理也可在DMA管理基础上开展。DMA管理的关键原理是在一个划定的区域，引入凌晨最小流量分析来确定泄漏水平。DMA的建立能够主动确定区域的泄漏水平，并指导检漏人员优化检漏顺序，同时通过监测DMA的流量，可以识别是否有新的漏点存在。由于管网泄漏是动态的，如果在泄漏之初就得到控制，泄漏可以大幅减少；如果没有持续的泄漏控制，泄漏会随着时间的延续而增大。因此，DMA管理被视为在供水管网中减少和维持泄漏水平的有效方法。凌晨最小流量受季节性变化的影响很小，故通过凌晨最小流量分析方法，可以将存在已报告的或未报告的泄漏水量识别出来。

6.2.5　建立DMA的准则和流程准则

DMA的设计并非按主观愿望随意划分，或按照街道网格划分，设计人员必须熟知该区域管网走向和每个阀门的位置，同一个管网由不同的工程师所做出的设计方案并不见得相同。工程师通常使用一套准则来建立一个初步的 DMA 设计方案，当然该方案必须经过现场实测或利用管网建模进行验证。

一般应遵循以下准则：

(1) DMA 的大小（例如，支管的数量通常在 1000～2500 户表之间）；

(2) 为隔离 DMA 而必须关闭的边界阀门数量；

(3) 减少用来计量 DMA 流入和流出水量的水表数量（水表需求数量越少，DMA 建立的成本就越低，且精度越高）；

(4) DMA 内地面高程及压力的变化情况（区域地面越平坦，压力越稳定，压力控制越容易）；

(5) 利用清楚可见的地形特征作为 DMA 的边界，如河流、排水渠、铁路、公路等。

将一个开放的系统划分成一系列 DMA，必须采取关阀措施或者加装水表来隔离某一区域。这个过程可能会影响 DMA 本身及其周边地区系统的压力。因此，供水企业必须确保所有用户的供水压力和用水时间不受到损害。

供水企业管理人员要确保进出 DMA 的所有管道关闭或安装水表，可实施如下隔离实验：

第一步：关闭 DMA 所有安装水表的进水口、出水口水表；

第二步：检查 DMA 内部的水压是否降为零，因为此时应该没有任何水源流入该区。

如果压力没有降为零，说明可能有其他管道水流入该区，需要进行排查。

如果预算受限，供水企业应该首先建立 5000 户以上支管的面积较大的计量分区。随后再将这些区中产销差水量较大或管道工程较长的分区细分成 1000 户表或更少支管的 DMA，对于每个 DMA，设计人员都应该制定一个详细的操作手册，用来指导将来 DMA 管理团队的供水和售水管理。该操作手册包含：DMA 管网图，水表、压力控制阀及边界阀门的定位图，DMA 计费数据库的副本。该手册是一个工作文件，操作数据要不断更新，包括如下信息：（1）流量和压力曲线图；（2）漏失逐级测试数据；（3）漏失位置；（4）非法接管位置；（5）合法夜间流量的测试数据；（6）压力约束因子测试数据。

6.2.6　DMA 分区三个测试

1. 零压测试

为判断独立计量区是否封闭，关闭边界阀门后，再关闭进水阀门，排空管网中的水，监测区域内压力是否下降至零。零压测试有关事项：零压测试应在后半夜用水量最小时进行；边界阀门应关闭，不能有泄漏现象，每关闭一个阀门必须用听声棒监听是否关严，如果关闭不严，需开启重关直至关严，非管网事故状态下不能打开边界阀门；边界阀门关闭前后都要压力检测并记录在案，原则上关闭后压降不大于 5m，该区域最不利点压力不小于 0.16MPa；当缓慢关闭进水阀门时，区域内压力下降很快且流量很大，该区域一定会有大漏；若压力下降很慢，该区管网状态良好；当关闭进水阀门后压力不归零，还有不明管线往该区进水；边界阀门关闭后两端有死水头，应采取技术措施防止水质污染。

2. 表具的关联度测试

计量分区的表具之间的关系还可以比喻为"父表、母表、子表"的裙带关系。前边所讲，比喻的茶壶、茶杯的关系是流量计配比数量。这里所比喻的裙带关系，说明 DMA 计量区表具关联的合理性。一个茶壶配四个、六个或者更多的茶杯是数量多少，而 DMA 计量区表具裙带关系是指其关联性。为了说明表具的裙带关系，这里称谓"父表、母表、子表"，定义为"父表""母表"的是 DMA 分区计量表，也是通常所说的考核表，不具有收费功能。子表是收费用的贸易表，不管多大口径的水表统称为"子表"。在同一级 DMA 分区中的进口流量计称谓"父表"，出口流量计称谓"母表"，只是在多级分区辈分不同；在同一级 DMA 分区中的进口"父表"流量计最好不超过两个，条件是两个进口流量计管网压力不同时有倒流现象，必须采取技术措施安装单向阀或有正反计量功能的流量计，"父表"有串联分级，"母表"既有串联分级也有并联分级，同一级出口流量计"母表"和"子表"贸易表可以无限个，这种裙带关系既不能乱辈，也不能认错人。

多水源三级分区表具关联示意图如图 6-4 所示。

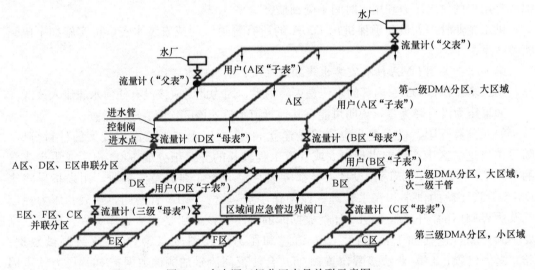

图 6-4　多水源三级分区表具关联示意图

完整的同一 DMA 分区中必须注意严谨的表具关联度，"父表"是某一计量区的进口流量计，同一区的出口流量计是下一个分区的进口"父表"流量计，进口"父表"的进水量减去该区出口流量计"父表"出水量的差额就是该区供水水量。该区所有"子表"售水量总和就是该区的售水量。由此计算出产销差率和产销差水量。

3. 梯级流量叠加测试

（1）测试原理。

利用 DMA 分区进口流量计，夜间用水最低流量时段，通过逐级关闭管线阀门，对下游管段进行各种不同瞬时流量的叠加计算并进行数据分析，确定该区域各梯级管道的运行状况，锁定两个阀门间漏水点，缩小检漏范围，最终计算出测试区域阀门间每级管道漏水量。

梯级流量叠加测试技术路线见图 6-5。

（2）检测步骤。

1）测试前准备工作。分析测试区域内管网图纸，了解该区域用户用水基本情况。在流量稳定的夜间最低流量时间段进行测试，测试区域要关闭多于一个进水口的循环阀门，并对测试区进行压力归零测试，确保安装管网位置计量表是该区唯一进水口。为了达到最佳效果，梯级测试前应严格检查需要关闭的阀门，以确保都能正常操作。将供水区域计量表上的采集时间改为每隔30~60s记录1次，安装记录仪采集数据并上传，测试完成后恢复记录仪的原有设置。或者人工在进口流量计读表，每分钟记录一次瞬时流量，每关闭一个阀门记录10个数据。

2）按照梯级测试计划，逐级关闭阀门。先关闭测试区最末级的阀门，最后关闭的是测试区域的进水阀，开启阀门的程序是最后关闭的阀门最先开启。

3）关闭不同级阀门之间的间隔时间不少于15min，在每关一个阀门时必须详细记录关闭阀门的时间和地点，按顺序做好记录。每关闭一个阀门必须用听声棒监听是否关严，如果关闭不严，需开启重关直至关严。测试完成后开启阀门时必须慢慢开启，以免形成水锤，造成爆管等事故。

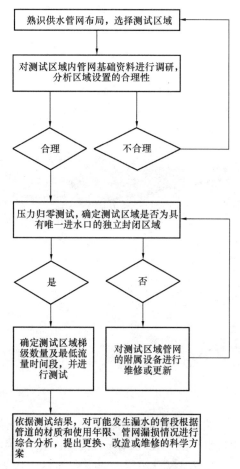

图 6-5   梯级流量叠加测试技术路线

4）根据预先掌握的用户信息，在次日同时段读取该区用户水表，可根据用户数量分组查抄，每隔1min读取1次表值，连续读取10次表值，必须确认这些分支管道上夜间用水用户数量和用水量，计算出每个用户3个时段的平均用量。

5）从现场采集的流量压力图表上，分辨出每次关闭阀门的时间，把图表数据上传到梯级测试软件上，标出每一梯级的编号，并把每一级测试的流量参数标注在对应的梯级上，计算出每个梯级的流量，写在图表上。观察开启阀门时每一级的流量、压力状况，如果某一分支管道有漏水情况，可以从图表上直观看出。扣除夜间用户水量后，确定具体管段漏量。

6）针对高漏量管段进行检漏作业，及时减少漏水损失。

4. 案例分享

（1）【案例1】2020年7月7日，山东某水司接到供水信息漏损预警平台推送的站前街DMA分区异常报警数据，发现站前街区域夜间最小瞬时流量增高，通过供水量与售水量数据对比，发现差距较大，分析该区域可能存在大的漏点。7月8日夜间，检漏队员通过对该区域梯级流量叠加测试快速确定漏水管段，并精确定位了漏点位置。

站前街区域内供水管道主要以PE管为主，管网建设时间12年，阀门分布对该区域进行梯级流量叠加测试具有代表性，管网示意图如图 6-6 所示。

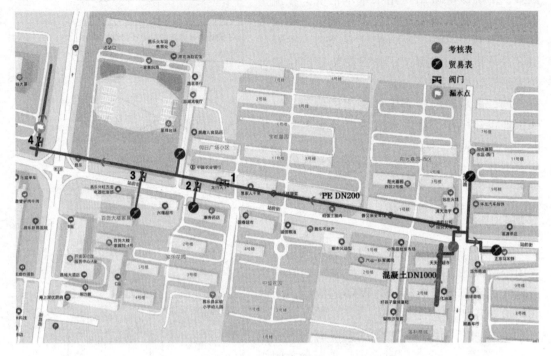

图 6-6　管网示意图

关阀前夜间最小流量 28m³/h。关闭第一级时，测试流量为 12.80m³/h，下游用户用水流量＝28−12.8，为 15.20m³/h。其中，家乐花园小区远传水表为 0.8m³/h，假日广场小区远传水表为 0.8m³/h，火车站考核表为 1.0m³/h，齐城商务大厦远传水表为 0.4m³/h，百货大楼家属院用水量及下游部分门头估计用量 0.5m³/h，估算漏损量为 11.7m³/h。此过程证明下游管网出现异常。打开第一级时，测试流量由原来的 12.80m³/h 上升至 30m³/h 左右。

关第二级前夜间最小流量在 29.8m³/h 左右。关闭第二级时，测试流量为 29.4m³/h，流量损失为 0.4m³/h，下游只有家乐花园远传流量为 0.8m³/h，估算此阶段漏损量应为 0m³/h，随后开启二级阀门。

关第三级前夜间最小流量在 29.5m³/h 左右。关闭第三级时，测试流量为 28.6m³/h，流量损失为 0.9m³/h，下游只有百货大楼家属院用水量及下游部分门头为 0.4m³/h，估算此阶段漏损量应为 0.5m³/h。对于该级居民用水量极低，可忽略不计，随后开启三级阀门。

关第四级前夜间最小流量在 27.6m³/h 左右。关闭第四级时，测试流量为 13m³/h，流量损失为 14.6m³/h，下游只有齐城商务大厦传水表为 1.0m³/h，火车站考核表为 1.2m³/h，估算此阶段漏损量应为 12.4m³/h。

站前街管网瞬时流量测试数据图如图 6-7 所示。

阀门、用户信息见表 6-2。

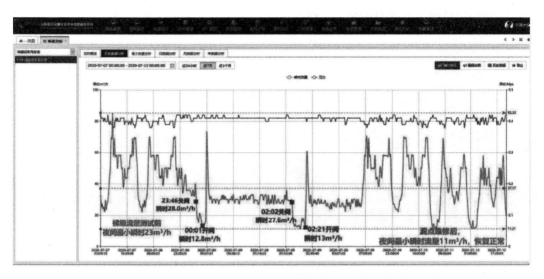

图 6-7　站前街管网瞬时流量测试数据图

阀门、用户信息表　　　　　　　　　　　　　　　　　　　　　　表 6-2

阶号	描述	关闭时间 （时、分）	开阀时间 （时、分）	户数	用量
1	实验小学北门对过 DN200 阀门	23:46	00:01	10	1.1
2	家乐花园表前过路管 DN100 阀门	00:25	00:48	58	0.7
3	百货大楼家属院表前过路管 DN100 阀门	01:00	01:24	12	1.12
4	新昌路与站前街西北角四通往北 DN200 阀门	02:02	02:21	55	0

管网梯级阀门之间流量统计见表 6-3。

管网梯级阀门之间流量统计表　　　　　　　　　　　　　　　表 6-3

管网梯级	L_1	L_2	L_3	L_4	L_5	备注	说明
一级	28.0	12.8	15.2	3.5	11.7	下游管网存在异常	流量单位：m^3/h； L_1 表示关阀前的流量； L_2 表示关阀后的流量； $L_3 = L_1 - L_2$，表示该级过流量； L_4 表示用户读和查看用户估算流量； $L_5 = L_3 - L_4$，表示该级漏量
二级	29.8	29.4	0.4	0.8	0	水表读数存在误差	
三级	29.5	28.6	0.9	0.4	0.5	该级居民用水量极低，可忽略不计	
四级	27.6	13	14.6	2.2	12.4	缩小漏点范围至 10m 内，利用听漏仪、听声杆进行精准定位	

阶梯性流量测试数据图如图 6-8 所示。

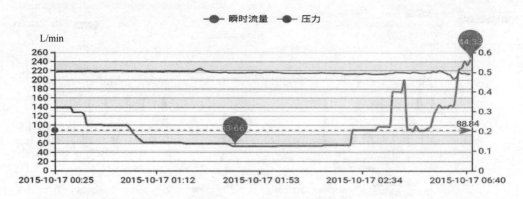

图 6-8　阶梯性流量测试图数据

通过该区域维修前、后流量曲线对比显示，管道修复后夜间最小流量为 11m³/h，较修复前夜间最小流量 23m³/h 减少了 12m³/h。每天节约水量 288m³，每月节约水量约 8640m³。该区域主管道和第一管网漏量较小，第二管网漏损量大，该支线管网多为 1985 年左右铺设，管材多为钢管且口径较小（图 6-9），控损第二级管网漏点难度大，维修价值小，建议更新第二、四、五级管网。

（2）【案例2】河南某县自来水公司深井群至清水池 9km 输水管网出现暗漏异常，导致清水池严重进水不足。该公司经过多次、多人排查仍未查明原因。因此，采取用便携式超声波流量计分段切级流量测试，把整个管网分为五段瞬时流量测试。

图 6-9　支管图

测试结果见表 6-4。

测试结果　　　　　　　　　　　　　　表 6-4

序号	地点	瞬时流量（m³/h）	流速（m/s）	差量（m³/h）
第一段	深井群 DN355PE 管出口处	391	1.23	
第二段	DN355PE 管段最高处	305	0.96	86
第三段	红旗路腰门井处	297	0.94	8
第四段	光明街管道窜通阀门处	267	0.81	30
第五段	东风路腰门井处	50.58	0.16	217

经过五段管道便携式流量计的瞬时流量差量对比分析，起点流量 391m³/h，终点流量 50m³/h，总差量 341m³/h，意味着原水提升管线泄漏量为 87.2%。造成严重供水不足是由于第四段与第五段之间差量为 217m³/h，存在异常，泄漏量为 55.5%，经过对第四段和第五段之间的管道进行详细排查听漏，漏水点定位于县宾馆门口旁，经过流量计测试，

漏量为 240m³/h。

漏点定位后关水、开挖、修复。开挖后发现导致净水厂供水不足是由于 DN355PE 源水管与排污水泥管交叉埋设，受外力挤压导致源水管破裂长达 42cm，应为长期泄漏且形成空洞。而破裂口紧靠污水井，原水管产生的漏水直接排至污水井，所以路面未出现溢水情况。

经过 2h 修复完原水管，再对第四段及第五段检测瞬时流量，此时瞬时流量为 305m³/h，流速 1.2m/s。瞬时流量上升，清水池进水恢复正常。

结论：便携式流量计瞬时流量分段测试是非常有效快捷、简便的查漏方法，前提是在管线上事先要布置好间隔距离的测流井，最好是几台便携式流量计同一时点测流更为准确。从以上案例分析该管线还有漏口，漏口修复后的流量，起点流量 391m³/h，终点流量 305m³/h，总差量 86m³/h，刚好第一段泵站变频供水出口处至第二段 PE355 管段最高处差量 86m³/h，认为这一段还有漏口。

6.3　PMA 分区的内涵与案例

供水管网的物理漏损是指水资源的损失，如输配水管网以及附属设施的漏损。如何能够减少管网漏损是供水企业的一大难题。本书通过介绍在管网中设置压力管理分区降低管网的剩余压力，减少了管网的漏损、减少了爆管率，延长了管道的使用寿命。同时，也要对压力管理分区的设备进行维护，保证压力分区的有效运行。

6.3.1　PMA 分区内涵

PMA 分区又称压力管理、压力调节，通常是指通过对水压的调节和控制，使供水系统的运行达到最佳的状况。压力管理提出了更精确的定义：压力管理指的是将系统的压力控制和管理到最佳服务水平，并保证合法用户足够和有效的使用，同时降低过高压力，消除导致管网漏损的压力瞬变和故障。

压力管理与平时所讲的安装减压阀进行减压是不一样的。减压阀可以将压力降低到能够满足高峰用水的最低值，但是对于其他时间，管网仍存在较高的富余压力，这部分压力依靠普通的减压阀是无法控制的。压力降低是一种最简单的压力管理方式。

假设漏损管网，即泄漏点面积大小不变，在压力变化时保持恒定不变，那么压力和漏量的变化将符合平方根的关系。一般情况如下：当漏损点是金属铁管、钢管上的漏孔固定大小的漏损点时，那么管网压力增高若翻倍将导致漏损量增加约 41%。若漏损点是塑料管或者石棉水泥管，当压力发生变化时，漏损点的表面积一般无法保持不变，因水流的冲击而会漏口面积不断增大，随之漏损量逐渐变得更大，这样的漏损被称为可变面积漏损。如果压力翻倍，则漏损量将远远超过固定面积的漏损量，在某些情况下，漏损量会增加到原来的 3 倍。基于在大多数的供水管网系统中，往往混有固定面积和可变面积漏损，漏损量将取决于钢、铁管道与塑料、石棉管道之间的占比关系。

国内外有大量关于该主题的研究，大量不同的公式也被用于计算夜间最小流量在漏损压力变化中产生的影响。从作者的经验来看，某些其他因素在压力和漏损关系中起到更加关键的作用。例如，铺设管道的工艺质量是影响管网漏损结果的最重要的因素之一，相邻两个类似的管网在漏损特征上可能有巨大的差异，仅仅是因为其中一个管网铺设合理并且铺设过程中有充足的监理，而另一个由不合格的承包商铺设且监理力度较差，管网压力变化时产生不同漏量。

6.3.2　压力分区种类

为了通过压力控制的方式减少漏损，需要在保证用户和必须保证消防服务等级的前提下降低水压。降低管网水压有多种方式，任何一种方式都各有优劣。以下将讨论几种方式：

1. 固定输出压力控制法

固定输出压力控制法通常安装使用减压阀（PRV），减压阀用于控制某区域供水的最大压力。该方法可能是最简单和最直接的压力控制手段，除减压阀之外不需要任何其他的任何设备，该方法的优点有：

（1）安装简单；

（2）成本较低；

（3）维护与运营简单。

固定输出压力控制法的最大问题在于灵活性差，无法在不同的时间段内提供不同的供水压力，从而导致无法达到最佳的节水效果。在很多情况下，固定输出压力控制法成为首选的减压方式往往是因为它操作简单，或者因维护团队缺少对于高级调压方式下精密电子设备的操作和维护能力。

【案例】固定输出减压实例

简介：山东昌乐实康水业有限公司昌乐城区供水管网1979年开始建设，与多数传统水司一样，存在着管网布局、水表选型不合理，管道材质多样化，老旧管网较多等问题，管道漏损严重，2004年前产销差高达31%。公司经过多年努力，管网产销差连续14年控制在6%以下，近4年保持在5%以下，2021年为3.16%。

项目实施：

合理控制供水管网压力，既保证供水服务压力，又保障管网运行安全。

昌乐城区供水水源为县境内南端的高崖水库，利用自然高差，原水通过全封闭管道自流至净水处理厂，水厂至城区采用自流直供供水。为合理控制城区管网压力，根据地势高程不同，将供水管网分为直流、减压和加压三个供水压力区域。

压力分区：连通直流区与减压区，安装双向流量计，实现虚拟压力分区管理，两区间水量可相互补偿，实现管网水压自平衡。

安装减压阀及效果见图6-10。

三大分区供水，虽然能够合理控制各分区水压，但由于直流供水区主要以居民小区用水为主，而供水主管道口径较小（DN400）、管线长，用水高峰时段管网压力衰减明显、水量不足，用水低峰期时段管网压力过高。减压区供水主管道口径大（DN1000）、水量足、水压稳。经过论证、试验，利用DN300管道联通两区并安装双向流量计，通过流量计及各检测点数据分析，两区间水量可相互补偿，分区运行压力保持理想状态，管网水压实现了自平衡。

根据城区三大PMA分区，合理划分DMA分区，目前已完成32个DMA、PMA分

图 6-10 安装减压阀及效果

区，实现四级分区远传计量监控。城区大部分住宅小区及大用水户安装了远传监测设备，对流量、压力进行实时监测。另外合理布置管网压力采集点 47 个，形成了从水厂到各级分区再到末端用水户的全方位监测体系。

2. 基于时间调节的压力控制法

基于时间调节的压力控制法就是每天 24h 不同时点流量不同、压力也不同，目的是降低平均压力。实际上与固定输出压力控制法在控制原理上一致，只是在非用水高峰时段实施进一步降低压力的策略。这种压力控制方式适合用于非高峰时间，例如夜间最小流量水压上升的区域。这种方式的主要优点有：

（1）控制器更加灵活，可以使压力在特定的时间段减小，获得更大的收益；

（2）电子控制器价格相对便宜；

（3）控制器安装和操作相对容易；

（4）控制器可以直接安装至减压阀的先导阀之上，不必有流量计。

基于时间调节的压力控制法的主要缺点是未对用水需求做出反应，倘若发生火灾需要高压供水的时候，可能会形成隐患。这个问题一定程度上可以通过安装一个流量计克服。此外，这种方式比固定输出压力控制法工程成本价格更高，并且需要更多的设备操作和维护经验。

改善泵站供水运行管理与漏损压力控制，采用时间控制法的效果会更好，例如从某一泵站出厂水压力曲线中可以看到泵站出厂水压力通过三条电缆（红色、绿色、蓝色）与泵站压力变频控制器进行连接，流量大压力高、流量小压力低，可以有效降低出厂水平均压力，减少管网漏水和爆管事故。

另外，减压阀可以用先导阀第四条电缆连接流量计，安装后用于采集流量计量数据，但对减压阀控制器本身的应用没有影响。控制器是一个易于操作的装置，价格便宜，便于维修。通过前置面板上的两组按键，分别设定每天 24h 及春夏秋冬不同季节、不同压力、不同时点内的压力控制值，用于在高低压力之间进行切换。在控制器的底部有一个球形转盘，用于设定压力控制中的低值，同时压力控制中的高压通过减压阀中的先导阀进行控制。当控制器因任何原因失效的时候，减压阀的输出压力将恢复到与先导阀的压力设定值保持一致。值得注意的是，市场上有一批类似可用的控制器，它们之间会有一些细小差别。

压力控制法提供了相较于时间控制法更好、更灵活的控制效果。这种灵活性以及效果是非常好的。这种电子控制器价格虽贵点，但非常适用于流量计的流量调控压力。基于流量调节的压力控制方式一定是性价比高，所应用的流量较大、压力较高的场合。

3. 基于流量调节的压力控制法

基于流量大小来调节的压力控制法提供了相较于时间控制法更好、更灵活的控制效果，它比前两种方式收益更多。这种方法在国外采用较多，其电子控制器价格更贵，同时需要为减压阀匹配一个大小合适的流量计。基于流量调节的压力控制方式不一定是性价比高的，因此选择前需要慎重考虑所应用的场合是否一定需要采用这种方式。见图 6-11。

流量计　　　　　　　减压阀　　　　　　PMA分区

图 6-11　基于流量调节的压力控制法

流量控制法的一个核心是不会影响供水，但是采用此方法带来的降低漏水收益往往被控制器和流量计的安装和维修费用所抵消，同时因为使用更复杂的设备，可能带来更多的停水时间。这种系统需要更多的部件，这些部件有时会失灵。另外，在考虑该方式带来的收益的同时，必须要权衡电子元器件失效的可能性，并且需具备必要的维护能力。从反映基于流量调节的压力控制法的曲线变化图中可以直观地看出，通过这种压力控制手段，阀后压力的变化趋势与流量的变化趋势基本保持一致。

6.3.3　压力控制指数

泵站和管网有效的压力控制有以下好处：减少了爆管事故，提供更稳定的服务；减少背景渗漏及暗漏量；减少设施维修量；延长管网资产寿命；压力控制所需的费用远远低于管网改造的费用。

现在国际上通用的压力与漏水（或流量）的关系模型为：流量 L 与压力 P 成 N 次方的关系。

1. 压力指数 N_1

压力指数 N_1 用来计算漏失与压力的关系：$L_1 = L_0 \times (P_1/P_0)^{N_1}$

其中，L_1 为报告期流量，L_0 为基期流量，P_1 为报告期压力，P_0 为基期压力。N_1 值越高，现有漏失流量对压力变化越敏感。N_1 值一般在 0.5～1.5 之间，偶尔高达 2.5（金属或镀锌管道上的腐蚀孔洞）。在混合管材和低漏失量的配水管网中，N_1 值大概在 1～1.15 的范围。因此，在未进行 N_1 分步测试得出更准确的 N_1 值之前，可以假定是线性关系。最近的研究表明，当应用固定和可变面积出流原理时，N_1是压力的函数，但这直到压力低于一定值时才变得显著。

还有人认为，N_1值的范围为$0.5\sim2.5$，平均值为1.15，接近线性关系。对于不同材料的管道，漏点不同，N_1值是不同的。一般认为：对于非金属管道系统，N_1值在$1.25\sim1.75$之间；对于金属管道系统，当漏失量较小时，N_1值一般选在$1.0\sim1.5$之间，当漏失量较大时（即明漏或爆管），N_1值一般选$0.5\sim1.0$。

N_1分步测试，有时也被称为压力分步测试，用于确定某区域配水管网的N_1值。在测试过程中，一个区域的净流量、平均区域点的压力都应被记录下来。通过更改减压阀的设置，经过一系列的变化步长降低区域压力。该压降以及相应的净流入水量的降低构成了计算N_1的基础。

【案例】有一个庭院居民小区平均压力0.40MPa，平均流量为6.5m³/h，准备安装一台DN100减压阀降压到28m，财务收入评价可通过以下步骤计算出：

（1）计算N_1幂值$\log_{40}(6.5)=0.507$；

（2）压力指数用来计算漏失与压力的关系：

$L_1=L_0\times(P_1/P_0)^{N_1}=6.5\times(32/28)^{0.507}=5.43$m³/h；

（3）降低漏水量$=6.5-5.43=1.07$m³/h，降低漏水率$=1.07\div6.5\times100=16.46\%$；

（4）每年降低供水量$=1.07\times24\times365=9373$m³；

（5）每年降低漏水量财务收入$=9373\times0.71=6654$元（边际成本0.71元/t，包括南水北调原水费0.48元/t、吨水电费0.15元/t、净水药剂费0.08元/t等变动成本）；

（6）安装一台DN100减压阀费用5900元，投资回收期一年。

2. 压力指数N_2

压力指数N_2用于描述压力与爆管频率关系。国际水协引入N_2指数：

$BF_1=BF_0\times(P_1/P_0)^{N_2}$

其中，BF_1为爆管减少次数，BF_0为非压力相关的爆管次数，P为压力。目前，发现该关系其实为复杂，在非压力相关的爆管中存在偏差。因此，现在认为该关系式应当是：

$BF_1=(BF_0-BF_{npd})\times(P_1/P_0)^{N_2}+BF_{npd}$

其中，BF_{npd}为非压力相关漏失的爆管频率。对于干管爆管频率和用户支管爆管频率，要分开应用该公式。压力N_2的值大约是3。

【案例】河南某水司一年内DN75以上管网修漏404次，其中非压力相关的爆管235次（施工挖断、锈蚀等）。现在，水厂出厂水水压0.45MPa，计划出厂水平均压力调整到0.38MPa，计算爆管频次数：

$BF_1=(BF_0-BF_{npd})\times(P_1/P_0)^{N_2}+BF_{npd}=(404-235)\times(38\div45)^3+235=336$次；

爆管减少次数$=404-336=68$次。

3. 压力指数N_3。

压力指数N_3用于描述压力与用水关系：$C_1=C_0\times(P_1/P_0)^{N_3}$

其中，C_0为夜间最小流量，C_1为降压后的夜间最小流量。室内用水（如马桶水箱）和室外用水（如水管浇水）的N_3因子是不同的。对于室内用水，N_3的典型值为$0\sim0.2$；对于室外用水，N_3的典型值为$0.5\sim0.75$。

【案例1】有一个别墅群小区降压前区域内平均每幢房子夜间最小流量为18L/h，区域内平均压力为90m，此时漏损指数为79。如把平均压力降到50m，此时漏损指数降为35。于是漏水量可降到：18×35/79＝8L/(幢·h)，即从18L/(幢·h)降到8L/(幢·h)。

【案例2】河南某县级水司有一条3.7km的DN400灰生铁管背景漏失非常严重，DMA分区流量计夜间最小流量235m³/h，该区平均供水压力0.45MPa，有抄表到户27000户，估算居民用户夜间冲厕水量等夜间合法用水量36m³/h。

估算漏水量为＝235－36＝199m³/h，计划安装减压阀压力降到0.32MPa，问降压后夜间漏水量减少量？

降压后夜间最小流量＝235×(32÷45)^{0.75}＝182m³/h，降低量＝235－182＝53m³/h。

6.4 水量平衡及绩效考核

作为供水企业最重要的指标之一，产销差无疑是每个供水企业最关注的点。因为它不仅体现了供水企业提高供水效率和盈利的能力，还是水资源控制的重要因素，是城市供水行业主管部门对供水企业考核的具体要求之一。

产销差水量也叫无收益水量（Non-Revenue Water），即供水总量与售水量之间的差额，一般以年度为周期计算。国际水协工作小组根据世界各国的具体情况，提出了水量平衡分析方法，即供水的水源、不同用户的使用情况、漏失的组成等方面给予一个相对统一、完整且具有较高适用性的定义及分类。

国际水协（IWA）推荐的水量平衡表中水量分类见表6-5。

行业标准《城镇供水管网漏损控制及评定标准》CJJ 92—2016水量平衡表中水量分类见表6-6。

IWA标准水量平衡表　　　　　　　　　　　　　　表6-5

系统供水量（允许已知误差）	合法用水量	收费合法用水量	收费计量用水量	收益水量
			收费未计量用水量	
		未收费合法用水量	未收费已计量用水量	无收益水量
			未收费未计量用水量	
	漏损水量	表观漏损	非法用水量	
			因用户计量误差和数据处理错误造成的损失水量	
		真实漏失	输配水干管漏失水量	
			蓄水池漏失和溢流水量	
			用户支管至计量表具之间漏失水量	

行业标准《城镇供水管网漏损控制及评定标准》CJJ 92—2016 水量平衡表   表 6-6

		注册用户用水量	计费用水量	计费计量用水量
自产供水量	供水总量			计费未计量用水量
			免费用水量	免费计量用水量
				免费未计量用水量
		漏损水量	漏失水量	明漏水量
				暗漏水量
				背景漏失水量
外购供水量				水箱、水池的渗漏和溢流水量
			计量损失水量	居民用户总分表差损失水量
				非居民用户表具误差损失水量
			其他损失水量	未注册用户用水和用户拒查等管理因素导致的损失水量

以上两个水平衡表既有联系又有区别，但是算法完全一致，平衡关系一致。

6.4.1 IWA 标准水量平衡表定义

水量类变量是指标变量中数量最多、最为重要和复杂的一类指标变量，说明水量类指标变量之间的关系，本书引入了国际水协水量平衡的概念和方法。

水量平衡是指确定的区域内恒定存在的水量平衡关系，即该区域的输入水量之和等于输出水量之和。以地表水为水源的城市水系统水量平衡最为复杂，通常可以分为取水水量平衡、制水水量平衡和系统供水水量平衡。

在水量平衡方法进行绩效比较之前，首先，把水量平衡数据转化成标准的国际水协推荐的最基础方法，据资料介绍国际水协废弃使用术语不计量水量（UFW），提倡使用产销差水量（NRW），因为有很多国家不接受 UFW 定义，所以所有水量平衡组成笔者翻译后用我国习惯术语解释。

特别需要注意的是，国际水协评价方法有如下特点：

（1）合法用水分成收费和免费两部分，允许财务指标和运行绩效指标同时计算；

（2）合法的计量水量不包括用户计量误差，该误差是国际水协水量平衡中表观漏损的部分。

国际水协方法中"合法用水量"不包括已知（发现）的漏损、爆管、蓄水池渗漏和溢流的漏损量，或估算的固有漏损量，这些属于国际水协方法中"实际漏损"的一部分。

6.4.2 不可避免的管网漏水量术语解释与计算

输水干管（称为主干管）：输水干管用于在水厂和配水池之间或多个配水池之间输送饮用水。除非存在特殊情况，通常供水单位应避免通过输水干管直接向用户供水。

配水干管：是指用于配水的主干管道，有时称为干管、配水干管或次干管（相对于输水干管），是配水系统的组成部分，通常给多用户供水。用户可要求供水单位通过配水干管提供用水连接，并支付费用。在农村管网末梢很难区分管道是属于配水干管还是用户支管。干管长度是指输水干管、配水干管之和。

用户支管：是指连接配水干管和建筑物之间的管段，包括用户连接管和入户管。

用户连接管：从配水干管到街道边界间的配水管称为用户连接管。通常在用户连接管和入户管的边界处会设置外部止水阀（有时也会安装水表）。当建筑物位于街道边缘时，连接管有时会沿建筑物墙体向上延伸，外部止水阀与水表可能设置于地上或地下，或者位于建筑物内部。连接管可连接单个用户或同时连接多个用户。连接管的定义通常适用于较完善的系统或发达国家，是理想布置方式，但在一些国家存在定义模糊的现象。连接管产权归供水单位所有，并由其负责运行维护。连接管在英国被称为连通管。

入户管：是从铺设配水干管的道路边界一直延伸到用户或用水点内部止水阀的管道，通常铺设在地下，被称为埋地管，也可以在地上，例如建筑立管，入户管产权归业主所有，维护也由业主负责，入户管在国外称为供给管。一根连接管可以连接多根入户管。见图6-12。

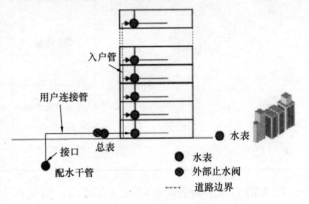

图6-12 建筑物间共享连接布置图

不可避免的管网漏水量计算是非常关键的步骤。

【案例】河南某县级自来水公司DN75以上输、配水干管总长度245km，用水户装表总数76392块，平均进户管长3.66m，出厂水平均压力45m，以此计算得出结果见表6-7。

不可避免的管网漏水量　　　　　　表6-7

基础设施情况	数量	单位数值	平均压力	不可避免漏水量
输、配水干管长度	245km	$18m^3/(km \cdot d \cdot m)$	45m	$198m^3$
用户总数连接管（从干管到红线）	76392户	$0.81m^3/(户 \cdot d \cdot m)$	45m	$2785m^3$
入户管长度（从红线到用户水表平均每户3.66m）	$3.66 \times 76392 \div 1000 = 280km$	$25m^3/(km \cdot d \cdot m)$	45m	$315m^3$
合计：不可避免的管网漏水量每天$3298m^3$，平均每月$100589m^3$				

不可避免漏水量计算过程：

输、配水干管＝$245 \times 18 \times 45 \div 1000 = 198m^3/d$；

用户总数连接＝$76392 \times 0.81 \times 45 \div 1000 = 2785m^3/d$；

用户入户管＝$280 \times 25 \times 45 \div 1000 = 315m^3/d$

注：基于国际水协的计算方法。

6.4.3　IWA标准水量平衡表

英文版WB-EasyCalc是在阐述产销差水量方面用工具来协助水量平衡计算的范例之一，是供水企业管理人员使用的水平衡表软件。由Liemberger及其团队所开发，由世界银行组织（WBI）赞助。图6-13显示的是按下"gettingstarted"之后所看到的首页，是2021年最新版首页。

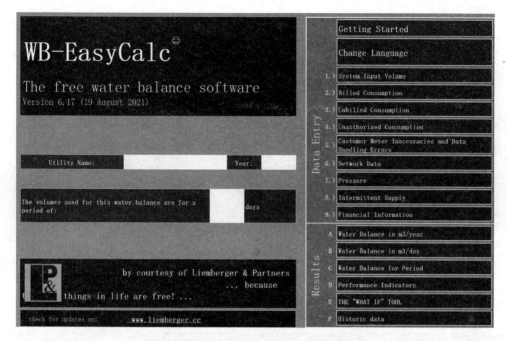

图 6-13　IWA 标准水量平衡表英文版界面

WB-EasyCalc 的优点之一是该软件不仅要求输入真实数据，而且可以对这些数据的准确度进行评估。例如，当输入出厂水量时，用户必须根据出厂水表的类型和年限，以及该水表的维护次数，来估计数据的准确度。根据这些估计值，该软件可以计算出产销差水量（NRW）及其构成要素的大小。另外，还可算出这些结果的误差。

6.4.4　IWA 标准水量平衡表与我国水量平衡表的差异

我国行业标准《城镇供水管网漏损控制及评定标准》CJJ 92—2016 水量平衡表在国际水协平衡表基础上增加了明漏水量、暗漏水量、背景漏失水量、居民用户总分表差损失水量、非居民用户表具误差损失水量等分项指标，并且对计算出来的产销差率要进行 R_n 值修正调整，因此笔者对 WB-EasyCalc 软件英文版进行翻译，按国内习惯用语修改，并按我国行业标准《城镇供水管网漏损控制及评定标准》CJJ 92—2016 水量平衡表重新编程，收入同一水司数据资料两个程序的对比界面，见图 6-14 和图 6-15。

两个平衡表对应关系见表 6-8。

两个平衡表对应关系（m³/d）　　　　　　　　　表 6-8

序号	IWA 标准水量平衡表	我国行业标准《城镇供水管网漏损控制及评定标准》CJJ 92—2016 水量平衡表
1	授权用水量 241190	注册用户用水量 241190＝计费用水量 241165＋免费用水量 25
2	表观损失 16249	计量损失水量 14993＋其他损失水量 1317
3	实际损失量 117167	漏失水量 117167＝明漏＋暗漏＋背景损失＋清水池渗漏＋未知漏量
4	系统输入量 374605	供水总量 374606＝自产供水量＋外购供水量
5	无收益水量 133442	产销差水量 133442

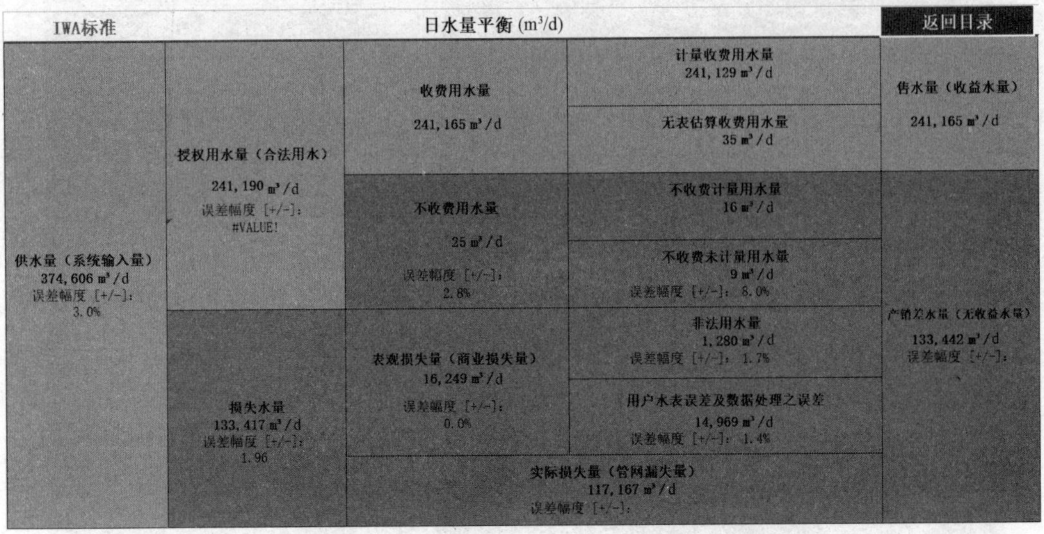

IWA标准	日水量平衡 (m³/d)			返回目录
供水量（系统输入量）374,606 m³/d 误差幅度 [+/-]：3.0%	授权用水量（合法用水）241,190 m³/d 误差幅度 [+/-]：#VALUE!	收费用水量 241,165 m³/d	计量收费用水量 241,129 m³/d	售水量（收益水量）241,165 m³/d
			无表估算收费用水量 35 m³/d	
		不收费用水量 25 m³/d 误差幅度 [+/-]：2.8%	不收费计量用水量 16 m³/d	
			不收费未计量用水量 9 m³/d 误差幅度 [+/-]：8.0%	产销差水量（无收益水量）133,442 m³/d 误差幅度 [+/-]：
	损失水量 133,417 m³/d 误差幅度 [+/-]：1.96	表观损失量（商业损失量）16,249 m³/d 误差幅度 [+/-]：0.0%	非法用水量 1,280 m³/d 误差幅度 [+/-]：1.7%	
			用户水表误差及数据处理之误差 14,969 m³/d 误差幅度 [+/-]：1.4%	
		实际损失量（管网漏失量）117,167 m³/d 误差幅度 [+/-]：		

图 6-14　IWA 标准水量平衡表翻译后日水量平衡界面

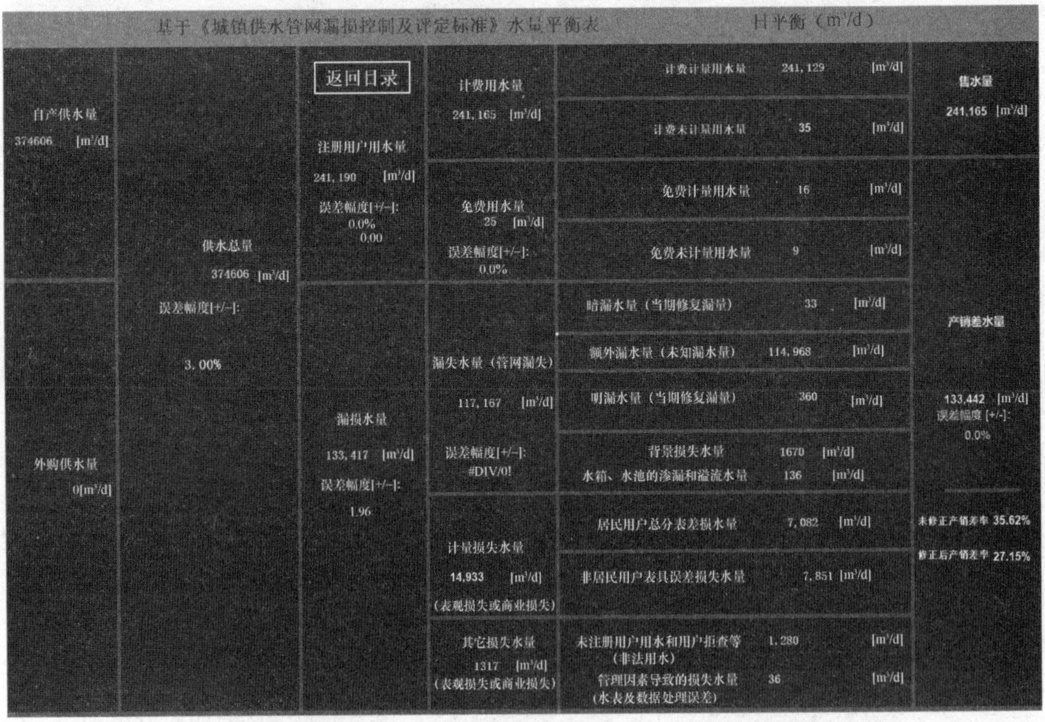

基于《城镇供水管网漏损控制及评定标准》水量平衡表　　日平衡（m³/d）

				返回目录
自产供水量 374606	供水总量 374606 [m³/d] 误差幅度[+/-]：3.00%	注册用户用水量 241,190 [m³/d] 误差幅度[+/-]：0.0% 0.00	计费用水量 241,165 [m³/d]	计费计量用水量 241,129 [m³/d]
				计费未计量用水量 35 [m³/d]
			免费用水量 25 [m³/d] 误差幅度[+/-]：0.0%	免费计量用水量 16 [m³/d]
				免费未计量用水量 9 [m³/d]
		漏损水量 133,417 [m³/d] 误差幅度[+/-]：#DIV/0!	漏失水量（管网漏失）117,167 [m³/d] 误差幅度[+/-]：1.96	暗漏水量（当期修复漏量）33 [m³/d]
外购供水量 0[m³/d]				飘外漏水量（未知漏量）114,968 [m³/d]
				明漏水量（当期修复漏量）360 [m³/d]
				背景损失水量 1670 [m³/d]
				水箱、水池的渗漏和溢流水量 136 [m³/d]
			计量损失水量 14,933 [m³/d]（表观损失或商业损失）	居民用户总分表差损水量 7,082 [m³/d]
				非居民户用表具误差损失水量 7,851 [m³/d]
			其它损失水量 1317 [m³/d]（表观损失或商业损失）	未注册用户用水和用户拒查等（非法用水）1,280 [m³/d]
				管理因素导致的损失水量（水表及数据处理误差）36 [m³/d]

售水量 241,165 [m³/d]
产销差水量 133,442 [m³/d] 误差幅度[+/-]：0.0%
未修正产销差率 35.62%
修正后产销差率 27.15%

图 6-15　基于我国行业标准《城镇供水管网漏损控制及评定标准》CJJ 92—2016
日水量平衡表重新编程界面

　　水量平衡表构建的步骤如下。

　　水量平衡是通过计量或估算系统中的水量输入输出、使用量和漏损量来构建的。确定并建立水量平衡的意义在于清楚地描述系统中存在的各种水量，并进行量化分析，使漏损水量变得更加直观。首先要把水量平衡表中的各组成部分相应的水量计算出来，其中最关键的就是把无收益水量分解成：未收费合法用水量，表观漏损和真实漏损。

一般计算水量平衡表中各项的步骤如下：

步骤 1：确定系统供给水量；

步骤 2：统计计量收费计量水量和收费未计量水量，两者之和为收益水量；

步骤 3：利用系统供给水量与收益水量之差计算无收益水量；

步骤 4：确定计量未收费已计量用水量和未收费未计量用水量，两者之和为未收费合法用水量；

步骤 5：以收益水量与未收费合法用水量之和确定合法用水量；

步骤 6：以系统供给水量与合法用水量之差计算漏损水量；

步骤 7：通过合理可行的方法对非法用水和计量误差做出评估；以非法用水与计量误差引起的水量损失之和为表观漏损；

步骤 8：计算真实漏损，其为漏损水量与表观漏损之差；

步骤 9：通过合理可行的方法（夜间流量分析、爆管频率/流速/持续时间、模型等）对真实漏损的组成部分做出评估，将各组成部分进行相加，与步骤 8 计算结果比较，确定真实漏损。

我国使用水平衡表，用户需要输入相对真实的管网数据，包括管网破损的频率、修复的费用等。这些信息通常难以获得，甚至有时供水企业都无法提供最基本的漏损数据。虽然短期内这确实是一个问题，但它让供水企业明白了要分析漏损控制的经济性，需要什么样的信息。反过来，可以促进供水企业收集相关的信息。

大部分中小供水企业的预算都很紧张，通常没有足够的动力进行昂贵的管网改造或漏损检测项目。因此，分析漏损控制的经济性非常重要。翻译后的 WB-Easy Calc 水平衡软件可以提供这个功能。目前，并没有一个漏损经济性分析的标准方法，现有的方法可能并不能把漏损经济性分析所需的内容全部考虑到。但是，它确实可以帮助供水企业理解为了进行漏损经济性分析，哪些方面是应该考虑的。使很多供水企业对漏损控制的经济性问题有了更好的认识。

使用水平衡软件可以帮助供水企业确定何时应该进行主动漏损控制。换句话说，它可以帮助供水企业确定何时应该派检漏队伍前往某个区域进行检漏。要使用这个软件，供水企业需要收集大量的信息。需要说明的是，如果所需要的信息不全，也可以采用用户帮助文档中提供的默认值。按照我国习惯术语翻译后水平衡软件采用表所示的基本信息来确定供水企业何时对一个特定区域进行主动控漏，以每年应投入多少资金进行漏损检测和修复。

DMA 和真实漏损基本绩效指标。根据世界银行组织制定的标准，采用 IWA 策略对 DMA 审计后，进行了详细的漏损分析。这些结果显示出了真实漏损绩效指标最高的 DMA，据此可得到主动漏损控制策略实施优先级列表。见表 6-9。

水量平衡软件所需要的系统默认值基本信息　　　　　　　　　　表 6-9

	描述	单位	系统默认值
未授权用水量 IWA 水平衡 分析估算量	非法连接—住宅	住宅连接管总数的	1%～2%
	非法连接—非住宅	非住宅连接管总数的	1%～2%
	计量干预、旁通	连接管总数的	5%

描述		单位	系统默认值
表观损失量 IWA 水平衡 分析估算量	未登记的用户计量	计量总量的	2%
	抄表误差	计量总量的	0.5%
	计量异常	计量总量的	0~3%
	水压 50m 时不可避免的入户管漏水量	L/(节点·h)	1.25
	水压 50m 时不可避免的管道漏水量	L/(km·h)	20.0
	配水池漏水量	%(每天体积的百分比)	0.1
	爆管导致的漏水量	m²/h(在 50m 水压下)	12.0
	入户管道破裂的漏水量	m²/h(在 50m 水压下)	1.6
	干线管道破裂的平均时长	d	0.5
	入户管道破裂的平均时长	d	10
	干线管道破裂的平均修复成本	元(人民币单位)	4500
	入户管道破裂的平均修复成本	元	2000
	水压 50m 时每 1000 个入户管道的年破裂数量	次	2.5
	水压 50m 时每千米 DN75 以上干线的年破裂数量	次	0.15
	干线及入户管道的压力漏损指数	—	0.7
	计算不同压力下干线泄漏次数的幂指数	—	3
	每千米干线进行听声探漏的工资成本	元/km 干线	700
	每千米干线进行电子噪声检漏的工资成本	元/km 干线	1400
	需要进行电子噪声检漏的干线所占的百分比	%	20

源自：IWA 及南非水研究委员会。

6.4.5　水平衡软件使用案例讲解

　　水平衡软件是供水漏损控制领域的必备工具，40 余项漏效指标计算结果一键存储。水平衡软件是在 IWA 水平衡软件基础上翻译后，修改为我国行业标准《城镇供水管网漏损控制及评定标准》CJJ 92—2016 水量平衡表，利用其先进的建模和计算引擎，在水平衡 40 多个漏控指标计算中获取解决整个平衡过程中的稳态平衡条件，并提出如何改善的指导意见，有效地降低产销差率。

　　1. 用水审计和水平衡分析

　　自来水公司应至少每年进行一次用水审计，以确定取水量、处理量、供水量和售水量。这些数据通过计量测量或估算的方式获得：

　　(1) 地表水和地下水的取水量；

　　(2) 从其他来源接收的水量和类型（原水、处理水）；

　　(3) 水厂的产水量；

　　(4) 用户计量用水量；

　　(5) 未计量用水量和估算的水量。

　　用水审计的数据用于水平衡分析，该分析是对水的分类核算，将其分类为收益水量

（即出售的水为供水公司带来收入）或无收益水量（损失的水）。收益水量越大，自来水公司的收益就越高。因此，自来水公司可以使用水平衡分析的结果来确定其工作的优先级，以减少无收益水量。

笔者重新编译软件使用步骤如下：

启动后，首先输入单位名称、水平衡期间、日期。见图6-16。

图 6-16　启动界面

第一步：输入数据。

表6-9列出了水平衡分析所需的数据、来源和数值。数据来源于在现场调研期间对自来水公司工作人员的访谈。如果数据不可用，则根据我国其他地区的结果进行假设，并在表中进行统计。

按第一步提示逐步输入表6-10、表6-11中的数据。

广东某水务公司 12 个月水量平衡数据　　表 6-10

序号	所需数据	用途	来源	水量（m³）
1	进入配水系统或直接输送给用户的位置	系统进水量（供水量）	水司记录	136731230
2	每个位置和时间段的水量（m³），例如 m³/h 或 m³/d 或 m³/年			
3	计量收费水量（m³）	计费计量水量	水司记录	88012256
4	估算售水量（m³）	计费未计量水量	调研访谈	12800
5	未计费的授权用水量（m³）及其原因（例如消防、管道冲洗）	免费供水量	调研访谈	有计量 58790 未计量 3237

续表

序号	所需数据	用途	来源	水量（m³）
6	偷盗水的水量（m³）	非法用水	根据表6-8数据进行估算	—
7	客户水表的计量精度误差（m³）	计量误差		—
8	仪表读数和数据输入的估计误差（m³）	数据记录和处理误差		—
9	爆管和泄漏水量以及需要修复期间的漏水量（m³）	当年报告的已修复明漏事件	干管明漏405次、暗漏67次；支管明漏938次、暗漏114次	明漏漏水量14.99m³/（m·h），暗漏漏水量1.38m³/（m·h）
10	DN75以上管网长度（km）	背景漏失	水司记录	327
11	支管的数量（个）			211507（装表数）
12	枝管的长度（km）			256（计算值）
13	供水管网压力（MPa）	产销差率修正	冻土层0.7m	0.43

授权水量 表6-11

类别	数值（m³）	占总量的百分比	装表总数（支）
住宅	32311221	36.71%	190066
行政	16872313	19.17%	865
工业	34114012	39.76%	6756
商业	4452364	5.1%	13567
特殊用水	262346	0.30%	253
其他	0	—	—
计费计量水量	88012256	100%	211507
计费未计量水量	12800	—	—
免费供水量	58790	—	—

注：平均水价2.3元/t，制水边际成本0.87元/t。

第二步：输出结果。

图6-18水量平衡表输出结果，是在国际水协水量平衡表基础上翻译并按照我国行业标准《城镇供水管网漏损控制及评定标准》CJJ 92—2016水量平衡表的习惯术语进行修改。

再次回到输入进入初始界面，查看计算结果。

点击评估矩阵界面，查看改善建议，见图6-17。

管网漏损指数ILI指标说明：国际水协所推荐的ILI值进行管网漏损评价，是一个理想、非常有效的指标，能够真实地反映管网漏失水平。国际水协漏控工作组计算了19个发达国家27个供水企业ILI的平均值为4.2。而南非共和国是发展中国家，对100个供水企业进行了第一次调查ILI平均值为7.6，平均产销差率为36%；第二次调查推到了

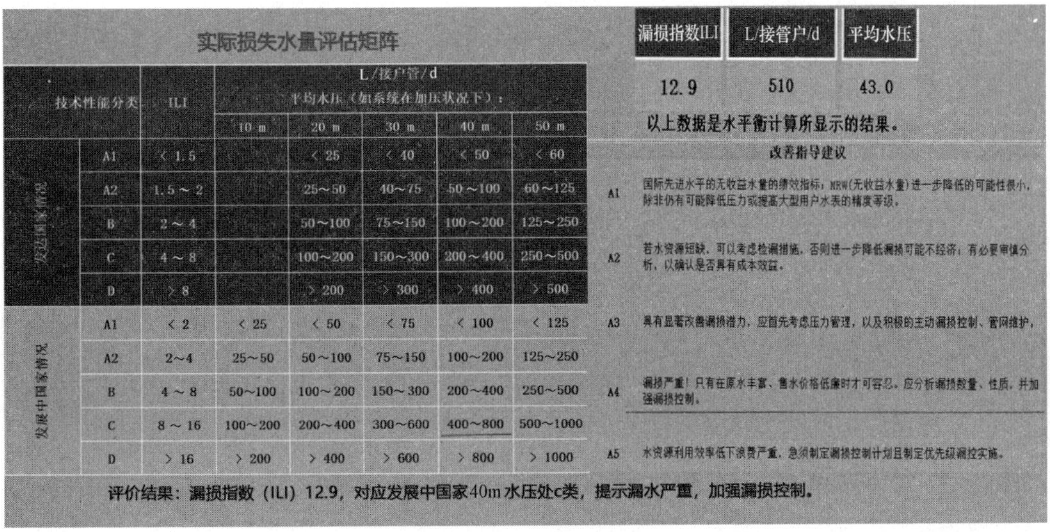

图 6-17 评估矩阵界面

实际损失水量评估矩阵

漏损指数(ILI)	L/接管户/d	平均水压
12.9	510	43.0

以上数据是水平衡计算所显示的结果。

技术性能分类		ILI	L/接户管/d 平均水压（如系统在加压状况下）				
			10 m	20 m	30 m	40 m	50 m
发达国家情况	A1	<1.5		<25	<40	<50	<60
	A2	1.5~2		25~50	40~75	50~100	60~125
	B	2~4		50~100	75~150	100~200	125~250
	C	4~8		100~200	150~300	200~400	250~500
	D	>8		>200	>300	>400	>500
发展中国家情况	A1	<2	<25	<50	<75	<100	<125
	A2	2~4	25~50	50~100	75~150	100~200	125~250
	B	4~8	50~100	100~200	150~300	200~400	250~500
	C	8~16	100~200	200~400	300~600	400~800	500~1000
	D	>16	>200	>400	>600	>800	>1000

改善指导建议

A1 国际先进水平的无收益水量的绩效指标；NRW（无收益水量）进一步降低的可能性表小。除非仍有可能降低压力或提高大型用户水表的精度等级。

A2 若水资源短缺，可以考虑检漏措施，否则进一步降低漏损可能不经济；有必要审慎分析，以确认是否具有成本效益。

A3 具有显著改善鲁漏损潜力，应首先考虑压力管理，以及积极的主动漏损控制、管网维护。

A4 漏损严重！只有在原水丰富、售水价格低廉时才可容忍。应分析漏损数量、性质，并加强漏损控制。

A5 水资源利用效率低下浪费严重，急须制定漏损控制计划且制定优先级漏控实施。

评价结果：漏损指数（ILI）12.9，对应发展中国家40m水压处c类，提示漏水严重，加强漏损控制。

国家层面，参与调查的有 132 个城市，占全国供水总量的 75% 以上，调查结果表明全国平均产销差率为 37%，平均 ILI 为 6.8。

可以理解为，若是产销差率指标较高，而 ILI 指标较低，可能是表观计量出了问题，如出厂水流量计可能偏快；如果产销差率指标较低，而 ILI 指标较高，有可能出厂水流量计偏慢。

案例水司的报告中指出未修正产销差率 35.62%，修正后产销差率为 27.15%。对此建议：

（1）确认系统输入水量（所有输入量均应计量；计量仪表应校准）；

（2）确认前 20 名用水大户授权用水量（计量仪表应校准）；

（3）确认特种用水连接管道数据的准确性（计量售水量的 0.3%）；

（4）搭建一个管理平台，用于记录和分析管道爆裂/漏损原因，按默认值年干管破裂数量 0.15 次，每 1000 住宅个人户管的年破裂数量 2.5 次计算爆管 162 次/年，实际 12 个月破裂修漏工作单 568 次，明显偏多；

（5）实施管网改造计划，以更换老旧管道；

（6）出现破裂和管道的泄漏（根据管道压力波动、水锤、气囊等数据分析）。

所有水量平衡的数据应表示为每日、每月或每年的体积流量。水量平衡的每一组成必须用一组术语来定义并且在适当的地方附加注释。比如，产销差水量的三个组成部分如下：

（1）免费授权用水量：由登记用户供水商授权的用户所消耗的，用于生活、商业和工业用途的每年计量不收费的水量或不计量不收费的水量。

（2）表观漏损：各种类型的用户计量和计费不精确所致，还包括非法盗用或未授权使用的水量。

（3）实际漏损：到达用户测量点时，压力系统的物理供水漏损。各种类型的管道漏损、爆裂和溢流造成的年漏损量，每个漏损量是由爆裂和溢流的发生频率、流量和平均持续时间所决定。

计算过程如下：

（1）获取系统的输入量并纠正已知的计量器具误差；

（2）获取销售水量组成并进行计算，该值等于收费的合法用水量；

（3）计算产销差水量＝系统供水量－销售水量；

（4）估算免费合法用水量；

（5）计算合法用水量＝收费＋不收费；

（6）计算供水漏损＝系统供水量－合法用水量；

（7）估算表观漏损组成，计算表观漏损；

（8）计算实际漏损＝供水漏损－表观漏损；

（9）按照评估原则实际漏损组成（即爆管频率/流量/计算持续时间，夜间流量分析/模拟），用实际漏损水量计算值反复核查。

6.5 DMA 切级分区产销差水量管理

分级管理是在输水和配水管网上安装梯级流量计，计量分级一般来讲有一个进口流量计和一个或若干个出口流量计，进口流量减去出口流量就是该级分区内的供水量，供水量与售水量的差量平衡分析是每级分区产销差水量管理的基础。产销差水量包含着管网漏水量、营抄损失量和违章水。

当确定了产销差水量和它的组分后，计算出合适的绩效指标，将漏失的水量如何降低产销差水量转换成相应的经济价值。水量平衡表的产生揭示了每一个产销差水量组分的量级。要分清是非如何降低管网漏失，降低系统供水量，如何提升售水量改善财务收益。下面的主要工作有：一是构建产销差管理团队，该团队成员应涵盖每一个运行部门（包括制水、配水和客服）的成员，也可吸纳来自财务、采购和人力资源部门的人员参加；二是要明确水司内部各部门需扮演角色；三是在实际应降差过程中要考虑财务需求，确保所提供资金的可能性；四是制定年度降差计划，该计划经各部门反复讨论并达成共识，取得各个部门的认同感，也有利于各部门协同努力工作。

6.5.1 DMA 分区主要特点

实行 DMA 监测的结果是优化管理，并将目标放在最具成本效益的地方。同时，实行 DMA 分区管理，可以使供水企业"产、供、销"各部门的责权清晰，并通过计量和测量的数据实行远程传输，做好对主管网数据的采集与管理以及对庭院小区的漏损状况进行分析评估，最终可以较为直观地反映各个区域的漏损情况，为管网管理提供科学依据。总之，实现 DMA 区块化、网格化管理可以大大降低产销差率，合理分配包括人力、物力在内的各种查漏探漏资源，使供水企业运营趋于科学化、合理化。

6.5.2 DMA 分区优势

这种方法最大的优势在于把庞大、复杂的管网分割成多个区块（DMA）进行管理，能有效获知各 DMA 漏损水平的高低，从而有的放矢地开展主动检漏工作。随着近些年实践的积累，DMA 成为供水企业漏损控制不可或缺的管理单元。其优势具体可表现为以下几点：

（1）为区域内的供水管网改造和计量器具维护更新、供水规划等提供参考。

（2）积极主动地实施检漏管理，进而对漏点进行精确定位，便于快速修复，减少水量损失。

（3）有助于供水企业职能管理部门及时发现爆管、漏失等事故问题。

（4）有针对性地进行压力管理，提升供水服务水平，同时通过控制一个或是一组DMA 的水压，使管网在最优的压力状态下运行。

（5）有针对性地进行资产的更新和维修，同时使更新维护利于程序化和计划性。

（6）利于有重点地对水质进行监测和维护。

同时还起到以下几点作用：一是降低管网漏损率，通过制定合理的 DMA 分区方案，利用管网 GIS 系统、流量、压力在线采集系统等基础数据、使用管网漏损相关算法，计算输水管网、配水管网与各入户支管的实际漏损情况；再配合管网定期巡检，有效地控制漏损，最终实现管网漏损率的降低。二是降低产销差率，利用 DMA 分区计量平台，结合其他智慧供水业务应用系统，对供水管网漏损状态进行优先级分类，同时持续性地解决水务运营中的其他问题，形成一个良性循环，最终使产销差水量能够长期降低到一个合理范围。三是增加水费回收率，通过 DMA 分区计量平台，结合在线采集抄收数据，深层次分析、挖掘，分析水司在表务管理过程中产生的损失（抄表过程中的到访不遇、拒绝入户、未注册用户等），同时也是降低漏损和产销差的必要环节。

6.5.3 DMA 分区管理带来的缺陷

DMA 计量管理区域建立的成本是较大的，它不仅需要流量计和压力记录仪等，甚至为满足封闭性，需要更换或改造阀门，所以需要对区域划分的方案进行详细论证，以便节省投资和合理分区。实施 DMA 分区时创建的封闭系统的边界阀门附近可能使该区域内的水质遭受损害；同时，在引入 DMA 时末端死水点的数目可能大大增加。因此，需要安装冲洗点，导致区域成本的上升。阀门和仪表需定期检查，否则获得的信息有误导或无用，这也需要成本投入。

1. 水压监测

供水管网水压变化情况不仅能直接反映供水服务质量，还可以反映管网的运行情况，对管网的调度起到重要的指示作用。压力监测要求能反应监测节点位置流量变化，便于有效监控漏损或爆管事件的发生。通过掌握供水管网的压力信息与压力分布，有利于实现供水的实时化调度、防止漏损事件的发生与蔓延、提高管网运行效率、保障供水管网的维护。在供水管网中布置压力监测点，其主要目的可以概括为：

（1）全面掌握管网压力分布情况。压力分布情况能有效反映供水管网的正常工作状态，保障供水服务质量。

（2）推断漏损、爆管等事故的地点、原因、影响等。一旦监测到水压异常数据的出现，都可能是发生了漏损、爆管等异常事故，通过压力监测，快速定位事故地点，帮助工作人员维护、检修事故管段。

（3）掌握供水管网工况。作为管网优化调度的基础。

（4）帮助监控管网漏损量。

目前，国内外在研究供水管网压力监测点的选择问题上主要开发了几个比较具有代表性的算法：灵敏度法、模糊类分析法和遗传算法。

压力点安装位置与布点：出厂水；重点供水大户；敏感用水点，如消防队、市委、市政府重要部门；管网的重要节点及末梢；供水最不利点。

2. 流量监测

通过供水管网流量监测，可以了解管网运行情况，实现供水管网优化调度和突发事件监控。供水管网流量监测一般需要考虑的项目有监测点的布置和管网分区等。

监测点布置可以参照管网重要节点监测布点方法，利用管网水力模型，运用灵敏度法、模糊聚类分析法和遗传算法等对供水管网进行流量分析，实现对流量监测点的合理、优化布置。

流量布点优化布置大致步骤有：

（1）根据供水管网水力模型、流量监测点优化布置理论，初选流量监测点位置；

（2）根据分区原则对供水管网进行分区；

（3）根据区域计量分析（DMA）方案设计原则，对分区方案和流量监测点初步方案进行整合、修改，最终得到流量监测点布置的优化方案。

3. DMA 分区不完整案例

毋庸置疑，DMA 分区是非常有效漏控方法，分区设计人员必须掌握该方法的技术路线，必须熟知管网走向，并非随意分区，也不是一分就灵，找到漏口很关键。

【案例】福建某县级水司老城区三个 DMA 分区，产销差率分别在 68%～74% 之间，例如，城中二区进口有 5 个流量计，当月进口总流量为 947869m³；出口流量计 8 个，当月出口总流量为 49120m³；该区当月实际供水量为 416938m³，实际抄收售水量为 107976m³，产销差率为 74.1%。

主要问题为：

（1）进、出口安装流量计太多，难免出现计量误差和漂移。

（2）分区过大，有 18000 户表，边界阀门不清，没做零压测试。

（3）客观上讲，几条河流从城区穿过，沙层土壤管网漏水流入河中。

笔者在现场技术服务中，把城中二区以河为界关闭 5 个边界阀门，分为北、东两个 DMA 计量区，各留一个进口流量计。当晚，关闭所有阀门零压测试，找出 DN200 不明管线并关闭。然后，闭阀梯级流量测试，确定阀门间漏水量。调整分区后取得效果。当晚，找到 5 个漏点定位，分别是 17～14 阀门间两处漏水 34m³/h，13～16 阀门间漏水 15m³/h，2～25 号阀门间漏水 4m³/h，14～15 阀门间漏水 88m³/h。当晚就定位三个漏口，第二天开挖修复。尤其漏水 88m³/h 这个漏点，DN300 管线从二层小楼底下穿过，改线更新此段管网。

7 中小供水企业漏控综合案例

一个卓越的供水企业，必须拥有更强的社会责任感与行为、更高远的领导者战略思维，以及不断推动变革以适应和管理环境变化的素质。领先的供水企业领导人，在带领企业发展的过程中，持续降低产销差水量，给员工以勇气和内心的力量，坚持把握漏控管理。年度产销差率降低报告是评判供水企业的管理水平维度之一。

7.1 产销差率标杆供水企业经验分享

7.1.1 持续推动产销差率逐年走低

山东昌乐实康水业有限公司（简称山东昌乐水司）产销差率由31％降至4％以下。

供水产销差率的高低直接影响供水企业的经济效益，也直接体现供水企业的管理水平，可以说产销差率是衡量供水企业运营状况的重要指标。2004年以来，山东昌乐水司牢牢抓住供水产销差率这个"牛鼻子"，通过近18年的探索和实践，产销差率从2004年的31％降低到2021年的3.18％，成绩斐然。

山东昌乐实康水业有限公司于2004年1月1日由事业单位昌乐县供水总公司与实康水业（香港）有限公司合资成立。2013年12月成为北控水务集团全资子公司，承担着昌乐县城区及周边四个街道的居民生活和生产用水的供水任务。下属城南水厂一座，占地100亩，处理能力10万t/d，采用常规水处理工艺，水厂至城区管网全部采用重力流供水。DN100以上供水主管道总长度200km，供水面积覆盖全区240平方公里，供水服务人口25万人，供水普及率达99％。2004年公司供水产销差率高达31％，通过总经理带头，各个领导齐抓共管与全体员工的共同努力，2021年供水产销差率达到3.18％。开创了管理水平、公司效益、员工收入三个台阶一起上的良好局面。

背景介绍：

2004年前，山东昌乐水司产销差率在30％以上，存在跑冒滴漏现象严重、不规范用水行为较猖獗、维修不主动不及时、水表计量管理不力、水厂出水水压高等问题，具体表现如下：

（1）管网破损每年都在100多处左右。存在着维修效率低，维修质量差等情况。漏点长期存在未被发现，浪费水量严重。

（2）管材质品种多、品质参差不齐。市政大小阀门都是灰口铸铁，阀门填料普遍存在漏水现象。管道基本上都是水泥管、铸铁管、PVC管、钢管等。

（3）昌乐县地势东高西低，南高北低，管网采取统一压力供水，设置不合理。北部区域水压过高，对供水管网造成一定的损坏。东部区域水压偏小，无法满足高峰期用水需求。

（4）水表计量没有专门责任部门管理。水表安装不规范、大马拖小车，小车拉大马等情况严重。

经验探索：

山东昌乐水司主要从意识形态、工程管理、技术手段、绩效考核等几方面展开工作，实现了将产销差率从 2004 年的 31％降低到 2021 年的 3.18％。产销差率提升之路可以分为五个主要阶段。

第一阶段（2004—2006 年）规范用水市场、完善内部制度；

第二阶段（2007—2009 年）初探提高供水产销差率之路，建立产销差率工作体系，明确各部门职责，建立绩效考核体系；

第三阶段（2010—2012 年）继续学习提升，供水产销差率再上台阶；

第四阶段（2013—2017 年）产销差率达到国内较高水平；

第五阶段（2018—2021 年）产销差率控制在 4％以下，突破瓶颈，砥砺奋进。

见图 7-1。

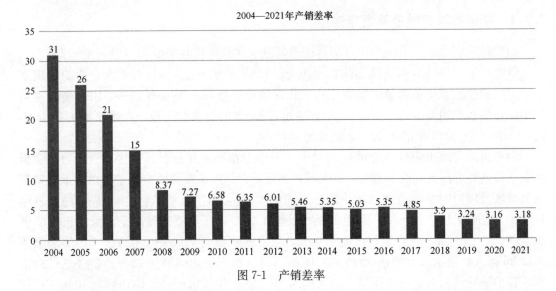

图 7-1　产销差率

1. 制定各阶段目标，强化组织保障

（1）制定目标

山东昌乐水司从时间上，制定短期、中期、长期各阶段目标；从区域上，分区、分片制定降漏措施。依据上几年的产销差，综合运营实际情况，制定年度目标产销差。年度目标产销差分解到月，并对工程、抄表、收费、管网管理等进行量化管控。

（2）组织保障

"火车跑得快，全靠车头带"。山东昌乐水司把产销差管控工作当做头等大事来抓，成立总经理任组长，常务副总任副组长，管线科、调度中心、生产技术科等关键科室负责人为成员的产销差管控领导小组。在领导的高度重视下，漏控工作中的难点、痛点问题得到很好地解决。

（3）团队搭建

搭建了一支产销差管控核心团队，团队成员具有丰富的控漏经验，精湛的专业技术，较强的执行能力，无私的奉献精神。核心控漏团队高效的工作对控漏起到了决定性的作用。

（4）长效机制

将月度、年度产销差与绩效挂钩，并适当向重点岗位倾斜，激励大家担当进取，主动作为。

2. 加强源头管理，从源头遏制漏损

（1）制度管理

按照国家、行业规范标准，结合公司实际，从工程管理、管线巡查、管道抢修、管网维护、管网检漏等方面，完善各项规章制度（图7-2）。

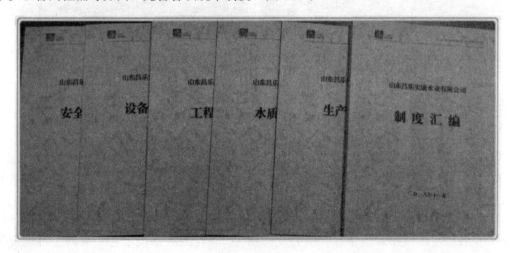

图7-2 制度文件

（2）科学规划

根据城区发展规划、管网现状及用户需求，对供水管网做了长、中、短期分阶段规划设计，并根据管网运行状况，稳步推进实施，逐步形成科学合理的管网布局。

（3）管网建设

新建管道、旧管网改造等工程，由副总任组长的工程验收小组，对工程的事前、事中、事后全过程全方位管理。严格把关材料的选材、进场前的合格证、外观质量（图7-3）。明确施工人员责任，严格操作规程，确保工程质量。监督管道冲洗消毒、并网通水，确保供水水质、管网运行安全。竣工资料的审核、建档，资料管理完整性、连续性检查。

3. 建立 DMA 分区分级管理，科学、合理地供水调度

2006 年开始展开 DMA 分区工作。配合管网改造，安装分区流量计。在不影响管网水力条件及管网压力的前提下，将环状供水管网利用管网上的联通阀门切换为枝状管网，每年有任务、有抓手地去解决问题，降低产销差率。

山东昌乐水司净水厂高程比城区大部分区域高 50～80m，供水系统的输送采用无动力供水，标高 122m。根据昌乐县这个独特地理优势，将供水管网分为区域，对压力过高区域（占城区 70％的供水区域），在主管道上安装 DN1000 减压阀，对分支管道压力仍过高的实行二次减压，采取减压供水；方山路以东次高区域采取自流直供供水；对地势较高区

图 7-3 管网建设

域（如市委党校）采取加压供水；设置虚拟分区，连通直流区与减压区，安装双向流量计，实现虚拟压力分区管理，两区间水量可相互补偿，实现管网水压自平衡。

根据每个分区的产销差管控情况再建立 3—4 级的分区，形成有效的 DMA 分区（图7-4）。在各供水区域安装流量计、压力变送器，24h 在线数据记录，并全部实行远程传输。目前山东昌乐水司的分区计量考核表都已实现了实时远传数据。目前，安装远传流量计、远传水表 36 处，远传水压监测点 60 处，水质监测点 3 处。

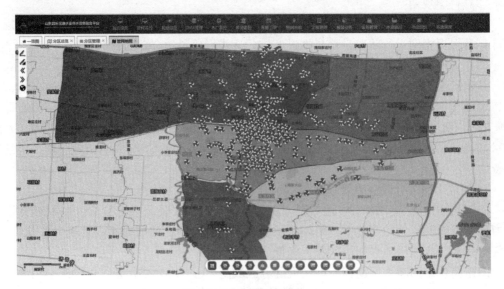

图 7-4 DMA 分区

加大监测频率，设置夜间最小流量报警功能及瞬时流量上限报警功能，减少由于暗漏或者爆管造成的管网漏损率偏高问题。根据各个分区的管材铺设年限及产销差率状况，设置不同的漏损预警值，进行区域漏损分析计算，严格将漏损率控制在目标范围内。每月进行考核表的查抄、分析、上报。查抄数据分析整理，发现异常及时汇报处理，每月检查考核。

4. 加强新技术和手段的应用，实行精细化管理

智慧水务一体化管理系统建设是实现供水管网科学高效管理与优化运行的现代科学技术，应用智慧水务一体化管理系统建设实现从管网水质情况、管道流量压力、加压泵房、供水量等实时数据监控，到管网运行状态等相关数据的整合、监测，建立起覆盖全区的供水调度监测体系，并与管网地理信息系统、供水调度管理系统、营业收费系统、视频安防等系统相互结合，实现调度运行的实时监控、供水变化趋势预测及应对、漏损事件预警等辅助决策功能，提升城市供水安全保障的智能化管理水平，在漏控管理方面提供了强有力的技术支撑（图7-5）。

图 7-5　智慧水务

（1）地理信息系统：建立在以静态的供水管网电子地图基础上，对管线及各种设施进行定位、查询统计、分析等；对各类统计结果打印输出；管网事故发生后，能在短时间内提供关阀方案，发生新情况后能迅速调整方案；实现供水管网图文一体化的现代化管理，提供管网数据动态更新机制，为供水规划、设计、调度、抢修和图集资料管理提供强有力的科学决策依据，实现分析决策的全计算机操作过程，从而提高自来水公司的生产效率和社会服务水平。

（2）漏损预警系统：验证供水分区是否合理提供数据支持，通过总分表进行对比可分析出供水管网的整体水平，合理调整供水指标，达到合理、科学供水，及时发现各个分区及贸易表的异常情况并推送报警信息。

（3）巡检检漏维修工单系统：根据系统派发的任务，巡检员检查待巡检管网的水表、

阀门、消火栓等供水设施的基本情况，发现异常情况可及时通过移动巡检工单系统进行上报。检漏员根据派发的工单进行管网检漏，上报检漏信息。维修员及时抢修，针对新建管网，可以申请通过 GIS 系统进行新建管网的登记管理。

5. 齐抓共管以产销差率工作为中心，建立绩效考核体系

公司产销差管理团队一直把降低漏损作为企业管理的重要系统工程来抓，建立了产销差率分析会制度，将漏损率与绩效考核挂钩，全员参与。按照公司降低供水产销差工作要求，从出厂水流量计、贸易结算水表、各类水表、管材、阀门的采购、工程设计、施工、维护、管理到抄表、稽查、换表等各个环节深入查找原因，进行相关数据分析，查找每个月漏损波动的原因，扎实推进降低产销差工作。产销差率分析会每月召开一次，对每月的供水产销情况进行分析、汇总，发放简报。分析会起到了工作上协调统一、目标明确的作用，是指导降低漏耗的重要例会（图 7-6）。

图 7-6　工作会议

6. 加强队伍建设，减少物理漏损

对供水管网实行专人巡线，发现问题及时上报，迅速处置。与各管线单位建立联络互动，施工时提前介入，避免损坏管道。开挖穿越管线时，人工探管，专人看护，重点保护。阀门及相关设施（减压阀、排气阀、消火栓等）建档、制定维护计划及实施（图 7-7）。

检漏队伍在提高产销差率的工作中发挥着非常重要的作用。2006 年，该公司派人到国外学习检漏知识，投资百万元购买检漏仪器，组织检漏工作。先后配置了电子听漏仪、管线定位仪、相关仪、多探头漏水定位仪等检漏仪器。进行检漏技能培训，成立专业检漏小组，负责城区管网查、检漏工作。每年派检漏队员赴北控水务集团贵港检漏实训基地进行技能培训，提升检漏技能。必要的人力、财力投入，换来了可喜的工作成果。

组建抢修应急小组，抢修设备齐全、材料供应、技术、后勤保障有力。制定《城区供水管道抢修应急预案》并组织演练，提高应急处理能力。严格落实供水抢修服务承诺，保证在规定的时限内完成抢修任务。管道直径在 DN600 以下的在 24h 内完成，管道直径在

巡检事件详情

事件编号:20201124133346004

事件类型:其他

上报时间:2020/11/24 13:31:00

上报账号:张建永

事件地址:蓝宝石广场路口

事件描述:消火栓没有防冻帽

图7-7　管网巡检

DN600以上且DN1000以下的在36h内完成。缩短维修时间，保证了产销差率（图7-8。）

图7-8　检漏作业

7. 加强计量及非法用水管理，减少表观漏损

水表的计量管理是抓产销差率的重要手段之一。减少表观漏损，就意味着有效水量的提高，带给供水企业的是最直接的经济效益，也是水司提高效益、降低产销差率"事半功倍"的抓手。

根据水表选型标准确定水表口径，把握好小流量的灵敏度、大流量的准确度。既不能

"大马拉小车"，也要避免"小马拉大车"。营业室严格核算用户用水量。管线科对老用户达不到用量的，和营业室一起，与用户协商进行换表处理。

新装用户根据申报用水量和实地核查的预测水量，本着"宜小不宜大"的原则确定初装水表口径。个人用户水表，根据用量少、"滴滴水"严重的特点，采用 DN15 高精度、高灵敏度水表。流量变化大的特殊用户，选用精度高、稳定性好、宽量程的计量设备。在线计量水表，根据实际用水量，进行口径、水量对比分析，开展水表口径匹配（大改小或小改大）改装工作。

对于有问题的用户计量水表，严格按照规定流程处理。水表的拆、装工作统一由管线科负责。拆卸的问题水表交由校表室检定，并作出校正或报废意见。更换的水表由管线科填写水表更换记录单，并由校表室、营业室、稽查科校对后签字确认，建立新的水表档案。校表室对校正的水表进行登记、建档。对用户计量水表形成了"发现问题—处理问题—反馈跟踪"的严格处理流程，既加强了科室之间的相互协作，又起到了科室间的相互监督作用，避免了内部管理因素造成的水费损失（图7-9）。

图 7-9　水表改造

加强水表周检的及时性以及水表的安装规范性，保证售水量的准确性。目前，区域内万吨以上的企业使用电磁流量计，通过与往年用量对比，更换高精密度流量计后，水量较往年提高 5% 左右，成效显著。

非法用水量管理也是减少表观漏水量的重要部分。稽查队伍查抄大用户表违规用水等。对违规用水与施工损坏管道的行为及时查处，追缴水费。配合城市发展建设需要，规范城市消防、绿化取水，固定取水点和临时取水点。杜绝偷盗市政消火栓用水行为。

山东昌乐水司近 20 年的漏控做法和经验值得兄弟水司学习和借鉴，但管网漏控绝非一朝一夕、一劳永逸的事情，管网漏控是供水企业永恒的话题，为了能够推进我国城市供水管网漏控管理水平迈向新台阶，还需要大家共同研讨、学习、交流、总结漏损控制技术和管理措施，城市供水管网漏控工作任重而道远！

7.1.2　大刀阔斧抓改革，多措并举降产差

山西平遥县城乡供水总公司降产差增效措施探析。

平遥县城乡供水总公司，始建于 1964 年，是隶属于县人民政府的直属事业单位，全民所有制、事业化管理的服务性行业，现有职工 62 人，输配水管网 160km，日供水量 13000m³，服务用水人口 12.5 万人，公司下设 12 个科室，承担着城市供水和部分乡村供水的双重任务。2013 年前，该公司由于 15 年水价未做调整，制水成本严重倒挂，企业经营连年亏损，债台高筑。为了保证城市的正常供水，不得不借用代收的污水处理费、水资源费来保证职工的工资、电费。以 2013 年为例，全年供水量 4150999m³，实收水量 3196270m³，耗水率达到 23%，年产值 650 万元，截至 2013 年底累计亏损 800 多万元，加之供水管道陈旧设备老化，跑冒滴漏现象严重，科学管理手段滞后，管理机制不健全等，致使公司运转窘困，发展缓慢。

2013 年 10 月该公司领导班子人事调整后，在新任经理的带领下，利用两个多月的时间，在深入基层、走访用户、多方调查的基础上，率领公司一班人重新定位，把建设智慧水务当做传统水务升级转型的必经之路去谋划，高点定标、超前规划，以“改革创新、科学管理、优质服务、内部挖潜、降能节耗、技改技革”为工作思路，扎实有序地开展各项工作，采取大刀阔斧的改革，用了五年的时间，年产值就由原来的 650 万元增加到了 1642 万元，超过了原来 50 多年的总和；产销差率由原来的 23% 降低到了 5% 左右，取得了较好的经济效益和社会效益。2013—2018 年产差对比表见表 7-1。

产差对比表　　　　　　　　　　　　　　表 7-1

年度	年供水量 （m³）	年售水量 （m³）	产销率 （%）	销售水费 （万元）	其他收入 （万元）	年产值 （万元）
2013	4150999	3196270	22.99	650		650
2014	4675896	4084147	12.65	780	清欠 159	939
2015	4305474	3952425	8.20	1106	56	1162
2016	4549000	4256044	6.44	1212	73	1285
2017	4795863	4568059	4.75	1370	45	1415
2018	4910038	4667973	4.93	1447	195	1642
备注	2015 年供水量减少原因，供热、绿化不再使用城市水源					

1. 先内部调整，核心部门大换血

通过实地调查发现，真正的耗水率居高不下，与该公司的营销系统有很大的关系，供水行业的漏损是一个看不见、摸不着的事，水费抄见量的多少关键取决于公司营销系统的各个环节，公司的实际现状是：正气不正邪气盛，就营销系统这一部门来说，简直围得像铁桶一般，关系非常复杂，针插不入、水泼不进，受利益驱动，形成了一个密闭的空间。一是抄表员的素质和责任心不强，公司抄表员负责的片区，都成了“封疆大吏”，各霸一方，从踏入公司的大门就开始抄表，几十年都没有更换过，最长的是 30 多年抄一个区域，与用户都抄成了沾亲带故的关系，抄的是人情水，抄多抄少只有他知道；二是录入人员责任心不强，录入经常由抄表员代办；三是收费人员没有监督，私自乱改抄见水量。过去的

领导并不是没有动过人员调整的想法，也有过普查的想法，只是没有办法解决人员更换问题，要调整就需惹人，要得罪人，牵一发而动全身，因此支持的少，观望的多，想法达不到实施。

而这一次该公司计划进行普查的消息一出台，抄表员有的主动调离岗位、有的请病假、有的谎称台账丢失、还有的停薪留职，共同抱团抵制，企图让公司的决策得不到实施而流产。针对这种现状，该公司一班人首先统一思想，选择有责任心的职工，调整到营销系统，对营销系统的人员进行了一次大换血，从内部保证了营销系统的纯洁。

2. 从脚下做起，夯实基础性资料

该公司从 1964 年成立到现在，经历了几十年的发展，公司注册的用户编号是由抄表员自行掌握，表面上看该公司有 12000 多户在用水，实际上有多少用户在吃水，上至经理下至抄表员谁都不清楚，每个月水费收入的多少，完全要看分管领导和抄表人员的脸色决定。

面对该公司用户管理存在的现象，新任经理多方调查，审时度势，围绕做好企业基础信息是博弈未来市场的关键，大胆决策，从长远考虑，从基础着手，在人力、物力、财力方面给予大力支持，组成了普查队伍。首先，从基础抓起，从普查着手，夯实基础性资料，用 9 个多月的时间对所有的用户进行逐街、逐巷、逐井、逐户的拉网式普查，重新按区域编号，白天普查，晚上对照电脑核实，不见水表不罢休，按区划分，重新进行以表建档，彻底澄清了公司的用户底数，夯实了基础性资料。该公司抄表用水户数 10938 户，其中：对应的总表户 1141 户，执行水价居民 8867 户、非居民 864 户、农村水价 66 户，比原来账面上少了近 2000 户。一般水司普查户数会增加，而此次普查实际户数是减少，这 2000 多户就是抄表员通过虚设的虚账、假账，在抄表和收费过程中与领导玩的障眼法。通过普查弥补了水费漏洞，催缴拖欠水费 60 万余元，为该公司今后的管理提供依据，也为下一步建立数字平台进行数字管理打下良好基础。

同时反映出了管理方面存在的诸多问题。

（1）对用户的管理不到位。

每个区域有多少用户，谁都说不清楚，有的甚至连抄表卡都没有，有的一个表井就分两三个人去抄，你认为他抄，他认为你抄，其结果是谁也不抄。有的表从 1997 年安装上到现在，抄表人员一直就没有见过这块表，直到普查时，破开马路井盖后，这块表才重见天日。还有的不是丢了账，而是纯粹就没有建账，结果查到时发现表里 2000 多 t 的水量没有回收，这样的情况不是一户两户。还有的一户两表，既有消防表，又有生活表，结果消防表没有账，也不抄，平常只抄生活表。

（2）对用户的了解不到位。

在普查的过程中，有些表井打开井盖后，就看不到水表。水表不是被土埋在下面，就是被水淹在里面。这样的表井数量还真是不少，有的一条街就有好几个，只能是见一个清一个，不见水表不罢休。问抄表的有多少户，有的说是有 3 户，结果挖出来是 4 户，有的说是有 5 户，结果挖出来是 6 户。还有的是 1 户家中有两块表，南面的表接的是前面巷子的，北面的表接的是后面巷子的，平常只查一块表。

（3）水表抄收不到位。

处理的用户纠纷很多是因为估抄、冒抄引发的。有些职工抄表时根本不考虑、不分析用户的用水情况，有的修房盖瓦，有的婴儿嫁户，用水量应该要多，却仍按平时的用水量在家里估抄。有的经营性的宾馆、饭店，每月只抄几吨。直到普查时才发现表内存有大量的水费，少则几十元多则上万元。

（4）计量安装不到位。

有些用水大户安装小表径水表，觉得计量准确，实际上由于原来安装的水表表径偏小，形成了"小马拉大车"的现象，加上抄表的是两个月一抄，水表究竟是什么时候坏的谁也搞不清，用户只顾用，水表却不转，可想而知这是多大的损失。还有私自更换表芯的，大表壳换成小表芯，水表明明是平表，可是倒立着安装。根据普查的情况，大约有60%的水表，不是横平竖直地安装。

（5）职工的责任心不到位。

有些抄表员抄了多少年表，连那块表是谁家的，表井里有多少户都不清楚。至于说表好、表坏就更不用说，有的表井里张三的表抄成李四的，李四的表抄成张三的。还有的用户开的宾馆，按理说每逢五一、十一、摄影节、春节等期间，用水量肯定要多，还是照平常的水量抄回来了。

（6）监管力度不到位。

该公司既有规章制度，又有职工守则，作为职工该怎么做，不该怎么做，制度都有规定，可是形同虚设，出现上述问题，主要原因就是监管不力，从营销部门的整体账面上来讲，可以说是一锅"八宝粥"。

3. 建规章制度，百分制量化考核

做好基础性的工作，只是解决问题的开始，如何做好人的工作，才是决策变为现实的根本所在。之所以存在人难管的现象，一是怕惹人，二是还在吃大锅饭。由于长期行业垄断，习惯了按部就班，还在使用过去的传统做法、落后的管理模式、陈旧的思维方式，在职工的奖惩上还在吃大锅饭，搞平均主义，显然不能适应时代的发展。独木难成林，众人拾柴火焰高。为了调动职工积极性、责任心，在营销管理中实行量化百分制，坚持做好日常性的考核。

（1）对抄表人员考核分了四个部分：水表抄见率、水费到账率、信息收集率、故障报告率，每部分都按百分制计量。

水表抄见率每月必须达到100%，抄对1户奖0.3元，抄少1户罚6元，抄错1户罚12元；水费到账率达到98%奖，达不到罚所缺水费金额的50%；信息收集率主要是收集用户的联系方式，达到75%奖30元手机话费，超过75%的按超出比例奖，达不到75%的罚30元手机话费；故障报告凡是主动发现抄表区域内有表坏的及时报告，每1次奖20元，没有报告被查出的罚50元。逐月统计打分，完成任务奖，完不成任务或者抄错的惩，半年一评。

（2）维修人员按出勤次数计算，逐月统计，半年一评，安装维修的收入实行了统收统交。

（3）录入人员录入必须100%准确，收费期间没有出现录错的，奖抄表人员平均奖金的50%，录错1户罚20元。

（4）部门的负责人正职按平均奖金的130%奖，副职按平均奖金的110%奖，鼓励他们敢负责、愿负责。

制度是措施，管理是手段，奖惩是纽带。通过对营销系统实行量化百分制，引入竞争机制，坚持做好日常性的考核，以制度管事，以数据说话，做到既要公正，还要公平，用一杆尺子统领部门的工作，拉开了奖惩的幅度，奖得光明、罚得磊落，每月多的上千，少的二十几，体现了多抄多得、少抄少得。改革触及职工灵魂，多劳多得从制度上得到体现，过去要职工承担抄表的户数，职工不是心甘情愿，甚至相互推诿、扯皮，现在是职工主动要求多抄表。即：实现了要我抄表到我要多抄表的大转变，原来 15 个抄表员的工作量，现在 8 个抄表员就能完成。2014 年，全年供水量 4675896m³，抄回来的水量 4084147m³，耗水率 12.66%，比上一年多抄回 887877m³ 水量，水费销售收入 780 万元，用于奖罚的资金只占总收入的 0.009%，用小投入换取了大回报，该公司的效益有了明显的改善。

4. 抓水表安装，规范计量准确率

计量是供水行业生存的命脉，针对普查中出现的水表管理安装混乱现象，该公司分门别类，采取了有的放矢的措施。

（1）对大小区、大用水户，逐户逐表整改，原来安装表径小的，根据用户用水数量的多少，科学、合理地加大表径。如绿色都城小区原来安装 DN25 水表，每月抄见水量 2000 多 m³，几乎是月月表坏，扩大表径安装 DN100 水表后，表运行正常，每月抄见水量 8000 多 m³。

（2）对私自更换表芯的，强制进行整改。如西城小区 DN100 的表壳 DN80 的表芯，表面上看，大部分人认为小表芯准确，实际上强制更换水表后，每月的抄见用水量由原来的 900 多 m³，提高到了 6000～7000m³。

（3）对平表倒立着安的，逐表进行校表规范，安装表前表后加密防盗锁，彻底消除了偷安私接现象。

通过上述举措，共更换 DN50 以上水表 83 块，抄见水量显著增加，管网漏失逐年降低，到 2017 年，管网漏失控制在了 5% 以内，该公司各项工作呈现了健康推进、和谐发展的新局面。

5. 找调价契机，解决根本增长点

该公司从 1999—2014 年，15 年才调整了一次水价，这 15 年无论是电费还是人员工资，都发生了翻天覆地的变化。制水成本大幅度提高，供水价格与成本严重倒挂。水价偏低，又助长了浪费用水的现象，加剧了供水需求矛盾。虽然该公司加强内部管理，提高服务质量，努力降低用水成本，通过努力，一定程度上经济困局有所缓解，但是由于十多年来，该公司一直负债经营，欠账较大，2014 年，该公司利用一切机会，向县委、县政府，以及社会各界反映，解决水价倒挂问题已迫在眉睫，通过努力得到了县委书记和县长的支持，经市物价局测算、审核，进行了水价的调整，这次调整居民水价由原来的 2.2 元/m³ 调整到 2.7 元/m³，非居民水价由原来的 2.25 元/m³ 调整到 4.0 元/m³。

为抓好水价调整后新旧水价衔接过程中水表水费存量的清欠工作，确保应收未收水费的尽快入账，防止水费流失，一是通过新闻媒体，及时将水价调整的信息，向社会做了公开；二是对集体单位、物业小区等大的用水户，将水价调整的文件，及时进行了转发；三是聘请专业技术人员对收费软件做了升级，为阶梯式水费计收及用户预存款业务的开展提供了水费系统的技术保障；四是抽调职工在新水价执行之前，将用户的水表集中进行了一次抄表，清理了过去的水费，其间没有发生一次用户因水费纠纷上访事件。同时，综合各地经验，每次水价调整后供水量都存在反弹现象，加强节水办的稽查管理力度，加强与水资办的沟通，运用行政和法律的手段来加强地下水的管理，加强水质的管理。通过控制用水指标，控制地下水的开采。水价调整后，不仅避免了供水量反弹带来的不利因素，而且改变公司供水长期亏损的局面。

6. 引进新技术，向科学管理迈进

城市供水三分建设、七分管理。多年来，由于负责安装的人员更新换代，原来铺设的供水管网，因为没有及时留下原始资料，阀门、节点的位置更是无人不知，经常是一处跑水，全城停水。为解决管网盲目管理的现状，在用水普查的基础上，又聘请临汾水司专业技术人员，用 GPS 对全县自来水管网阀门井精准定位，历时半年查清了管网的底数、位置，共普查管网总长 160 多 km，水表井 1700 多个，绘制了平遥县供水管网综合信息图，进而开发了手机版管网图，为精准找到阀门、快速维修和智慧水务建设奠定了坚实的基础。

在节能降耗上，一是运用科技手段，在普洞水源地、道虎壁水厂包括清水池、加氯间、厂区、调度值班室、泵房等重要生产部位安装了红外线对射探头，全范围安装了远程监控设备，通过数据直接传送到公司，既可以对水源地实行全范围监控，又可以根据城市的用水量实行用电避峰管理，原来由 13 人值班，现在除门卫外基本实现了无人值守，通过避高峰用电，平均每月节约电费 4 万多元；二是将购买的外来井水，通过逐步各个击破的办法，将购买水价由原来的 1.05 元/t 降为 0.80 元/t，每月节约成本近 3 万元。

为随时监测管网压力，投资 120 多万元，进行了 DMA 分区计量管理，加设了 60 个远传流量、压力监测点，更换加装主控阀门 117 个；同时，实现了手机同步实时监测管网压力，即时全面反映城市管网运行情况，根据数据调整用户管压，出现异常压力可迅速做出回应，改变了过去维修一户停一片的现象，极大地缩小了停水范围，不仅提高维修速度，而且因维修的水损也大大降低。

为控制了解水质状况，投资 10 多万元安装了在线水质监测仪。投资 200 多万元，与新天科技开发了智慧水务管控一体化平台，利用基础信息建立了语音、短信催费服务。当用户的账户余额不足或还未缴纳水费时，自动提取用户的费用信息通过电话语音通知用户，大大地减轻了人工催讨的压力。利用用户通信工具及时向用户提供水价、立户、水压、水质等咨询服务，使用户享有知情权。开发了信用卡、银联卡、微信、支付宝等缴费服务，通过银行、手机等就能缴费，利用这些方式实现 24h 营运服务。用户只要提供姓名或用户缴费编号，就可交费、预存水费，实现了用户足不出户便可交费。

在提高效益的同时，关注每一职工的切身利益问题和实际困难，积极提高职工的生活水平，补发拖欠职工工资 65 万元。职工的绩效工资逐月兑现，平均工资由 13 年的 2700多元增加到了 4300 多元，让职工充分享受发展成果。

7. 抓水网建设，未雨绸缪聚后劲

平遥之长在于城，平遥之短在于水，是一个非常典型的缺水型城市，过去由于受水源困扰，特别是夏季高峰用水阶段，供需矛盾十分突出，普洞水源地日供水量为 8000m³，而城市日需水量为 13000m³，即使满负荷运行，每天也有 5000m³ 的缺口，保障供水安全，成了重中之重。该公司先后投资上千万元，联通了卜宜灌区闲置的水井12眼，增加供水量7000t，用于补充城市供水不足，基本满足了城市供水需求，完成了南王供水站、古城消防加压泵站、道虎壁水厂的增容扩建，铺设更新改造输配水管网65km，初步建成了平遥四纵五横的供水管网构架。目前，已形成南王供水站、东源供水站、城南供水站、卜宜灌区引水4处补充水源，作为城市的应急水源。近期，根据山西省大水网建设的东山供水工程，规划新建一座3万t/日净水厂。工程实施后，将为平遥建设国际旅游城市提供有力的供水保障。

降低供水产销差是水司共同探讨的课题，造成产销差居高不下的原因基本上有三种，管网破裂跑水、人情水、水表计量误差，其中人情水是最难破解的难题，看不见摸不着。平遥水司的做法，依靠的一是班子相互之间必须绝对忠诚信任；二是班子成员必须干净、心底无私，有大局意识；三是班子成员必须有咬定青山不放松、马不扬鞭自奋蹄，不驰于空想、不骛于虚声的精神。各地水司的情况千差万别，需要因地制宜，对症下药，平遥的做法只是天下水司中的冰山一角，仅供水司同仁参考。

7.1.3 降低产销差探索之路

河南清泉凯瑞水务股份有限公司产销差率每年控制在5%以下。

1. 企业简介

河南清泉凯瑞水务股份有限公司前身为临颍县自来水公司，于2006年元月依法整体改制为有限责任公司。改制以来，公司始终坚持"上善若水，海纳百川"的经营理念，公司规模不断壮大，从改制之初的负资产企业发展到新三板挂牌上市（股票代码：871551），已形成初具规模的县镇供水企业，成为河南临颍县标杆型企业。

该公司现有两座地表水水厂，一水厂日供水能力6万t，二水厂日供水能力5万t，两座水厂水源全部取自南水北调水源。公司员工116人，下设行政管理部、财务部、生产部、技术部、水质检测部、水表服务部、营销部、管网管理部、稽查服务部9个部门，供水主管网285km，覆盖临颍县城区及周边部分乡镇，城区供水普及率95%以上，水质综合合格率100%。公司在安全供水、优质供水等工作中做出的成效，得到了社会各界的认可，曾多次被评为"全国县镇供水企业先进管理单位""全国优秀县镇供水企业""河南省供水行业先进单位"。

2. 背景介绍

2005年，公司改制之前，县公共供水覆盖面积仅为4km²，公共供水主管网不足10km，城区公共供水管网覆盖率还不足30%。供水设施落后、供水模式单一（单井直供无水厂）、公司经营管理不到位，很多机关单位和家属院都为自备井供水，县域内没有一家使用自来水的企业。在供水主管网老化、跑冒滴漏、偷盗现象严重、企业员工工作积极性懈怠、维修不主动不及时现象常态化、计量器具管理不力等众多因素的影响下，企业的供水产销差接近70%，被迫实行一天6h供水的定时供水模式，在用户的怨声载道中尽可能降低企业产销差，此时的供水企业已经陷入岌岌可危的状态中。

3. 产销差提升措施介绍

该公司改制15年来，从刚开始的收缴水费不足以支付供水电费的连年亏损状态，发展到现今产销差严格控制在4%以内的国内领先管理水平，主要得益于以下几点：

（1）户表改造及供水工程的新建、改建；

（2）推行三级水表计量管理模式；

（3）通过跟踪观测大用水户用水信息，进行漏水预判；

（4）建立全机制体系。

4. 供水工程的新建、改建

（1）"一户一表"改造的实施。

用户老旧支管网、庭院管网的改造是降低产销差的重中之重，该公司对用户支管网的改建同样采取了统建模式。自 2003 年开始，该县发展和改革委员会出台"一户一表"出户改造收费标准，由用户全部出资，企业统一改造。到 2010 年，"一户一表"改造工作已达到 99.5%，随着该县城市化进程的加速发展，目前老旧管网的改造率达到 99.9%，户表改造工作基本全部完成。

（2）供水工程的建设与市政主管网的改造。

在城市的发展过程中，公共供水管网被称为城市的"生命线"。它是一个城市赖以生存和发展的物质基础，更是供水企业发展的基本动力。改制前，该公司供水主管网最大口径为 DN300，且总长只有不到 3km。再加上其他口径的供水主管网，全县供水主管网总计还不到 10km，且大部分供水管网的材质为超期服役的灰口铸铁管和 PVC 管。由于使用年限过长、供水管材的选材不合理、供水材料质量较差、供水工程施工不规范等种种原因，致使管道出现承压不足、漏损严重的现象。而这些正是造成当时企业收缴的水费不够支付供水电费的主要原因，所以改制初期该公司在进行"一户一表"出户改造抄表到户的同时，开始筹备建设水厂、改造供水主管网和用户分支管网等工作。

临颍县供水工程建设项目是从 2006 年开始，到 2015 年经历了 3 个阶段：一是 2006—2009 年，完成 3 万 t 地下水厂建设和新建主管网 19km 的项目；二是 2010—2012 年，完成新建和改建主管网 21km 的管网改扩建项目；三是 2013—2015 年，完成 6 万 t 地表水水厂改扩建和新建主管网 29.5km 的水厂改扩建项目。建设资金采取申请中央预算内项目资金和企业自筹资金相结合的投资发展模式。

（3）新建住宅的统一建设。

在城市化高速发展的今天，高楼林立的新建住宅小区供水管网的建设和供水设备的选型、施工质量保障都将直接决定了供水企业产销差的高低，所以该公司抱着对企业、对用水户绝对负责的态度，从供水主管网接入住宅小区到用水户入户的供水管网及水设施，实行由开发商统一出资，公司统一采购、统一建设的供水工程建设模式。且自该县多层及高层住宅建设以来，该公司就推行了由供水企业统一建设，二供设备试运行正常后移交物业公司统一管理（供水企业指导）的二次供水管理模式。该种供水模式在为该县供水市场成功引入国内名优供水管材和供水设施的基础上，再结合从水厂到龙头严格把控的工程质量管理模式，把支管网的漏损概率降到最低，直接降低企业的供水产销差，为"最后一公里"的供水安全打下坚实基础。

改造进度和水费回收率的对比，见图 7-10。

该公司在老旧小区户表改造、用户分支管网改建，供水工程、主管网的新建中所使用的供水材料和供水设备都是按照统一标准进行统一采购，继而进行统一施工。该统建模式是从源头解决产销差的主要措施之一。经过 10 年的供水管网新建、改建，该县城区

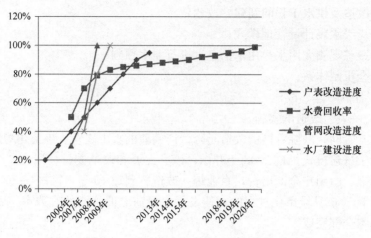

图 7-10　改造进度和水费回收率的对比

99.9％以上的管道已更换为球墨铸铁管和 PE 管。

（4）施工工程质量管理制度。

在严把供水物资采购关的同时，成立由副总经理以上人员每月轮流值班的值班经理制度和由副总经理及相关部门经理组成的技术领导小组、工程质监小组。这两个供水工程质量监管小组参与公司所有供水工程的施工和验收，从施工图设计、审核，到材料进场初验、隐蔽工程验收、管网铺设验收，再到材料结算验收、工程竣工验收等各个环节，都严格贯彻落实"六不"原则，严把施工质量关，即：

1）设计图纸不进行综合论证不能转交施工队施工；

2）供水材料自检不合格不能进驻施工工地；

3）隐蔽工程验收不合格不能进入下一道施工工序；

4）不按规范施工不得进入竣工验收；

5）有遗留问题的工程不予提交竣工验收；

6）施工材料超出竣工结算的记入施工黑名单。

除此之外还制定了工程质量责任追究制，施工责任人对主管网的保修时间为 5 年，支管网的保修时间为 10 年，在保修期内因施工质量问题导致管网漏损的，一律由施工责任人承担管网维修费和水费损失。这一系列的施工管理制度，让每一位施工人员都能够自觉地按照施工规范进行标准化操作，让每一段供水工程都能成为标准化工程。

（5）对偷水事件进行严惩，杜绝在消火栓偷水的行为。

为配合城市发展的需要，在该公司的不断建议下，该县在现有两座污水处理厂的基础上，出资建设两座再生水厂，敷设再生水供水管网 14.6km，日供水量 5 万 t。2017 年，该公司对市政环卫用水、园林绿化用水、景观用水统一使用再生水，对市政用水统一安装专用的取水水鹤，并加装计量装置进行统一收费。同时加大对消火栓偷水巡查稽查力度，严禁在市政消火栓盗用自来水，发现一起处罚一起，通过宣传和警示让违规用水的现象得到了有效遏制。

5. 推行三级水表计量管理模式

（1）建立三级水表计量管理模式，快速查找漏点、降低产销差。

在供水计量管理中，采用三级水表计量管理模式，即：在供水管网的分支处设立三级考核总表，在每栋楼前设置二级计量总表，把用水户贸易结算水表作为一级计费水表。通过对各总表与分表之间的计量进行对比，找出计量差额，以便及时维修，降低产销差。

三级水表计量管理模式见图7-11。

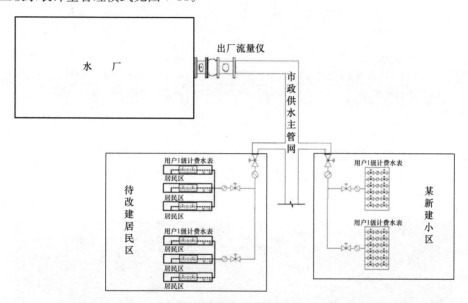

图 7-11　三级水表计量管理模式

（2）利用三级水表的计量关系，计算区域内的水费回收率，并设立相应的奖惩机制。

营销部的绩效工资中有一项为水费回收率的考核标准：按照每月综合水费回收率的平均值对每个营销员的水费催缴工作进行考评。如果所负责的片区水费回收率低于平均值，绩效考核将被扣减，而高于平均值将会被奖励。所以，营销员在催缴水费工作中是处于积极状态的，除了每月11日利用微信公众号对营业收费管理信息系统中欠费用户进行集中提醒外，还会在每月15日电话通知预存不足的用水户，每月25日对电话通知不到的欠费用户进行上门提醒，每月28日对依然未缴费的双月欠费的用户再次进行上门提醒。也就是，一个月有4次针对性的催缴工作，使水费综合回收率连续10年达到99.76%，产销基本上控制在4%以内。

回收率统计表见图7-12。

（3）通过跟踪观测大用水户用水信息，进行漏水预判。

近年来，随着"物联网＋"技术的广泛应用，让传统供水行业也走上了智能化管理的新时代。该公司从2009年开始，逐步在居民水表和工业用户中使用远传水表和远传流量仪计量，通过远传流量仪对大用水户每天0-4点用水信息的自动汇总，再结合水厂自控系统中的供水数据分析，生成每天、每月、每季度0-4点大用水户供用水对比折线图，使管理层人员能够通过每天的汇总报表曲线走向是否和供水曲线走向大致吻合，来预判是否存在漏水点，再通过对疑似区域内三级水表计量差额的比对来划定漏水区，由检漏队人员在划定的疑似漏水区借助先进的探测仪器对疑似漏点进行精准定位，从而达到对漏损处及时

图 7-12　回收率统计表

	2008年	2010年	2012年	2014年	2015年	2018年	2019年	2020年
■ 总户数	18101	24110	35355	44071	48252	59068	72520	82002
▨ 12月份缴费总户数	18072	24081	35326	44042	48223	59039	72491	81973
■ 回收率	99.8%	99.8%	99.8%	99.7%	99.7%	99.8%	99.8%	99.9%

发现、快速维修、直接降低漏损率和产销差的目的。

2020 年 12 月 0-4 时供水量和大用户用水量对比曲线图见图 7-13。

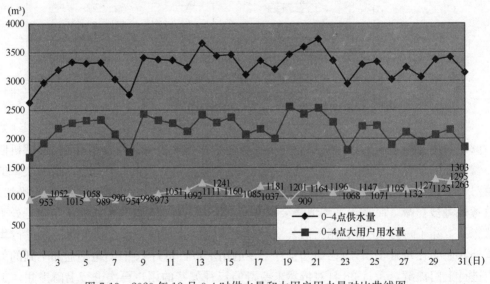

图 7-13　2020 年 12 月 0-4 时供水量和大用户用水量对比曲线图

6. 建立全机制体系

该公司是国企改制企业，80％的人员为改制之前的老员工，见证了企业的发展，经历了企业的重塑，所以都很珍惜也极力维护这来之不易的成绩。也正因为如此，在管网和水厂建设的同时，为了有效降低产销差，在水表服务部设立水表检定与到期轮换队、水表安装维护队、管网检漏队；在稽查服务部设立稽查队、维修服务队、管网巡查队；并将 8h 制的工作时间延长至 24h 服务。使各项管理工作能够连成一个相辅相成的全机制体系，便于把合理降低产销差的工作理念贯穿于整个公司的各项工作环节中。这对于推进企业各项工作更加科学化、规范化、制度化、流程化，具有十分重要的意义。

（1）水表服务部。

水表检定与到期轮换队：水表是供水企业与用水户的贸易结算依据，改制之前水表没有按规定进行专业校验，使该公司利益因计量不准而受损，从 2006 年开始，设立水表检定与到期轮换队，负责对该公司所有水表、远传流量仪的首检、定期检定和到期轮换，并对所有用户水表录入水表管理信息系统，根据水表使用的时间、口径进行定期检定和到期轮换的自动提醒。同时，该公司在与用水户签订的《城市供用水合同》内容中增加了对水表强制检定、到期轮换的有偿服务约定，从根本上解决计量不准确的问题，让产销差的考核更为精准。

水表安装维护队：为了保障水表计量的准确性，水表安装维护队承担着所有水表安装、拆卸、维修和清洗工作，非水表服务队人员不能擅自拆卸、安装水表。在日常工作中，水表安装维护队还负责配合营销部门对一些大用水户的在用计量器具进行跟踪服务，根据用水户的用水规律、用水量，对在用计量器具进行及时维护、及时更换水表型号，从源头解决了"小马拉大车""小车拉大马"的现象，增强大用水户计量数据的准确性。

管网检漏队：管网检漏队根据三级水表计量对比结果划定的漏水区域，借助先进的检漏仪，对计量差额区域的漏水点精准定位，从而快速、准确、及时地修复漏水管网。该公司还对管网检漏工作制定了"每季度排查一遍供水主管网，每年度排查一遍供水支管网"的检漏规章。在有效控制暗漏和背景漏失发生的同时，对整个供水管网输送状态起到了监控和测评作用，为有计划地改造供水管网提供依据，确保供水管网能够长期处于良性运转的状态。

（2）稽查维修服务部。

稽查队：供水稽查是供水企业对破坏供水设施及违规用水的一把利剑，用水规范了，计量考核才能精准，2012 年《河南省住建厅关于打击盗用城镇公共供水及盗窃破坏公共供水设施等违法犯罪行为的规定》（豫建〔2012〕91 号）的通知，更是进一步规范了对盗用城镇公共供水的刑事处罚，2017 年，该公司在对某小区三级水表进行核算时发现该小区内考核总表和区域内分表存在较大差额，相关部门按照公司查漏流程处理后发现，该小区物业私自将中央空调的自建供水管道与公共供水管网连接盗用自来水，随即，该公司根据豫建〔2012〕91 号文件，向县公安局报案，依法追究相关人员的盗窃罪，并追回全部水费损失。稽查队借此机会在日常工作中加大对打击偷盗水、破坏公共供水设施的宣传力度，鼓励广大市民对偷盗水行为进行检举。为配合城市发展的需要，经过不断努力，2017 年，该公司对市政环卫用水、园林绿化用水、景观用水统一使用再生水，对市政用水统一安装专用的取水水鹤，并加装计量装置进行统一收费。同时，加大对消火栓偷水巡查稽查力度，严禁在市政消火栓盗用自来水，发现一起处罚一起，通过宣传和警示让违规用水的现象得到了有效遏制。

维修服务队：维修率的提升直接决定了用水户对供水服务满意度的提升和漏损率的下降，为此设立双重回访制度，确保各项维修服务 100％的及时率。更是把供水抢修演练列入值班经理考核范畴内，保证供水维修人员在接警 30min 内，能够全副武装地赶到抢修现场，借助各种新型抢修材料，确保在承诺时间内完成抢修任务。如因人为损坏管网而漏水的，维修服务队会配合营销部追回漏水损失，最大限度地挽回企业损失，直接降低漏损率。

管网巡查队：为了保障管网的安全供水，设立了管网巡查队，保证所有供水主管网能够每天巡查两遍（营销部抄表员负责支管网巡查），让所有供水管网都在管控中。并用绩效考核的办法量化每个员工的工作职责和工作效率,使得员工的付出和收入成正比,使员工的工作变被动为主动,让员工都能够以主人翁的心态去对待工作。所以供水主管道在遇到其他单位施工时,工作人员可以做到提前介入、主动配合,并借助 GPS 定位系统和供水管网信息档案对管网埋深走向进行警示标志定位,施工时采取旁站看护,什么时候管道完全安全了,什么时候人员才撤离施工现场,因为他们知道供水主管道每漏损一次,在给用户带来不便的同时也给企业带来了损失,所以会尽职尽责地看护好我们的生命线,保障供水安全。

(3) 设立 24h 服务热线,为用水户提供延时服务。

2006 年,该公司改制之后本着"让用户满意,让政府放心"的服务宗旨,特别设立 24h 供水服务热线,让供水服务全年无休,便于及时为用水户处理漏水、开关水阀等事项。还有很多时候,施工单位为了赶进度,道路施工开挖工程或顶管的非开挖施工都是在夜深人静的时候进行作业的,为了保障供水管道的安全,供水值班人员始终是采取旁站监督指导作业。

通过这一系列的产销差控制措施,该公司的产销差率由改制之前无从考核,锐降至 2017 年的 5%,2018 年的 3.3%,2019 年、2020 年基本保持在 4%以内(图 7-14)。

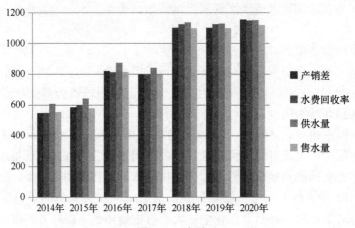

图 7-14 产销差

关于检测、校准在线大口径流量计的方法、原理及实践:

(1) 该公司为校准净水厂出厂水流量计,采用清水池容积法。

该方法是以清水池作为一个标准容器,在一定的时间内记录通过在线流量计的流量,同步记录清水池水位的变化情况,并计算清水池水量的增加量(或减少量),比较通过在线流量计的流量和清水池水量的变化量,以后者作为标准值,计算在线流量计的误差,进而调整在线流量计系数,以达到检测、校准在线流量计的目的。

流程大致如下:

1)由制水班组将清水池液位控制在 3.5m 左右,保障余量充足,不至于影响供水安全;

2)调节滤池后端阀门,保证清水库无进水;

3)测量起始液位并记录,同步记录流量计累计流量及瞬时流量;

4)以 20min 为周期,重复测量 3 次。

第一次测量部分记录数据见图 7-15。

出厂水流量计校准数据记录

序号	时间	9时	9时5分	9时10分	9时15分	9时20分	备注
1	清水库液位A	3.48m	3.44m	3.39m	3.35m	3.31m	面积：30.5×29.8－0.6×0.6×16＝903.14m²
	清水库液位B	3.47m	3.44m	3.41m	3.37m	3.33m	面积：29.5×30－0.6×0.6×16＝879.24m²
	清水库液位C	3.47m	3.44m	3.4m	3.37m	3.33m	面积：29.5×29.9－0.6×0.6×16＝876.29m²
2	瞬时流量	1213m³/h	1220m³/h	1198m³/h	1210m³/h	1209m³/h	
3	累计流量	92159876m³	92159875m³	92159669m³	92159575m³	92159471m³	减少量＝92159876－92159471＝405m³
4	结论	清水库容积法减少量：903.14×0.17+879.24×0.14+876.29×0.14=399.308m³ 误差：(399.308－405)/405=－1.4%					

图 7-15　记录表

剩余两次分别在 10 时和 11 时的阶段进行测量，数据误差分别为＋2.99％和＋1.65％。

清水池容积法相对而言会准确一些，但检测效率低；相比之下，标准表比对法便于实现自动化，从而提高检测效率。

（2）标准表比对法。

该方法是在在线大口径流量计所在管道上安装一个标准表，同步记录通过在线大口径流量计和标准表的流量，以后者作为标准值，计算在线流量计的误差，进而调整在线流量计系数，以达到检测、校准在线流量计的目的。在标准表比对法中，供水企业普遍将便携式超声波流量计作为标准表，因为便携式超声波流量计既是一种外夹式又是一种便携式的流量计量器具，比较适用于大口径流量计的在线检测和校准。

原理：将准确度较高的便携式超声波流量计作为标准器具，安装在被测管道上进行检测，然后将便携式超声波流量计和被检流量计的采集数据进行同步比对，根据比对结果可计算被检流量计的误差；然后，调整被检流量计的系数，使被检流量计与便携式超声波流量计显示流量数据一致，以达到校准被检流量计的效果。

对在线大口径流量计进行检测、校准时的步骤：

（1）了解现场工况条件并尽量使其满足检测条件，包括被检管线的材质、管外径、管壁厚、管内衬里的材质及厚度、管内介质、介质温度等相关量的准确数值，要求在检测现场测量核实（可以用测厚仪测量壁厚、用软尺测量管径），以确保测量准确度。

（2）标准表的安装必须满足直管段要求，一般情况下至少为上游 10 倍管径的距离，下游 5 倍管径的距离；而且，在 30 倍管径的距离内无干扰流体状态的因素，如泵、阀等，必要时应考虑加装整流器。

（3）测量时，标准表不能安装在管内含有气体的位置（比如，不能安装在高于水管的位置），因为气泡会使超声波信号衰减，从而影响测量准确度。

（4）选择测量点必须保证通过其测量段的最小流速不低于 0.5m/s。如果流速低于 0.5m/s，应考虑在被检流量计安装点的前 10 倍、后 5 倍管径的范围内安装变径管（小于原管径），以提高流速。

（5）便携式超声波流量计是把现场的管道参数纳入流量计测量系统之内的仪表，所以除了要求其探头的安装位置精确，还要充分考虑管道参数，如直径、材质、壁厚、衬里、积垢和锈蚀等因素对测量准确度的影响。

（6）为便于以后用其他流量计对其流量测量准确度的在线检查，最好在被检流量计的前、后分别加装一段能形成对称流场的不锈钢管段。

在线检测工作。首先，要根据现场工况条件科学地确定标准表的安装位置，以便安装换能器。换能器无论采用哪种安装方式，都应采用科学的安装技术，确保传感器的安装精度，尽可能减少使用环境和安装对其测量准确度的影响；第二，将经过现场测量核实的工况参数输入流量计，并检查信号接收情况，确认工作正常后，方可开始检测；第三，检测时根据现场工况条件确定不同的流量点，并分别同时采集标准表和被检流量计的流量示值，从而确定被检流量计的示值误差；最后，调整被检流量计的系数，使被检流量计与便携式超声波流量计显示流量数据一致，达到校准被检流量计的目的。

在实际中，企业都会遇到原有的旧管线达不到上述检测条件的情况。一般地，可以在被测管线上选取一段条件较好、满足超声波流量计使用条件的测量点安装标准表，如果条件太差，就需要对现有管线进行改造，尤其要满足前后直管段的要求，保证液体充满测量管道，最小流速不低于 0.5m/s 等条件，从而保证计量检测的准确性。另外，计量检测人员既要掌握过硬的技术，又要积累丰富的实践经验。在检测过程中，要求计量检测人员本着科学的态度开展在线检测工作，才能够保证检测的准确性和校准效果。

在现如今的大数据时代，作为传统的供水公司，该公司将继续利用先进的物联网技术拓展"万物互联"业务，用专业化、信息化、智能化的信息调度工作，进一步整合水厂、管网、用水户等各项智能终端的大数据，与时俱进，深入地挖掘和探索节能降耗和合理控制漏损的措施，不断优化管理方式和降耗控漏措施，为用户提供更高效的服务，为企业创造更大的利益提升空间，以优质的供水服务应对未来复杂多变的供水挑战。

7.1.4 产销差控制实践经验与控制策略

山西省晋中市太谷区自来水公司管网漏损率 6% 以下。

供水企业中产销差率能够反映企业管理和营收的综合水平。控制产销差率是系统性的工作，多年来的实践经验从以下四个方面来入手，对漏损进行管理分析：一是压力管理，具有稳定的运行压力；二是主动漏控，分析原因对症下药；三是管网资产管理，选择好的管材与施工技术、确定管网改造的优先级；四是高效维修，快速维修、保证质量。

1. 太谷水司供水情况简介

据太谷县志记载，明清及民国时期，县城区地下水位很浅。民宅院内大多凿有水井，井深数米，居民用水甚为便利。据民国石荣暲纂《山西风土记·太谷县城·饮水》中记载"全部饮用井水，水中有杂质，混浊不清，内含盐分。"水质较好的是甜水巷内水井和东寺园水井。20 世纪 30 年代，火车站附近凿井 1 眼并筑水塔，水质甜软，居民称"洋井"。

中华人民共和国成立后，甜水巷水井筑水塔，采用机械提水，居民取用者众。1953 年，太谷县水站建立，不论居民及工商业供水价一律为 0.25 元/t。1954 年，铺设地下水管，引甜水巷井水至县前街，建供水点。从此，县城开始了管道供水，县城居民用上了真正意义上的自来水。1976 年，成立太谷县自来水公司。至 1985 年，自来水公司共计铺设直径在 150～40mm 的供水管道近 12km，城区供水管网基本形成。年供水量达到 31.4 万 t，用水人数 3.2 万人，占城区总人口的 60%。改革开放后，太谷的发展加快，1994 年建日供水能力 8000m³ 的地下水水厂一座；2005 年扩建该水厂为地表水水厂，供水能力达到 1.6 万 m³/d；2021 年再建一座日处理能力 3.1 万 m³ 的地表水水厂，总供水能力达到 4.7 万 m³/d，供水人口 16 万人，供水管网达到 120km。经过多年来深化管理，供水漏损率一直控制在 8% 以下。

2. 压力管理

压力管理是基于供水泵站变频可调压技术的普及而产生的。众所周知，所有的配水管网都存在真实漏损，即使是新铺的管道也不例外，有的漏点修漏成本远远大于漏水成本。这样的漏点称之为背景渗漏。漏点在被发现之前，总是不可避免地存在漏失水量，而不被查到的漏失水量大小与管道内水压的大小是呈正比的。供水企业为了满足用户的用水需求，往往根据各自所在城市的地形特点选用适当的加压水泵或者调压设备，但是，城市用水需求是变化的，冬季和夏季不同，晴天和雨天不同，早上和下午不同，这样就形成了不同时期的高低峰供水。假如水厂出厂水水压一定，那么管网压力会随着用水量的变化发生一定的变化，在低峰用水时管网供水压力就偏高，从而加大了用水低峰时管网漏点的漏失量。现代技术的发展为降低背景漏失提供了可靠的技术支持。供水二级泵站的变频可调压技术，以太谷水司为例。

杨家庄水厂建成前，县城供水靠城内 3 眼井及 3 个小型加压泵站，两座水塔供水。虽然也在水塔施加了简单的控制和报警装置，或是装置失灵，或是值班人员的责任心不到位，水塔溢流现象或者管网没水的现象经常发生，供水服务无从谈起。水井及泵站出口也没有计量装置。漏损工作可以说是完全没有开展。1994 年，杨家庄水厂建成后，停水现象少了很多，但因仍与城区水井联合调度供水，基本上没有管网漏失控制的概念，水厂装了一只插入式涡街流量计，但由于安装不规范，流量计形同虚设。2005 年，水厂经过改扩建后，供水方式迎来了历史性的变革，城内两座水塔先后关闭不用，供水实现直接由泵站变频恒压供水，采用分时段调压供水，时段的划分只是凭经验划分，比较粗糙，城区管网装 4 个压力监测点，安装位置不尽合理，虽然有一定参考性，仍不能全面反映城区用水变化情况。经过后来不断地改造、发展，不同层级的管网在线压力监测点达到 40 多个，基本上可以覆盖整个管网区域，可以根据管网压力来进一步细化调整水厂出厂压力（图 7-16）。一方面在满足用户用水需求的基础上尽可能地减小出厂压力，从而达到尽可能地减少背景漏失水量；另一方面，管网上测压点的增加为尽早发现管道漏水，精准找到漏点提供了依据。2008 年 7 月，安装在西关正街管网末端的压力值显示异常，正常情况下此处压力值在 0.25～0.28MPa 间波动，现在最大只有 0.17MPa，初步判定附近发生管道漏水。西关正街供水管道是一条 DN100 的灰口铸铁管道，长度约 900m。检漏人员在后半夜居民基本上不用水的情况下，首先通过开关西关正街供水管道总阀门来判断，开关阀门时听到阀门的过水量较大时，与水厂值班人员联系，水厂总出厂流量随着阀门的开关有 27m³/h

图 7-16　监测数据

的变化值，因此锁定漏水点就在这条管道上。随后让水厂适当加大了夜间出厂压力，再通过听声杆和检漏仪沿线排查，最终确定了大概位置。第二天开挖，漏点在锁定范围的 3m 内找到，是铸铁管道断裂，水流入旁边的下水管中了。在线的压力监控，有效地缩短了漏点发生到被发现的时间，大大地减少了漏水量。

3. 主动漏控

随着城市的不断扩大，供水管网不断延伸，用水户数不断增加，漏水量也相对增加，漏损控制也从被动控制向主动控制发生转变。主动漏损控制的方法和手段有很多，包括注重资产管理、材料选用、规范安装（这几点在下一部分资产管理中介绍）、抄表营销管理、主动检漏、定期检测、DMA 分区监控等。这些都是一个长期坚持、高度负责的一把手工程。

太谷区自来水公司在进入 20 世纪 90 年代后期，随着对漏控概念的深入理解，漏控工作逐渐开展。由于出厂计量设备基本上没有或者形同虚设，实际上就不可能知道漏失水量，更不能评估管网完好情况。但公司领导还是十分重视这方面的工作。1998 年，聘请河北保定某专业检漏公司，对城区全部供水管网进行检测，大约用了 10d 时间，基本上没有检测出漏点。最后，只付了 3000 多元的食宿费用。后来，该公司自己购置了金属管线探测仪、听声杆、检漏仪等设备，进行日常检测。

2017 年，时隔近 20 年，公司再次决策，对城区内古城范围开展 DMA 分区计量试点工作。太谷古城区供水管网建成较早，虽经过改造基本没有了建于 20 世纪 70～90 年代的钢管管道，但依然存在相当部分灰口铸铁管。经过对管网的分析，在太谷古城的全部共九个出入管道口上安装正反向计量的流量计，带压力数据采集功能，数据采集每一分钟采集并上传到 DMA 系统，系统对区域夜间最小流量进行分析，发现夜间流量有 $25 \sim 30 m^3/h$。随后，又聘请太原供水管网检测公司利用一周时间对约 $2km^2$ 的区域内管网进行检测，没有发现漏点。最后一天晚上，对区域内几个学校、换热站、集中小区总表等大用户的夜间用水量进行排查，发现这几个大用户的夜间最小用水量达到了 $18m^3/h$ 左右，因此基本判定古城区域的漏损可控。

同时，太谷区自来水公司历来重视水表抄收工作，公司的营收工作多年来走在了山西省县级同行水司的前列。该公司从 1996 年就对用水户实行微机管理收费、查询统计，使管理人员对水量查抄、水费回收情况一目了然，杜绝了人情水。2000 年将系统升级为网络版本，管理更加便捷，营业厅多机同时收费，客户等待交费时间大大缩短，软件功能强大，并推广到了附近部分兄弟水司。现在的营收系统经过几次更新，功能更加丰富，用户管理更加严格，对于水表查抄管理，水费收缴统计，人员管理，分类查询等都做了详细而实用的功能划分。2021 年，又对手机抄表、远传集中抄表系统做了升级，进一步完善了系统。太谷区自来水公司不仅注重收费工作，而是从基本的表具管理就走上了一条踏踏实实的道路。第一，注重计量水表的稳定性和准确性，机械水表坚持选用国内知名品牌 40 多年；第二，重视大用水户的管理工作，从 2009 年开始对大用水户进行远传水表的安装和管理工作，选用远传电磁流量计，成立专门部门管理，紧盯用水量，发现异常及时处理，避免因水表问题带来水量的流失；第三，从 2012 年开始，开展远传户表管理工作，目前在册远传用户 3 万多块，占总用户数的三分之二，加强了对户表的管理，不仅方便抄收，同时也发现了部分用水户的内部用水漏失问题，减少了用户的损失，得到了用户好评。随着数字供水系统的不断完善，太谷区自来水公司的管理将进一步得到提升，漏损控制工作将做得更好。

4. 管网资产管理

水司的资产包括水厂、泵站、管网、阀门、办公场所等。本节重点从管网、阀门的管理，对漏损产生的影响进行分析。管网资产的全生命周期管理对减少漏损起着关键的作用。

管网资产主要是管道和阀门，必须从设计、材料选择、材料厂家选择、安装施工过程、维修养护，开展全过程的严格管理。

管网漏失是漏损率居高不下的主要原因之一。各个城市由于历史的原因，存在很多的老旧管网，特别是还有灰口铸铁管、钢管、水泥管、玻璃钢管，甚至还有陶瓷管。这些管道运行年代久远，钢管锈蚀严重，其他管道也都超龄服役，暗漏不断，爆管经常发生，不仅漏失量大，同时也严重地影响了供水安全，甚至影响了城市道路和周边建筑物的安全。太谷区自来水公司从 20 世纪 90 年代后期，就紧紧地抓住城市道路改造的机会，开始对老旧管道进行更换，将建设于 20 世纪 70～80 年代运行达 10～20 年的钢管逐渐更换，到了 21 世纪又开始更新部分灰口铸铁管。受资金条件的影响，管材选择了价格较实惠的 UP-VC 管材，这种管材耐腐蚀，水力条件好，伸缩性好，特别是克服了北方冬天受热胀冷缩原因导致的灰口铸铁管易发生脆性断裂的问题，在一定程度上受到了不少水司的欢迎。随着 PPR 管材、PE 管材等新型管材的出现，以塑代钢管材逐渐成为流行趋势。近年来，新建工程管材大多采用更加安全可靠的球墨铸铁管、TPEP 钢管等。不仅仅是管材更新改造，阀门的选择维修也相当重要。阀门在管路上起关键作用，特别是停水维修时能不能关闭严密，不仅影响到施工难度、劳动效率和质量，还影响到水量损失多少，更影响到停水面积大小、时间长短、服务质量和用户的用水体验及投诉率的高低。因此，阀门的正常与否需要引起水司的高度重视。太谷区自来水公司阀门选择也走过了艰难历程，从一开始的灰口铸铁明杆、暗杆闸阀，到铜闸阀、蝶阀，再到软密封闸阀、半球阀。目前，在关键节点选择了水力条件好、密封性好的半球阀，虽然价格相对高些，但取得了良好的效果。尽管如此，在阀门更新维护的路上还在不懈探索前进。

资产管理是一个全生命周期的管理过程，第一，要注重材料的选择，选择安全、可靠的材料；第二，要注重供应厂商的选择，选择知名品牌，有良好信誉和售后服务的品牌，重视产品质量；第三，注重施工环节，安装不能马虎，严格按照规范施工；第四，注重后期维护巡查，特别是阀门，要定期保养，确保关键时候能正常开闭。管材一旦建设完成，安装埋设于地下，运行状态很难监测。随着技术的进步，在线的监测技术和定期的探测技术对于管线的管理有了很大意义，但投入成本大，小型水司很难有力量实现。本身小型水司管网资产也不一定多，与其花资金在后期的监测管理上，不如用于前期的建设与更新改造，从源头上将漏损、漏洞堵上。

5. 管网高效维修

管网建设完成投入使用后，不管是其受内力的影响，还是由于受外部力量的影响，总存在管道破损漏水的现象。事故发生后需要水司及时修理，首先，要及时关闭管路上相关阀门，控制事故点漏水，一来减少水量的损失，二来避免因漏水造成更大的损失；其次，抢修要及时，时间就是服务，事故发生也许是用户用水高峰时，也许是企业正在生产时，无论如何都要求水司在最短的时间内将破损的管道修复并通水。多年来，太谷区自来水公司特别重视维修抢修工作，主要从三方面保证及时抢修。一是建有一支高效快速反应的抢修队伍，除了值班室24h值班外，要求职工24h不得关机，时刻处在待命状态，保证一旦发生事故，能很快到达现场；二是各种备品备件准备充分，不同管材、不同管径的快速抢修管件应有尽有，这几年来对公司仓库进行改造，扩大了仓库面积，各种材料分类管理，做到入库有序、出库迅速；三是不断提高人员素质，将管网图从无到有，测绘完成，不仅挂在墙上、装在职工心里，而且使用 GIS 系统高效管理，发生事故能快速、准确地控制漏水。

总之，漏损控制工作渗透到水司日常工作的方方面面，必须经过各部门高度重视、协调一致才能得到有效控制。太谷区自来水公司经过多年来一贯的坚持，漏损控制工作才取得不错的成绩。2017 年度，供水总量 500.3 万 t，管网漏损率 10%，回收水量 454.8 万 t。2018 年度，供水总量 623.8 万 t，管网漏损率 9%，回收水量 572.3 万 t。2019 年度，供水总量 655.7 万 t，管网漏损率 5%，回收水量 624.5 万 t。2020 年度，供水总量 588.0 万 t，管网漏损率 2%，回收水量 577.3 万 t。2021 年度，供水总量 710.9 万 t，管网漏损率 6%，回收水量 667.6 万 t。

成绩的取得来之不易，但漏损控制工作仍任重道远。相信随着技术的进步、各方面条件的成熟、全社会节水意识的增强，漏损控制工作会取得更好的成绩。

7.1.5   精细化管理实现供水管网漏损降低

河南清丰中州水务有限公司精细化管理。

供水管网漏损控制是每一个供水企业面临的普遍难题，同时也是城市发展的重要组成部分。该公司通过管网巡查检漏、安装水压检测点、管网材料更换以及精细化管理等措施，使管网检损率逐步降低至7%以下。

供水产销率的高低直接影响供水企业的经济效益，也直接体现供水企业的管理水平，可以说产销率是衡量供水企业运营状况的重要指标。多年以来，牢牢抓住供水产销率这个"牛鼻子"，通过探索和实践，产销率降至7%，成绩斐然。

我国是一个水资源短缺的国家，供水企业的供水成本居高不下，然而，在这样一个严峻的背景下，由于城市供水管网损漏，据统计每年损失的水量超过太湖的实际蓄水量。为此，我国于2016年9月5日发布的《城镇供水管网漏损控制及评定标准》CJJ 92—2016规定，城市供水管网基本漏损率分为两级，一级为10%、二级为12%，并要求2017年全国公共供水管网漏损率达到二级标准，到2020年达到一级标准。住房和城乡建设部2021年10月12日发布的2020年城乡建设统计年鉴结果统计，全国县城供水（公共供水）漏损率12.56%、河南县城供水（公共供水）漏损率10.20%。河南乃至全国平均仍未完成管理标准。我国平均水平与国际先进水平相比仍存在较大的差距。

供水企业控漏降损既是符合国家政策要求，节约宝贵的水资源，同时也是提高供水企业业绩与运营水平的直观表现。下文将简要介绍该公司在管网漏损控制方面采取的措施及方法。

1. 基本情况简介

目前，清丰县公共供水水源主要为南水北调水源，县城区建有一座南水北调水厂，设计日供水总规模10万 m³，一期建成日供水规模5万 m³，县城区DN75以上供水管网总长164.9km。2019年，清丰县实施"丹江水润清丰项目"实现了城乡供水一体化，公共供水范围扩大，管网长度增加。

在此之前，存在跑冒滴漏现象严重、不规范用水行为较猖獗、检漏技术差、维修不主动不及时、水表计量管理不力、水厂出水水压高和满负荷运行等问题，具体表现如下：

管网破损维修不主动不及时；管材品种多、品质参差不齐；供水压力居高不下；电耗、矾耗、氯耗成本较高；水表计量没有专门责任部门管理。水表安装不规范，"大马拖小车""小车拉大马"等情况严重。

由于供水范围及供水规模的不断扩大，漏损率控制也成为该公司供水工作的重点和难点，通过近几年全司上下的不断努力，使得整体管网漏损率持续下降，基本达到《城镇供水管网漏损控制及评定标准》CJJ 92—2016中规定的一级标准。其中，管网漏损率计算及修正依据《城镇供水管网漏损控制及评定标准》CJJ 92—2016。清丰县供水管网漏损率如表7-2所示。

清丰县供水管网漏损率 表 7-2

年份	供水量（万 m³）	居民抄表到户水量（万 m³）	DN75（含）以上管道长度（km）	年平均出厂压力（MPa）	最大冻土深度（m）	漏损率
2017	395.99	373.1	152.6	0.32	0.7	9.82%
2018	658.21	531.77	164.9	0.32	0.7	9.75%
2019	967.30	799.2	164.9	0.34	0.7	7.77%
2020	2056.71	1823.69	164.9	0.34	0.7	5.46%
2021（1~9月）	1342.23	1165.59	164.9	0.34	0.7	6.78%

2. 主要做法及措施

（1）管网巡查精细化管理。

供水企业多以管线事故抢修为主，多数管线处于被动检漏状态。发生漏水事故时，从发现到抢修人员到场这段时间里，白白流失了大量宝贵的水资源。针对这种情况，各地水司逐渐采取了多种多样的检测预防措施。

该公司针对供水管线查漏工作成立了专职班组，四人定期对全县供水管网进行巡查检漏，实行巡查路线明确，分片到人、责任到人，沿着管道铺设的位置进行巡查，检查管体、阀门，并在可能发生漏损的管段使用埃德尔数字型电子听漏仪检测漏点。通过漏点噪声的强度及清晰度，确定漏损口位置及大小；夜间在零点之后，用户端用水量迅速减少，这时采用便携式流量计对管内流速进行测量，及时发现异常管段，确定漏点位置快速修复，减少水损。

同时，在管网巡查时定期对全县消火栓进行检查，查看是否存在异常用水，如工地洒水车、绿化等违规使用消火栓接水现象，并根据《河南省城市供水管理办法》进行水费补缴。

（2）管网压力精细化管理。

目前该公司在全县供水管网上设置了 28 个压力监控点，测压点布置遵循管网水力分界线、管网水力最不利点、控制点、大用户水压监测点、主要用水区域、大管段交叉处、反映管网运行调度工况点等原则，结合公司技术人员的经验，均匀分布在供水管线及用户端，尽量保证每点布置最优；同时，建设智慧水务系统，压力监测点数据变化在中控室电脑上 24h 不间断更新，通过对比不同时期监控点水压变化，及时发现异常、处理漏点，避免险情的发生。

（3）小区计量。

小区计量是 300~2000 户终端居民用户以独立计量区（DMA）为管理手段，对供水管网进行封闭管理，在小区进口段安装总表进行监控，形成小区入口水量和居民户内水量的二级管理模式。既能及时发现并修复管网漏损，又能提高抄表质量，避免抄表中漏抄、人情水、关系水等违规用水现象的发生。

对水表未出户小区管网进行彻底整改，更换老旧水表。加强水表周检的及时性以及水表的安装规范性。尤其是大表的管理，严格按两年年检。保证售水量的准确性。

（4）供水管网材质更换。

供水管网铺设时，由于技术环境、资金等方面的限制，普遍使用的 PE、PVC 材质，而 PE、PVC 材质力学性能一般，抗拉强度较低，见表 7-3，在热胀冷缩的情况下法兰、弯头连接处容易开胶；同时，由于敷设时间长久，腐蚀老化，容易造成管道爆管，产生直接漏损。

各管网材料抗拉强度 表 7-3

材料	抗拉强度（MPa）
PVC	50～80
PE	10～30
球墨铸铁	1000

为解决部分管道年久失修、材料性能问题，该公司自 2017 年开始使用球墨铸铁管逐步替换 PE、PVC 管道。由于球墨铸铁管具有铁的本质，钢的性能，具有良好的延展性，能够有效避免这类问题；同时，还具有优异的防腐性能、易于安装，冬季水网管道爆管频次逐年下降，减少了管道维修损失水量。表 7-4 为该公司近年来维修次数统计。

清丰县供水管网年度维修次数统计表 表 7-4

年份	2015	2016	2017	2018	2019	2020
维修次数	401	356	321	270	254	223

（5）管网施工及抢修工作精细化管理。

管网施工质量的好坏直接影响管网漏损。为确保施工质量，该公司严格按照《给水排水管道工程施工及验收规范》GB 50268—2008 进行管理，首先做好管材、管件及阀门等材料的进场和验收工作；其次，施工中严格控制管沟的开挖质量，开挖前必须进行技术交底，避免施工后出现不均匀沉降造成管口开裂，出现漏水现象。管道安装完毕后必须进行水压试压，若出现漏水点，及时维修整改。同时，做好竣工资料的归档管理工作，从制度上着手，一切施工按照制度行动，确保每个项目施工符合标准，从源头上降低管网漏损的发生概率。

在管网抢修方面，该公司着力提高抢修人员的业务素质，加强抢修队伍的培训和实战演练，提高应急处置能力。要求每位成员都必须熟悉县城管网的分布，熟练掌握抢修工具的使用与维护，知道阀门的具体位置、口径和控制范围，做到有抢修任务时能快速反应、准确操作，进一步减少供水管网漏损。

3. 总结

在漏控体系建设中，加大各基层部门的绩效量化考核体制。如：稽查、检漏、工程、营业所等一线单位，执行严格的量化考核体系和奖惩机制。在完善漏控管理工作的同时，寻求服务工作和经济产值提升的契合点，如客服中心、设计中心，严格把控抄收到户工程项目、消防定点取水项目；检漏队伍还对用户检漏服务，加强水司与客户的横向交流；稽查大队严格执行供水条例、规范供水秩序、对违规用水处罚等。

产销差率管理绝非一朝一夕、一劳永逸的事情，漏控是供水企业永恒的话题。供水管网漏损率控制是一项系统工程，同时也是一项旷日持久的攻坚战，需要多部门共同努力，不断精益求精、改进技术、革新管理，力求能够使漏损率不断降低。

7.2 案例展示

7.2.1 供水管道带压不停水精准漏点检测

资料来源：深圳市博铭维技术股份有限公司

Snake 压力管道检测机器人，搭载了高灵敏度水听诊器、高清摄像单元、高精度定位单元及微型 6 轴惯性导航姿态传感器，可有效检测供水管道微小泄漏、管瘤、气囊、管内杂质（砂石、杂物）等多种异常情况，实时通过尾部线缆将检测数据传回地面控制平台。同时结合米标和地面信标系统，精准定位异常位置。对于部分管线因年代久远导致路由信息缺失，也可以应用该产品实现路由重构。通过搭配多型号动力伞，适用 DN200～DN3000 任意管材的供水管道，可通过 DN80 及以上闸阀投放探视器，进入主管道进行实时带压检测，无需中断管道正常运营，定位精度达到 ±0.5m，最远单次可检测2000m。见图 7-17。

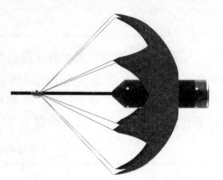

图 7-17 供水带压检测机器人

1. 案例背景

2022 年 3 月，深圳市龙岗区布吉路出现地面冒水现象，为确定漏点位置，业主方使用听漏仪、地面雷达以及管线探测仪等仪器综合确定了一处"漏点"，但开挖验证时未找到漏点，甚至没有找到管道，迫切需要更加先进的技术定位漏点准确位置。

2. 解决方案

深圳科通工程技术有限公司收到情况反馈后，迅速收集待检测管道区域的相关资料，经了解发现该问题管道为 DN800 变径 DN600 的钢管管道，管线埋深在 5m 以上，而且管道实际位置走向与 GIS 图有一定差异。讨论会议见图 7-18。

经过对现场周围环境的勘测及研判分析，作业人员决定调整思路，采用 Snake 系列产品进入管道内部进行漏点探测。现场探测见图 7-19。

3. 检测成果

通过检测与定位，最终发现在距离管道投放口 215m 位置存在一处漏点，漏点声音信号如图 7-20 所示，初步确定该处为漏点位置。

经与客户确认后，通过开挖验证，该漏点位置定位精准，客户及时采取措施修复该漏点问题，成功帮助客户解决了难点问题。现场开挖见图 7-21。

本次检测对于管道疑似漏点、内部情况、管道走向进行了全面检测勘查及定位，解决了漏点无法定位的燃眉之急，加快了管道修复的进度，减少了水资源的浪费，留存的检测成果也为后续控制漏损以及运维管理提供了便利。

图 7-18 讨论会议

图 7-19 现场探测

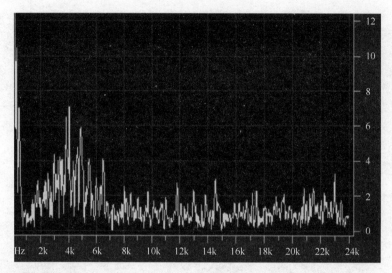

图 7-20　漏点声音

图 7-21　现场开挖

7.2.2　水表选型对产销率的影响

资料来源：山东昌乐实康水业有限公司

1. 案例背景

产销差率一直被作为水司考核营销管理水平的重要指标而受到高度关注，但如何降低产销差率这一难题也时时刻刻困扰着很多水司。产生产销差率的原因相当复杂，水表选型对产销差率的影响一直举足轻重。

2016 年 7 月，山东昌乐实康水业有限公司对该月抄表量进行统计分析时发现，实际供水量与抄表量相差甚大，产销差率环比上升了近 3 个百分点，对此，公司部署查找产销差率上升的原因。

2. 过程概述

首先，分析已实现分区计量的 DMA 片区，产销差率基本正常；其次，再对未实现 DMA 区域进行分组巡检、复核查抄。在未发现漏损、抄表无误的情况下，公司立即召开月产销差例会，综合分析上述情况，可能存在计量损失情况。通过大口径水表数据分析，发现 6 月 20 日开始某实业有限公司 DN200 流量计用水量突然加大, 瞬时达到了 500m³/h 左右, 流速达到 5m/s 以上, 怀疑其表量程小、超负荷供水, 存在"小马拉大车"现象。通过咨询厂家得到的回复是流速不超过 6m/s 计量就不会失准, 但咨询水协县镇委供水专家的意见是一般流量计流速应在 0.3~3m/s 状态下运行为好, 因此流速过快, 会造成计量失准。

针对这种情况, 该公司决定对该表所在片区安装 DMA 区域考核表, 经过连续 3d 同一时段复核查抄, 对比分析发现, 该区域考核表进口水量与分表抄收量日相差 2000 余 t, 产销差率过大, 证实产销差率上升是由于该片区造成。因该区域只有该实业有限公司一处大口径水表, 对此公司立即与某实业有限公司联系并告知水表出现问题, 协商将该实业有限公司原 DN200 流量计更换为 DN300 流量计。

7 月 28 日, 该公司将已校验 DN300 流量计更换后, 发现瞬时流量由原 500m³/h 上升到 600m³/h, 该区域考核表出入口流量近乎持平, 产销差率恢复正常, 证实了之前的判断正确。同时, 该公司根据事实依据, 与该实业有限公司协商未计量水费补偿问题, 该实业有限公司同意补偿损失水费。

3. 借鉴意义

水表合理选型是确保售水计量准确的重要环节, 供水企业应结合用户的基本用水需求情况和实际用水状况, 合理选择量程范围合适、计量准确可靠、流通性能好、灵敏度高、使用寿命长、方便抄读或远程集抄、便于维护的理想水表。确保大口径水表准确计量, 降低供水产销差率, 提高企业的经济效益。见图 7-22。

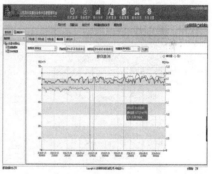

图 7-22 某实业有限公司片区考核表、换表前后数据

7.2.3 管网漏损识别预警系统

资料来源: 山东昌乐实康水业有限公司

1. DMA 分区预警

2021 年 5 月 13 日 0:00, 管网漏损识别预警系统连续预警, 宝通街考核表流量异常, 疑似漏水。见图 7-23。

9:20, 检漏小组前往漏水区域, 采用管网梯级流量测试方法, 从供水管网末端逐级关闭阀门, 逐步缩小漏水范围, 确定供水管道漏水区域在方山路至南流泉泵站路段。对该路段供水管线利用听声杆、听漏仪等检漏设备进行现场检漏, 在沥青路面钻孔确认, 最后将漏点定位在方山路与宝通街路口东北角处。见图 7-24。

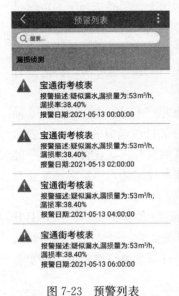

图 7-23 预警列表　　　　　　　　　　　图 7-24 现场检测

该公司立即申请道路破碎开挖，由生产科、管线科、调度中心制定管网抢修方案，经总经理审批，按照供水管道抢修应急预案进行管道抢修。调度中心发布紧急停水通知，生产科架设安全围挡，设置警示带和安全标志墩进行安全防护，组织施工人员、机械于13：00关闭阀门，停水维修；21：00维修完成，恢复供水。见图 7-25 和图 7-26。

图 7-25 现场开挖

图 7-26 现场修复

该区域维修前后流量曲线对比显示，管道修复后夜间最小流量为 76m³/h，较修复前夜间最小流量 129m³ 减少了 53m³/h，节约水量 1272m³/d，节约了大量水资源。见图7-27。

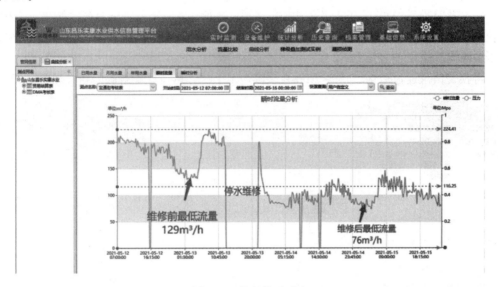

图 7-27 修复前后对比

7.2.4 漏控识别预警

案例来源：山东昌乐实康水业有限公司

1. 贸易表漏水识别预警

2022 年 5 月 2 日，盛唐御园小区用户贸易水表夜间最小流量突然升高，漏损识别预警系统主动推送漏损预警信息（图 7-28）。收到信息后，联系盛唐御园小区物业了解情况，夜间无特殊用水事项，确认钱塘府小区存在爆管暗漏现象，及时告知该小区物业，进

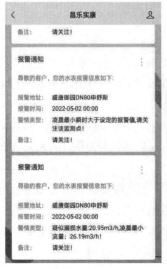

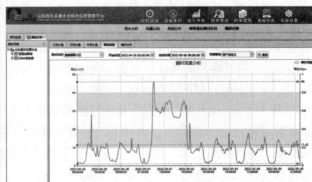

图 7-28 报警信息

行查漏维修，帮助物业减少漏水损失，受到了物业的好评。

2. 压力、加压泵站断电预警、水质异常预警

南流泉加压泵站设置流量、压力上下限报警值，若低于 0.45MPa，预警系统实时感知异常，及时推送信息。2022 年 5 月 8 日 9：00，南流泉加压泵房压力突然下降，连发数条预警信息；同时，武装部水质监测点监测到管网水质余氯过低，预警系统判定加压泵站加压泵断电，推送预警信息。

将预警信息通过微信、预警 App 直接推送至手机，迅速反应解决问题。见图 7-29。

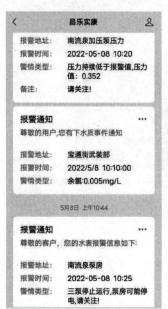
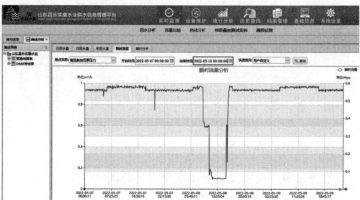

图 7-29　预警信息

7.2.5　水表旋翼异常旋转问题

资料来源：深圳水务

1. 事件描述

从 2018 年 8 月份开始，翠湖花园 5～11 栋用户的水表陆续出现在未用水的情况下水表自转，一时正转、一时反转且正反转圈数不完全对等现象，绝大部分情况下正转圈数多于反转圈数，水表计量不准确。

翠湖花园于 2017 年初进行优质饮用水入户工程改造，并于同年完工，其中，原DN20 旧旋翼表均更换为旋翼远传水表。在改造完成后，5～11 栋用户旁边的两块空地发生变化，一处为新修建好的华苑小区，一处为满京华工地。

2018 年 11 月 1 日上午，管网管理部与航城营业中心实地踏勘发现，翠湖花园 5～11栋的供水管道是共用一根管径 DN110 的 PE 管。该根管道较以往还新增两处用水点，分别为满京华工地及华苑小区。根据营业中心提供的抄表数据，发现从 6 月份开始两处用水点新增用水量较大，基本与用户投诉时间吻合，具体用水量见表 7-5。

具体用水量 表 7-5

月份	满京华工地用水量（m³）	华苑小区用水量（m³）	华苑工地用水量（m³）	翠湖花园（5～11 栋）215 户用水量（m³）
1 月	1820	409	2229	7723
2 月	1326	356	1682	6099
3 月	1888	338	2226	7592
4 月	2132	817	2949	8366
5 月	2519	872	3391	9581
6 月	3932	941	4873	10915
7 月	3478	1238	4716	9928
8 月	3811	1468	5279	10645
9 月	4058	1203	5261	11393
10 月	3829	1379	5208	10856

为更好地了解新增用水点（满京华工地及华苑小区）的情况，11 月 1 日下午，公司人员对新增用水点进行实地踏勘，发现以下情况：

两处用水点均有蓄水池，其控制用水的阀门均为浮球阀，且不定期地开启或关闭；满京华工地用水量大，水表转速极快。

华苑小区供水管网分为高、低压供水。其中，1～3 栋为低压区，直接由市政管网压力直供，经华苑小区水电工反映，小区 1～3 栋水管经常出现异响，且夜间易出现异响。有时连续异响 2～3h，频率大概是 0.5～2min 响一次，有时连续异响 0.5h，频率大概是 1min 一次。

经翠湖花园小区居民反映，水表非正常旋转转速最快的时间为夜间，平时用水时水压不稳定且有气体喷出。

现场踏勘过程中发现，原本翠湖花园 5～8 栋表后是由两条 DN20 不锈钢管分别接通厨房和卫生间进行供水的。但有些用户后期装修改造后，改为单用一根给水管供水，另一根在其阳台处封堵。现场打开封堵的管道后，喷出大量的气体。

根据现场踏勘情况，初步判断可能存在以下几种情况：

情况一：满京华工地及华苑小区用水量大，存在与翠湖花园 5～11 栋抢水情况，导致片区供压力稳定，表前表后水压波动较大，影响水表计量。

情况二：满京华工地、华苑小区用水均由浮球阀控制，其不定时开启或关闭易导致水锤问题，直接导致华苑小区供水管网异响及影响水表计量。

情况三：管道可能存在较多气体影响水表计量。

为进一步分析，根据初步判断情况，进行了校核试验：

（1）现场进行三组对比试验：

1）安装有排气阀的表柱与未安装的进行对比。

对比结果：安装有排气阀的表柱与未安装排气阀的表柱的情况基本一致，仍存在水表旋翼异常旋转的情况，转速及频率基本类似。

2）排放室外消火栓前后情况的对比。

对比结果：室外消火栓排放前后的水表异常旋转情况基本一致，转速及频率基本类似。

3）安装有止回阀的水表与未安装的进行对比。

对比结果：存在异常旋转的水表安装止回阀后，水表并未发现倒转，但止回阀持续发出阀瓣击的金属声，未安装止回阀的水表依旧出现异常旋转。

（2）经协调华苑小区及满京华工地，于11月1日18：00～22：30关闭其阀门，进行分析校核试验，具体现场情况如下：

1）关闭阀门前（17：45）：翠湖花园用户水表存在正反转情况，且正反转圈数不一致。

2）关闭阀门后（18：15）：翠期花园用户水表仍存在正反转情况，且正反转圈数不一致，但转速较此前有所减缓。

3）关闭阀门后（19：45）：翠湖花园用户水表仍存在正反转情况，但正反转圈数接近一致，且转速较此前更加缓慢些。

4）开启阀门后（20：05）：满京华工地、华苑小区蓄水池开始进行大量补水，此时翠湖花园用户水表出现剧烈正反转情况，正反转圈数完全不一致，且正转圈数明显多于反转。

5）开启阀门后（20：30）：翠湖花园用户水表仍剧烈正反转，正反转圈数完全不一致，且正转圈数明显多于反转圈数，但转速较刚开启阀门时有所减缓。

6）20：30～22：30期间进行第二次试验，步骤程序与第一次试验相同，发现其情况与上组试验情况相似。

经校核试验，发现与初步判断的情况一、情况二原因吻合。针对初步判断的情况二，为解决浮球阀导致的水锤现象，首先在满京华工地及华苑小区总表位置加装止回阀、排气阀，并建议华苑小区在浮球阀附近加装水锤消除器。

为解决初步判断的情况一，根据现行《常用小型仪表及特种阀门选用安装》01SS105的标准图集第七页第九条，当水表可能发生反转时，应在水表后设止回阀的说明，首先在翠湖花园5～11栋的水表后加装止回阀，防止水表倒转。

为彻底解决翠湖花园供水压力波动较大对水表的影响，在前面两处施工的基础上，将满京华工地及华苑小区重新从更大管径的供水管道上取水。以减少其对翠花园5～11栋供水管道的影响。经上述改造后，原旋翼异常旋转的水表旋转正常，水量计量正常。

2. 原因分析

（1）翠湖花园原先是采用表后两路爬墙管供水，部分用户装修改造后，将其中一路供水管道预留并封堵，新建的管道与现状管道连通或停水时，被封堵的一路管道进入空气且无法排出，影响供水稳定性。

（2）翠湖花园附近有两个新建小区，且满京华工地及华苑小区新增用水量大，开口的主管径较小，存在抢水问题。片区供水压力不稳定，影响水表计量。同时，满京华工地、华苑小区用水均由浮球阀控制，其浮动区间较小，启闭频繁，易导致水锤问题，影响供水稳定性。

（3）水表反转原因是水表两端连接的管道都有一定量固定的高压水。当市政管网压力升高时，表后管中的自来水或空气体积会因压力增加而缩小，此时就会有微量的水通过水表，水表产生正转；当压力降低时，表后管中被压缩的水或空气因压力降低而膨胀，会有微量的水反流通过水表，水表产生反转。机械表在进水时是下进上出，推动叶轮正转，而倒过来时是上进下出，推动叶轮反转。虽然两头进水量相同，但两向进水所受的阻力不同，反映在水表上的读数相差较大。

（4）管道压力波动较大，原水表组未加装止回阀，水表易受压力波动影响，加装止回阀后可以起到阻止水表倒流的作用。在市政压力升高大于表后管中压力时，水被压缩，水表产生正向转动；当市政压力降低小于表后管中压力时，止回阀自动关闭，水表不会倒转。当市政压力再次升高时，只要压力不高于止回阀后管中的压力，水表就不会转动。

3. 总结提高

（1）在供水管道新增用水点需开口接驳审批时，应考虑拟开口主管供水的富余量以及开口支管的用水量，避免因新增开口导致原供水管道供水量不足，造成管网压力波动较大。

（2）当原有用户的用水量增长较大时，应复核其供水管道的富余量，避免出现供水不足或抢水的情况。

（3）当新增用户时，应加强对其供水设施的审核，避免因浮球阀频繁启动导致水锤影响供水稳定性。

（4）当水表可能发生反转时，应在水表后设止回阀。

7.2.6 通过水量分析，查处暗管偷水

案例来源：河南禹州水司

1. 成果概述

禹州市供水有限公司工作人员在对夏都路以西片区用户核查过程中，发现水量异常，该公司立即派稽查科前往检查，发现一个小区私自接水，最终成功追回了违章水费 7.5 万元。

2. 具体方法

（1）从水量分析中发现问题。

2021 年 5 月 16 日，该公司工作人员在对夏都路以西片区用户用水核查过程中发现，锦绣花园小区西隔壁的丰泽园小区 4 栋 8 层共计 195 户，且有三分之二用户已居住，用水量为 0，其称一直用的自备水源。因该区域总表刚装不久，通过探察水质化验含有余氯，典型自来水水质特征，但该区域用水不正常，偷水嫌疑较大。

经调出该用户历史用水情况分析发现，该建筑于 2020 年 1 月份建好并入住使用，收费系统记录显示 2020 年只有 2 月份用水量为 149m³，其他月份水量基本为 0，明显有偷盗水的情况。

（2）现场检查发现暗管。

该小区在锦绣花园西隔壁，两个小区一个物业公司。同时，该小区泵房与锦绣花园（一户一表）只有一墙之隔，用户称该小区用的自备井，现场取水化验为自来水，经现场开挖，发现有一条暗管连接到隔壁锦绣花园小区内一条 DN100 的供水管道上，属于盗用自来水行为。依据《河南省城市供水管理条例》及相关规定，对该用户下达了违章用水通知书，并要求立即整改并追缴水费。经多次沟通，且有现场照片等证据情况下，该用户不

得不承认违章用水，用户称只用了几个月，后经双方协商，按照每户每月 8t 计收，包括处罚和追缴水费计算时间为 2 年，总居住户 142 户计追缴水费 142×8×12×2×1.75＝47712 元。代征污水处理费及水资源税 142×8×12×1×1＝27264 元，共计追回违章水费74976 元。

3. 借鉴意义

违章用水隐蔽性强。发现和查处难度大，尤其是双配套用户与自备井水混用的地方更难分，走访实施 DMA 分区加装区域总表进行水量分析，能够通过用水量分析判断，并且能果断现场查处。事先要向政府部门汇报了解私装水管偷水事件，得到政府部门协助。这对于违章查处工作的开展具有借鉴意义。

7.2.7　通过走访用户，现场调查发现漏水

案例来源：河南禹州水司

1. 成果概述

2021 年 8 月，禹州市供水有限公司工作人员到一小区走访，有用户反映，近期常听到该小区增压设备附近下水道有水声，公司立即组织维修人员现场察看，发现该小区增压设施下部漏水，流入下水道。

2. 具体方法

（1）该小区只有两栋 8 层楼，49 户，一户一表，抄表到户，是 2006 年建成的小区，未加装总表。

该公司人员到场后未发现庭院管网漏水，因漏点位于设备下部比较隐蔽且直接流进下水道，随后联系设备厂家前来抢修。由于以前该市二次增压设备市场未统一管理，比较混乱，有的厂家设备不过关，且用了近 10 年，设备出现了漏水情况，当即通知该小区物业，让用户储存一定的水量，关闭小区总阀门，联系设备厂家前来修复。

（2）加装小区总表。

因该小区距离主管近，庭院管网较少，供水公司抄表到户，2006 年建成接水时未安装小区总表。通过此次事件，该公司立即加装 1 块总表作为考核表，为以后的管理提供依据，降低漏损。

3. 借鉴意义

（1）加强二次增压设备管理，选择质量好、信誉度高、售后服务好、性价比高的设备厂家，成立二次供水管理办公室，同时对设备定期保养和清洗。

（2）选择质量好、准确率高的计量设施，加装区域考核表，快速推进 DMA 分区，降低漏损。

（3）加强对主管网及支管网的巡查力度，及时发现暗漏；同时，做好检漏记录，并根据现场情况及时更新 GIS 信息，为管网更新改造提供依据。

7.2.8　城中村管网改造 DMA 计量分区建设漏损控制

案例来源：辽宁东港水司

1. 项目背景

东港市城中村包括大东菜农委、站前菜农委、新沟菜农委、刘家泡 8 组、9 组现有居

民 3500 户，供水面积约 1.85km²，城中村以前自来水是由村里自备井供水自己管理，管道敷设错综复杂，老百姓私拉乱接自来水管道严重，管道材质大多是已经淘汰的塑料管，且供水管道安装时间较长（长达 30 余年），东港水司接收后也没有进行大规模改造，故管道暗漏严重，采取常规探漏及修复手段已难以有效控制漏损。2018 年，公司对东港市城中村供水管道改造工程开展专项评估，预估改造费用达 1400 余万元，申报国家专项债也没有成功，因此导致该片区供水管道改造工程暂时搁置。

但近两年东港市城中村的探漏单数、维修单数、压力及水质投诉单数均在东港水司辖区"名列前茅"，相关统计数据见表 7-6。

相关统计数据表　　　　　　　　　表 7-6

探漏及修复情况		管道漏水维修		水质投诉（单）	水压投诉（单）
探漏点数（处）	探漏及修复水量（m³/h）	派工单数（单）	爆管次数（处）		
101	195.8	182	18	10	68

注：统计区间为 2019 年 1 月～2021 年 1 月。

2. 成果概述

2021 年初，公司为彻底解决东港市城中村漏损问题，针对性开展小区 DMA 计量分区建设，对漏损严重的管道实施局部改造和部分重点用户水表出户。改造 De160～De20 长度 3507m，废除老旧管道 1500m，水表出户改造 500 余户，工程改造费用 200.57 万元。另外，该区域于 2021 年 6 月份完成小区 DMA 计量分区建设，及时跟踪漏损突发情况；同年，完成 20 处供水管道改造。截至 2021 年 12 月，城中村漏损率下降至 9.57%。

3. 具体方法

2021 年，该公司根据城中村管道漏损等现场实际情况，主要采用以下几方面控制措施：

（1）小区 DMA 计量分区建设。

经勘查，城中村内大东菜农委、站前菜农委、新沟菜农委、刘家泡 8 组、9 组相邻且边界不明晰。而且，五个委、组共 6 路进水口，村内的供水管网相互连通、错综复杂。

为建立小区 DMA 计量分区，以保障城中村漏损可及时跟踪，将五个委、组整合划分为大东站前分区、新沟分区和刘家泡分区三个考核分区。首先，开展关阀零压测试，仔细复核供水边界，改造不明确主进水管，将 6 路进水改造为 3 路进水口；同时，确定对照表安装位置和型号，然后利用公司智能水表数据管理平台中对照表在线监控分时数据对水量数据比对分析，评估该 DMA 区域计量的管网运行状况。

（2）供水管网改造工程。

依据供水管网的探漏、爆管和维修统计数据，本着"改造一片，清晰一片，精准一片"的原则，制定改造方案和施工先后次序。同时对难以施工区域部分制定专项方案，以保证改造工程进度，确保供水管网改造顺利完成。

（3）水表出户改造工程。

针对城中村内商业性质用水户和一户改造多个出租屋性质的居民用水实施水表出户改造。把他们原有的供水管道全部废掉，更换新的管道，将相邻的十几户户内水表改造到室外水表井内，共计改造出户 509 户，砌筑出户水表井 42 座，从根本上解决了表前接管、倒表等偷盗水现象的发生。改造后商业性质用水水费收入增加近一倍，为城中村漏损率下降做出巨大贡献。

4. 借鉴意义

城中村采取"小区 DMA 计量分区建设＋管网改造、水表出户"的工作模式，双"管"齐下，不仅很大限度上节约了管网改造费用，而且有效地控制了漏损，其主要意义体现在以下两个方面：

(1) 小区 DMA 计量分区建设采用"化大为小、分区计量"的重要方法，可实现小区漏水水平精准评估，及时跟踪和发现漏水点。优先进行漏点探测，以实现水资源的高效利用。

(2) 依据探漏和维修等工作数据因地制宜，对城中村局部供水道管网实施改造，具有工期短、目标性强等优势，有效地解决了城中村供水水质、水压等问题；实施水表出户改造，加强了营业管理和表务管理，提高水费收入降低漏损，具有收益明显、见效快等特点。

7.2.9 进港路内 DN300DMA 计量分区漏损控制

案例来源：辽宁东港水司

1. 成果概述

DMA 计量分区是漏损控制的基础手段，而管网检漏是漏损控制工作的核心，搞好管网检漏会起到事半功倍的效果，将给供水企业带来极大的经济效益。下面以调味品厂检漏为案例，探讨结合 DMA 计量分区和信息化手段进行管网检漏的方法。

2. 具体方法

(1) 项目背景。

进港路内 DN300DMA 计量考核分区，位于东港市东北部，该区域一路独立供水。DN300 口径的考核表在进港路公路道边，这片区域主管道长度 3150m，材质是 $De300$、$De200$ 的 U-PVC，管线位置清晰。根据抄表资料数据，2018 年 5 月份供水量 54444m^3，抄收水量为 34545m^3，产销差率高达 36.55%。该区域为工厂和商业、居民混合区域，有部分工厂夜间生产。

(2) 漏损分析。

2018 年 5 月 20 日，进港路内 DN300 考核表的夜间最小流量为 75m^3/h，日供水量约 2240m^3（日平均流量约为 93.33m^3/h），夜间最小流量÷日平均流量×100＝80.4%，属于 A 类（40% 以上）较差水平。

根据考核表在线监控的分时流量数据分析，2018 年 3 月 8 日考核表用水曲线逐渐上升，说明考核表区域管网可能产生新漏点并逐渐恶化。

(3) 采用多种漏水探测方法确定管网漏点位置。

根据数据分析判定该分区存在新增管网漏口，为缩小范围以便更加精准实施探漏，采用关阀试验＋便携式流量计流量标定＋听漏仪精准定位的多种漏水探测方法相结合。

前期准备工作，联系营业、维修部门对区域内的工厂阀门状况进行排查，了解工厂阀门的位置。根据管网和截断阀门的分布，划分为 5 个考核区。

第一步，我们在夜间最小流量时关闭各个工厂的进户阀门来观察进港路内 DN300DMA 计量考核分区远传表（A）的读数，发现还有 40 多 t/h 的流量，确认了这个分区尚有漏点。

第二步，关闭远传表（A）下游 DN300 阀门，流量由 46t 降低到 39t；关闭 DN200 阀门，发现 DN200 流量由 39t 降低到 0t，确定漏点在 201 国道北侧 E、F 考核分区内。

第三步，E、F 考核分区区域内管道距离较长，管道上阀门井很少，采用区域分段最小流量法，在这段管道选出 3 处流量监测点，并将管道挖出来，在夜间用便携式流量计分别在各处监测点上标定管段流量，最后确定漏点在一段 1000m 长 De200 的管道区域内，夜间最小流量为 30t/h 左右。

第四步，采用路面听声法用听漏仪在确定有漏点的区域内沿管道上方的地面听测。但是，这段管道的埋设位置都在工厂的院内，工厂夜间生产机器发出的噪声给听漏增加了很大的难度。对此，我们根据各种不同噪声的不同频率改变听漏仪高低频率，并把听漏仪频率范围调到很窄，用听声杆做辅助判断分析。经过几天晚上的检漏工作，在一家工厂的锅炉房附近，终于在一片噪声中听测到了微弱漏水声音。漏点开挖后，是通往调味品厂的 DN150 的分支钢管锈蚀漏水，每小时流量 29.5t/h。漏口上方是调味品厂的排污管线，漏水就是从这根排污管缝隙流走的，而没有在地面反映出来（图 7-30）。

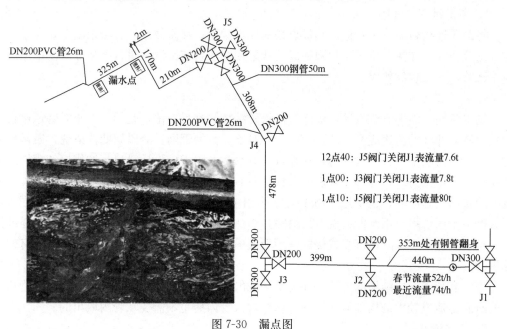

图 7-30　漏点图

3. 借鉴意义

通过对高耗 DMA 小区的降漏治理，以降产工作为抓手，提升了各项工作的精细化管理水平，具体体现在以下四个方面：一是，加强了部门联动机制的运行，在降漏工作上从数据分析入手，客户服务部分析数据后发现异常立即通知相关部门，并与供水管理所、管网运营部共同查找原因，各司其职，提高了工作效率的同时形成闭环，为降产工作开通了便利的通道；二是，小区 DMA 漏损控制工作能够缩小范围，将有问题的区域在最短时间内通过小分区模式找出来，提高工作效率，起到精准降漏的作用；三是，对于管道距离较长的漏点，使用便携式流量计有针对性地进行区域检漏法，能发现和缩小漏水区域，起到事半功倍的效果；四是，当环境噪声影响地面听声法时，要设法消除噪声的干扰或者合理选择听漏仪频率，调窄频率范围，从相同中找不同。

7.2.10 管道清洗方法与案例

案例来源：《城市供水管网运行管理和改造》（何维华主编）

清洗管内壁的方式分化学清洗法、机械清洗法、高压射流清洗法、水力清洗法和气水清洗法等方式。

1. 化学清洗法

把一定浓度（10%～20%）的硫酸、盐酸或食用醋灌进管道内，经过足够的浸泡时间（约 16h），使各种结垢溶解，然后把酸类排走，再用高压水流把管道冲洗干净。酸类在溶解各种结垢的同时也对金属管壁起腐蚀作用。

2. 机械清洗法

采用机械刮除。机械清洗法必须断管后实施，施工难度较大，通常刮管后应立即涂衬，否则更易腐蚀。

3. 高压射流清洗法

将高压连续射流冲击管道，其优点是消耗水量少，冲洗效果好。哈尔滨工业大学给水排水系统研究所在沈阳市供水管网中成功地采用高压射流清洗法进行了清除管内结垢层的应用试验，取得较好效果。

4. 水力清洗法

供水管网内结垢有软有硬，清除管内松软结垢的常见方法，是用压力水对管道进行周期性冲洗，冲洗的流速应在 1.2～3.0m/s。对于运行的管网，分段周期性清洗，通常采用的就是水力清洗法。管道设计时，在邻近地表水沟及附近应设冲排口，冲排口的规格应保证在管网工作压力下，冲排口开启能形成主管道的排水流速不小于 1.2m/s。用压力水冲洗掉的管内松软结垢，是指悬浮物或铁盐引起的沉积物，虽然它们沉积于管底，但同管壁附着得不牢固，可以用水的冲洗方法清除。当然，这类结垢沉积过久就粘紧，不容易冲洗掉。若结垢是由于碳酸盐沉淀或侵蚀作用形成的坚硬沉淀物时，用水冲洗是起不了有效的作用的。

为了有利于管内结垢的清除，在需要冲洗的管段内放入冰球等，利用球可以在管道变小的断面上造成较大的局部流速冲洗。冰球放入管内后是不需要从管内取出的。

5. 气水清洗法

管道"洗澡"是清洁管道的有效措施，管道冲洗要耗用一定的水资源。从这个角度考虑，采取其他措施改善管网水质是重点，尽量减少管道冲洗耗水是方向，但是为了改善管网水质，必要的周期性对管道冲洗耗水是不应省的，条件许可时带气水冲洗措施可适当节省水耗。

西安市自来水公司在 20 世纪 70 年代，就对运行中的管网分段分期用水气混合法进行冲洗，以改善冲洗效果，水的压力大于 0.2MPa，空气由空压机（容量 6～10m³，气压为

0.7MPa）间断供给，开停周期约 5min，利用空气的可压缩性，在管内形成间断的气囊，随着气囊的压缩和扩张，产生具有一定频率的气水流，使管内紊流加剧。水气激流冲击着管壁的沉积物和附着物，随高速水流由排水口间断喷出。开始排出的水比酱油还浑浊，色度高，一般冲洗 2h 左右水质才会转好。

改进压缩空气在管内的喷射方式，强化气水流的脉冲频率，会显著提高管道冲洗的效果。被冲洗管道长度不宜超过 1km。事先应做好停水的准备，向用户发停水通知单，并使该管段和管网隔离，关闭用户进水管阀门。排水口若不设在河边，应使用胶管引至路面雨水道，并临时性卡固好。

这种用水冲洗及水气混合冲洗的方法简便、迅速，比其他方法耗费低，对管内涂层没有副作用，新管道输水前的清理通常都采用气水洗方法。

近 10 年，哈尔滨工业大学给水排水系统研究所开发了多种新型管道智能冲洗设备。把传感器测量、计算机控制技术结合在一起，提高了冲洗效果。

管道清洗周期：供水单位应根据管网布局、运行状态、铺设年限、管材内衬状况及管道水质事故资料等，编制管道清洗计划，清洗计划应包括清洗方式、清洗线路和清洗周期等；内衬较好、流速较大的管段，可适当延长清洗周期。对于水泥压力管管材及内衬良好的金属管管材，当管段 24h 中有若干小时流速达到一定值时（如 1d 有 4h 流速大于或等于 0.7m/s 时），对不易沉淀的管段，宜 5~8 年清洗 1 次；否则，为容易沉淀的管段，宜 2~3 年清洗 1 次。

对于内衬不好的金属管材，关键在于技术改造，未改造前管段 24h 中有若干小时流速达到一定值时（如 1d 有 4h 流速大于或等于 0.7m/s 时），为影响较重的管段，通常宜 2~3 年定期清洗，清洗时可考虑用加气等辅助清洗措施；否则，为影响严重的管段，其流速较低的配水管或连通管，清洗时可考虑用刮垢等辅助清洗措施，清洗周期宜 1~2 年。刮垢清洗的管段应及时补做内衬（水泥砂浆或环氧树脂等内衬），否则结垢速度倍增。配水管道是管网清洗的重点，枝状管段的末端排水清洗宜 0.25~0.5 年 1 次。

7.2.11　揪出"水耗子"，喝上"明白水"

案例来源：网络

1. 案件背景

某网站揭示了一起围绕水费形成的贪腐窝案。值得注意的是，涉案人员的职务普遍不高，多为当地自来水有限公司的抄表员，然而，通过少抄实际用水量的方法，涉案抄表员收受所在辖区用水企业、社区、城郊村贿赂，涉案金额达 444.7 万元，其中受贿、侵吞资金最多的达 119.6 万元。截至目前，14 名涉案人员已经接受审查调查，多名涉案人员已陆续受审，一审获刑。

2. 过程概述

这起窝案被发现，缘于一次偶然。一段时间以来，不断有群众举报，反映陕西省某市某区街道办事处某村水费收缴不透明，村集体财务支出存在问题。在核实水费收缴过程中，办案人员"意外"发现，市自来水有限公司存在漏损率超高的问题。2018 年，该水司管网漏损率为 14.39%，最高时达 24%，仅高损耗率一项，每年就造成自来水亏空上百万吨，也是造成市自来水有限公司长期亏损的重要原因。

为了搞清楚原委，当地成立了联合专案组展开调查。调查过程中，工作人员发现群众反映的某村财务支出居然是一笔"阴阳账"。某党支部原书记张某伙同村民史某某虚开工程发票和自来水费发票在村集体账户报销。"村账显示，该村有一笔80.8万元支出用于修建道路。而事实上，经调查，村里并没有修路。"为防止伎俩被拆穿，张某等先后8次向自来水有限公司抄表员李某转账共计7万元作为好处费，通过少抄实际用水量，帮助张某等达到套取资金的目的。

专案组研判认为，这很可能不是一起孤立事件，大概率是一起涉水收费的腐败窝案。通过对2010年以来所有抄表员进行摸排，延伸拓展至自来水工程项目建设、水表采购等领域，先后对抄表员、自来水安装配套公司员工等10人开展审查调查。循着线头，市纪检监察机关挖出了一窝靠水吃水的"水耗子"。

3. 线索追踪

抄表员是如何走上贪腐道路的？网络公布的部分判决书给出了答案。1979年出生的黄某，案发前曾是某市水务集团一名普通的抄表员。起诉书显示，从2016年至案发，黄某负责抄表的6个小区及两家酒店均曾给予过他"好处费"，目的是希望黄某能对涉事小区"少抄实际用水量"。

以其中一小区举例，该小区物业服务公司负责人贾某向黄某承诺，如果黄某能少抄一点该小区的实际用水量，事后会给黄某好处。此后，黄某提出，每月他可以给该小区少抄2000t左右的实际用水量，贾某只需将少交的一半水费（3000元）给他就行。贾某同意了此方案。自2016年7月起到2018年11月，贾某先后向黄某支付25笔"好处费"，共计7.5万元。除了小区外，酒店经营人也曾对黄某有过类似要求，判决书显示，黄某负责的6个小区及两家酒店均曾给予过他"好处费"，合计涉案金额20余万元。法院认为，黄某作为国有公司中从事公务的人员，利用职务上的便利，非法收受他人财物并为他人谋取利益，数额巨大，其行为已构成受贿罪。但黄某有自首情节，可减轻处罚。黄某一审被判处有期徒刑2年，缓期3年并处罚金10万元。除了抄表员从中牟利外，部分判决书的内容显示，有的物业负责人也利用"少抄实际用水量"为自己谋取非法利益，最终受到了法律的审判。

在这次"体检"中，专案组还发现市区内存在部分假冒伪劣水表，不走、快走等现象时有发生，市自来水公司存在管理不善、整治不及时、资金监管、工作程序不合规等方面的问题。由于生产管理松懈，一些干部职工利用公共资源谋私，抄表员"用多抄少"、跑冒滴漏，长期得不到纠正，造成自来水漏损率居高不下，企业连年亏损。为此，市纪委监委主动对各级纪委成立4个清查小组，深入市内8个县级供水公司开展拉网式清查，排查出各类风险问题141个。

4. 成果概述

案发后市、区纪委监委干部在村民家中回访用水及水费收缴情况。当地已先后组织法治教育培训12次，警示约谈368人次，"一事一约谈"35人次。此外，当地大力推行居民阶梯水价，严格用户接水审查，市区内设置75个抄表收费员服务监督牌，对发现的水表及水表井267个问题全面整改，投资1219万元改造非居民智能水表1659块……"自来水漏损率从2018年的24%下降到目前的9.45%。当年公司营收10246.83万元，实现25年来首次盈利。"

这起案件的查处，不仅让当地老百姓终于喝上了"明白水"，也再一次证明，我党反腐力度不减、打击节奏不变，人民群众关心的痛点在哪儿，正风反腐的焦点就在哪儿，有腐必反、有贪必肃——"打虎拍蝇"，无禁区，全覆盖，零容忍。

7.2.12 收费员截留水费案的反思

案例来源：网络

1. 事件背景

某水司收费员黄某从 2013 年 11 月至 2018 年 11 月止，共截留水费人民币 684 万余元，其截留水费用于购买房产、车位等。因担心被查处，黄某于 2019 年 3 月共分 3 次，向公司账户退缴截留款 211 万余元。

被告人黄某是自来水有限公司的一名收费员，为了满足个人的生活需求，其利用自己收费员身份，在 5 年时间里通过截留水费的方式挪用公司 684 万余元为自己购置房产、车位。公诉机关认为，被告人黄某利用职务上的便利，挪用公款数额巨大不退还，其行为已触犯刑法，犯罪事实清楚，证据确实充分，应当以挪用公款罪追究刑事责任，建议判处 9 年有期徒刑。案件将择期宣判。

2. 案件条件分析

除了该水司收费系统存在较为明显漏洞之外，管理混乱才能"造就"一宗作案时间这么长、金额这么大的案件。

收费员连续在岗时间比较长。作案时间长达 5 年，该收费员在岗位上至少连续工作 5 年没有换岗。如果按照各水司的换岗制度，也许不会出现这种案例。

当事自来水公司规模比较大，水费收入比较多。5 年被截留 684 万，平均每年 130 多万，月均也达到 10 多万。假如一年的水费达到 1 亿，每年截留 130 多万只占应收水费的 1.3%，就相对容易蒙混过关；否则，如果一年只有一两千万的水费收入，截留这么多就很容易被发现。

每月收取大量的现金。如果用户采用走银行或其他第三方支付方式缴费，需要发票的用户只是到营业厅提供缴款凭证打发票，钱根本不到收费员手上，那么收费员能截留什么？所以，收取大量现金是作案条件之一。如果有些大户也是习惯缴现金的，那么就相当于给作案者"助攻"，因为作案次数可以更少。

报账程序监管不严。案情报道收费员报账制度中只有月结，估计没有日结（可能有日清，但仅是上缴款项，不认真核账）或周结制度。报账监管比较松懈，久而久之就会让有企图的人产生歪主意，所以也是一个重要的作案条件。

收费系统票据管理功能较弱。除了案情提到漏洞之外，收费系统应该没有很完善且严格的票据管理功能，或者没有很好地借助税务部门要求安装的发票税控系统对票据进行管理，否则发票作废、恢复等操作都将受到较为严格的监管，也有相应的报表反映作废数量等关键数据。而案情所述的情况，收费员基本上可以随心所欲、肆无忌惮地作废、恢复发票。

估计没有对水费资金回收情况进行管控和考核。如果企业有比较完善的水费资金回收情况管控和考核机制，当出现较大的实收金额被截留时，将会出现财务账面与系统提供的欠费比例、欠费金额之间存在较大差异的情况。

3. 问题反思

自来水公司的营业收费系统事关重大，其底层设计一定要非常严谨，监管手段要全面，要经得起安全性考验。业务系统的建设不仅要体现业务运营思维，还要体现财务监管的思维，而且要在系统内实现有效的监管。

管理漏洞与系统漏洞一样致命。案情中虽然有明显的系统漏洞，但如果能做到严格监管，通过较强的内控经验也可以实现有效监管，不至于出现这么严重的情况。例如，财务人员或其他管理人员能定期核对财务账面、系统报表与收费员个人报表等关键数据是否相符一致，也会大大降低其作案成功率。

大额水费尽量通过银行或第三方渠道直接进入对公账户，尽量减少现金收费。自来水公司如果能向用户提供更多缴费渠道，例如微信、支付宝、银行代扣、自助缴费终端、ATM、刷卡等，那么在方便用户的同时，也能有效减少现金收费的数额，从而间接降低现金管理的风险。

除了水费之外，自来水公司也要关注对代收费用的监管是否到位。例如，很多地方都是把污水费、清洁费等由自来水公司代收，而收费的主体平时都只是关注总体数额是否合理，而代收费过程是否有漏洞、有问题则不可而知，更多是需要自来水公司来监控，但自来水公司又很可能因为收到的款项不是自己的，所以在这方面的监管可能比水费要放松一些。但实际上，如果一旦出现类似的问题，自来水公司作为委托收费单位，肯定是要承担主要的监管责任的。

员工长期在一个岗位上工作未必是好事。供水行业是公共服务业，行业竞争压力不大，所以有些企业觉得人员岗位越稳定越好，没必要换岗。当然，也有的企业领导主要是怕麻烦，所以如果不是员工得到晋升、个人身体原因等重要情况，就很可能从进入自来水公司那天开始，就一直在一个岗位上长期工作下去。

加强经营指标的统计、分析和考核，将是提高企业内控质量的基本手段，因为数据通常能客观地反映整个经营管理过程的基本情况，把数据管理好、运用好，就能把很多问题的本质看清，从而有针对性地做出改进。

7.2.13 送水泵站出厂水流量计误差在线分析

河南某地级市自来水公司有两个水厂，一个原水提升泵站，在用的原水流量计和出厂水流量计共9台，其中管段式电磁流量计7台。这部分电磁流量计使用的年限最短的5年，最长的达12年。近期，该公司水表检定站组织相关部门分别使用便携式超声波流量计比对法、电参数法、清水池容积法对出厂水原水、出厂水电磁流量计的准确度进行检测分析：

1. 便携式超声波流量计比对法检测结果

见表7-7。

便携式超声波流量计比对法检测结果　　　　　　　　表7-7

安装地点	口径（mm）	电磁流量计（m³/h）	便携超声波流量计（m³/h）	误差（%）
深井水厂	600	1085	1065	1.88
地表水厂	900	4436	4386	1.14

续表

安装地点	口径（mm）	电磁流量计（m³/h）	便携超声波流量计（m³/h）	误差（%）
南水北调水厂	1200	4021	4223	−4.78
原水泵站	1200	4621	4475	3.26

2. 电参数法检测结果

见表7-8。

电参数法检测结果　　　　　表7-8

安装地点	口径（mm）	传感器	精度
深井水厂	600	各参数正常	准确度±0.5%以内
地表水厂	900	各参数正常	准确度±0.5%以内
南水北调水厂	1200	励磁线圈短路	70kΩ
原水泵站	1200	各参数正常	准确度±0.5%以内

从表中数据可以看出，两种检测方法的结果比较吻合；

南水北调水厂的出厂水流量计在使用便携式超声波流量计比对法检测的结果误差达−4.78%；用电参数法检测，发现其励磁线圈已短路，励磁线圈对地绝缘电阻只有70kΩ，正常值应大于20MΩ，两种方法的结果均显示其异常。

原水泵站出厂水流量计，使用超声波流量计比对法检测结果显示相对误差为3.26%，计量偏快，超出所规定的误差，可再用其他方法评估。

两种检测方法都有其优点和不足，建议在实际工作中根据流量计的性能、使用情况结合使用。另根据国家颁布的行业标准《管道式电磁流量计在线校准要求》CJ/T 364—2011，已将超声波流量计比对法、电参数法纳入其中，也证明这两种方法的可行性。

要保证流量计的稳定性和准确度，日常管理非常重要，下面是对流量计管理的一些建议：

（1）合理选择流量仪表，规范安装条件，减少误差来源。

（2）加强检测工作：安排人员定期对仪表进行检查维护管理，以市区供水分公司为例，每季度使用超声波流量计比对法对水厂原水、出厂水电磁流量计进行检测，当超声波流量计比对法的检测结果显示异常时，使用电参数法或容积法对其进行复测，根据结果查找异常原因。

（3）重视数据分析工作：建立完整的流量计管理档案，记录新装和使用中的检测数据，并对监测数据、水泵开机情况、水位变化等多种参数综合分析，判断流量计的运行情况。

（4）在长期使用中，流量计各部件会有腐蚀、磨损、积垢、老化等现象，造成流量计的稳定性、测量准确度下降，甚至发生故障。逐步对使用年限长、准确度下降的流量计进行改造。

3. 清水池容积法

原理：该方法是以清水池作为一个标准容器，在一定的时间内记录通过在线流量计的流量，同步记录清水池水位的变化情况，并计算清水池水量的增加量（或减少量），比较通过在线流量计的流量和清水池水量的变化量，以后者作为标准值，计算在线流量计的误差，进而调整在线流量计系数，以达到检测、校准在线流量计的目的。

为校准净水厂出厂水流量计采用清水池容积法，流程大致如下：

（1）液位控制：由制水班组将清水池液位控制在 4.5m 左右，保障余量充足，不至于影响供水安全；

（2）关闭进水：调节滤池后端阀门，保证清水库无进水；

（3）初始测量：测量起始液位并记录，同步记录流量计累计流量及瞬时流量；

（4）周期测量：以 20min 为周期，重复测量 5 次。这样可以获取多个数据点，提高校准的准确性。

部分记录数据见图 7-31。

出厂水流量计校准数据记录						
序号	时间	3时	3时20分	3时40分	4时	4时20分	备注
1	清水库液位（东）	4.48m	4.44m	4.29m	4.15m	3.62m	清水池体积：面积 894.24×（清水池落差 4.48-3.62）=769.05m³
	清水库液位（西）	4.47m	4.44m	4.41m	4.37m	3.70m	清水池体积：面积 894.24×（清水池落差 4.47-3.70）=688.56m³
2	出厂水瞬时流量	1457m³/h	1429m³/h	1458m³/h	1439m³/h	1209m³/h	清水池面积=30m×30m-（清水池顶板顶柱体积16根×0.6m×0.6m）=894.24m²
3	出厂水累计流量	82588064m³	82588540m³	82589016m³	82589496m³	82589484m³	流量计累积水量=82589484-82588064=1420m³
4	结论	清水库容积法减少量：清水池落差体积 769.05+688.56=1456.61m³ 流量计累积水量 1420m³ 误差流量计偏慢：(1420-1457.61)/1457.61=-2.6%					

图 7-31　数据记录表

结论：出厂水流量计偏快 2.6%。

4. 出厂水流量计瞬时流量比对法

【案例 1】河南某水司送水泵站 1 号水泵铭牌参数：$Q=760m^3/h$，$H=35m$，电机转速 1480 转/min，泵效率 86.9%，轴功率 83.4kW。

实际运行情况，开泵一台 1 号工频泵，运行电流 176A，压力设置 0.35MPa，同一时点出厂水流量计实时瞬时流量 960m³/h。计算流量计误差：

（1）计算铭牌每千立方米水提升每米耗电量=2.723（常数）÷0.869（泵效率）=3.14kWh/（km³·m）；

（2）估算瞬时每千立方米水提升每米耗电量=176A÷$\sqrt{3}$÷960÷35×1000=3.02kWh/（km³·m）。

（3）评估。水泵铭牌流量为 760m³/h，计算结果耗电量 3.14kWh/（km³·m），水厂流量计瞬时流量为 960m³/h，计算结果耗电量 3.02kWh/（km³·m）。按照水泵的能量守恒原理，水泵完全在高效率运行情况下，不可能耗电量再降低，流量计也不可能超过水泵铭牌额定流量走到 960m³/h，计算：（960-760）÷760=0.2631，所以流量计至少偏快 26.31%。

经查验，该水厂出厂水流量计是十几年前安装的插入式涡轮式流量计，表头二次仪表零点漂移。近几个月来，产销差率增加 30%左右，查阅水厂历史电耗报表，发现从一年前吨水耗电量就开始降低，流量开始逐渐增大。

【案例 2】河南某市高新区水厂送水泵站 1～5 号水泵铭牌参数：$Q=1620m^3/h$，$H=40m$，电机转速 989 转/min，泵效率 84.9%，轴功率 208kW。

实际运行情况，夜晚开泵一台 1 号变频，频率 47.8Hz，泵口压力 0.37MPa，出厂水流量计实际瞬时流量 1439m³/h。

1）计算电机转速；电机转速公式一：$n=60f/p=60\times47.8\div3=956$ 转/min。

其中，n 为电机同步转速，f 为供电频率，p 为电机极对数，可知电机供电频率 f 与转速成正比。

水泵转速公式二$=\sqrt{37\div40}\times989=951$ 转/min；与变频器显示结果基本相同。

2）流量与转速成一次方关系：$Q_1/Q_2=n_1/n_2=1620\times(956\div989)=1565.95m^3/h$；

3）流量计误差分析：流量计实时瞬时流量 1439m³/h，计算出流量为 1565.95m³/h，流量计误差评估$\approx(1439-1566)\div1439\times100=-8.83\%$，该出厂水流量计疑似偏慢 8.83%，该水司用其他方法对出厂水流量计再次评估，都出现偏慢现象。

7.2.14 复杂环境下的大口径供水管道漏点的定位和修复

案例来源：深圳水务集团

1. 事件描述

2018 年 5 月 15 日 10：30，工作人员巡查布吉河排放口时，发现位于洪湖西路布吉农批市场旁的雨水排放口有清水排出，经检测为自来水，判断附近供水管道发生泄漏。维修人员接报后，按照 GIS 图纸指引关阀试停水，发现布吉路与布心路交界处 DN1000 地下给水管阀门关不紧，随即联系阀门维修分公司更换阀门。随后关阀停水，观察发现雨水口清水量大大减少，初步判断为布心路北侧 DN1000 管道漏水，漏点位置在泥岗铁路桥西侧，随即组织队伍开挖修复漏点。DN1000 供水管与 DN1200 原水管共同埋设于泥岗铁路轨道下方的管沟，为保障铁路的安全稳固，工作人员决定在铁路轨道东西两侧一定距离处开挖进入管沟。

现场开挖发现，泥岗铁路东侧，距离地面 1m 处，管沟上方浇筑了 60cm 厚的钢筋混凝土。施工人员采取打空调孔的方式，利用 DN100 水钻打钻 21 个孔，破开管沟顶部混凝土。工作人员从东侧观察井进入管沟后，沿 DN1000 管线向西寻找漏点，但在前进方向 50m 处，被管沟内大约 400m³ 混凝土挡住去路，东侧开挖维修方案被迫中止。

工作人员随即执行第二套方案：在泥岗铁路西侧开挖施工井进入管道维修漏点。施工人员避开铁路西侧 100m 处的挡土墙，在 400m 处的某连锁酒店院内开挖查找 DN1000 管道，找到管道后开天窗放入鼓风机；同时，在铁路东侧的 DN1000 供水管上也开天窗放入引风机，开启两台风机，抽排管道内有害气体。待管内环境安全后，工作人员通过天窗进入 DN1000 供水管，查找到漏水原因为两节管道连接处焊口开裂。随即采用"内焊修复"技术修复破裂管道，并做防腐处理。

管道修复完成后，工作人员在西侧施工内的管道上安装了排气阀，在管道东侧天窗位置安装了排泥阀。通过排泥阀、排气相互配合排气冲洗后，水质检查合格，开启阀门恢复正常供水，并将破损路面进行回填修复。

2. 原因分析

供水管道漏点难寻：现场管线与 GIS 图纸不符，漏水管道位于铁路桥下管沟，管沟上方还筑了 60cm 厚度的混凝土，埋深较大，探查设备无法检测，只能人工进入管沟排查；但管沟内部空间狭小且被土石封堵，无法寻找漏点，因此只能另行开挖施工井，管道顶部开天窗进入管道内部。

漏水的直接原因是：两节钢管连接处焊口开裂，裂缝约 95cm 长，7cm 宽。DN1000 供水管道位于泥岗铁路轨道下方管沟，建设运行时间久远，管沟中有大量土方，潮湿环境加速钢管焊口锈蚀，且长期承受列车往来产生的振动，引发焊口开裂。

3. 总结提高

（1）该处漏水管道和另外一条 DN1200 原水管共同敷设于管沟中，管沟中有大量土方，外部维修作业空间狭小，且位于铁路下方，不具备直接开挖条件，无法采用外焊修复技术。采用内焊修复方案较合理。

（2）日常运营管理应加强市政大口径管网检漏工作，分区域、分管材逐步计划性检漏，争取在漏量较小时及时发现、及时补救。同时要做好检漏工作记录，建立辖区管网管理档案，并根据现场情况及时更新 GIS 信息。

（3）管道开挖维修后预留施工井，便于后期管养维护。

7.2.15 大型供水干管事故修复

案例来源：深圳水务集团

1. 事件描述

2019 年 3 月 18 日，分公司接报，东湖立交隧道施工单位发现罗湖区东湖水厂门口东部过境隧道出现地陷，曾有大量不明水流从隧道顶部涌入，隧道积水已达 2.7m。

分公司立即派出技术人员排查，先后确定塌陷区域内 DN1200 水厂出水供水干管爆管、DN800 污水管完全脱节。确认 DN1200 爆管并立即启动应急预案。关闭阀门进行停水，并向集团公司领导、客户联络中心、管网运营部等职能部门报告。该 D1200 出厂干管关阀造成周边区域水压下降 2~8m，每天出现大量水压投诉，一方面集团公司安排客服人员拜访用户，进行解释和安抚；另一方面，督促建设单位、施工单位在抓紧时间消除地陷隐患、稳定地基后对破坝管道实施修复。

地基稳定后，集团公司立即对 DN1200 供水管开"天窗"进行视频取证并确定管线损害程度，组织隧道建设方、责任施工方探讨管线修复方案。由于管道受损情况十分严重，常规修复方式无法满足管道长期安全稳定运行的需要，需要重新铺设管道并将破损管道废除。鉴于地下空间受隧道顶进导致地层不稳定等因素的影响，加之因交通繁忙不具备开挖施工条件，短期内不具备正式修复条件，因此，专家小组制定了先"临时修复"、后"永久修复"的方案，以确保夏季高峰期来临前用户的用水需求。临时修复采用进入管道内部进行焊接修复断裂接口的方式，为了确保管道的连接强度，连接处采用钢筋焊接拉紧的加固处理，管道修复完毕试压合格后恢复通水。

2. 原因分析

造成管道断裂的主要原因如下：

（1）管线与隧道间距不足。东部过境隧道下穿管线施工，隧道顶板与管线网距约2m。当采用浅埋暗挖法施工隧道时，掌子面发生沉降，出现塌陷，导致管线受力不均并破裂。

（2）安全保护措施不足。施工前对该重要供水干管未制定专项保护方案，未组织专家论证，施工过程中施工方麻痹大意，监管不足，未有效观测沉降量。

（3）施工质量差。该供水干管为焊接钢管，为2年前曾被施工方改迁铺设的新管，由于施工未按照要求进行双面焊接，加之钢管外壁未作保护，防腐层在顶进过程中被刮伤，导致管道由外而内发生锈蚀，在地层发生沉降的情况下，管道接口处破损漏水，引发地陷事故，进一步造成管道断裂。经内窥检测，焊缝普遍存在严重的锈蚀情况。

（4）施工监管、工程检查验收不到位。在管道通水环节没有把好质量关。

3. 总结提高

（1）进一步健全管理制度，进一步完善施工工地供排水设施管理办法。对在管道安全保护范围影响内的施工项目，为确保供排水设施安全，需制定工地管理办法，加强工地管理。

（2）确保管线保护措施的落实。尽管大部分施工工地都已签订供排水管道设施安全保护协议，但协议中的要求未能一一落实到位，包括未落实管道保护措施，未有效跟进施工进展，未掌握地面沉降信息等，应一一落实管线保护协议中的要求。

（3）加强现场工程监管。造成此次地陷事故的主要责任单位是东部过境施工单位，但现场管理人员也存在监管不到位的问题，应加强工程质量监管，不合格管道不能进行碰口审批。

（4）需加强监督考核。各管理层级应对工地管理相关工作加强检查与考核，包括管线改迁等进行定期、不定期的检查与考核，并与个人绩效、单位绩效挂钩、确保工作落实执行到位。

7.2.16 制度范本｜供水产销差控制实施方案

案例来源：网络

供水产销差控制实施方案

1. 表计管理

（1）用于水厂进、出水的计量仪表选型必须先进准确，确保计量精度。建议选用管段式电磁流量计，并对仪表进行统一管理，由水厂、水表鉴定站共同用清水池容积法与流量计对比每半年校验检定。

（2）加强大用户水表的管理。首先，在大口径水表的选型上选择计量精度等级达到国家标准，灵敏度高（始动流量小）的水表；其次，水表口径的选择应根据用户实际日用水量来确定，根据用户小时流量选择接近常用流量的水表口径；最后，还应加大对大用户水表跟踪查抄力度，对查抄中发现的故障水表、"大马拉小车"水表、占压表井、水表井盖损坏、丢失、水表地址不详等问题及时进行处理，保证水表计量的准确性和供水设施的完好性，改善抄表环境。

（3）规范新装水表的设计、验收工作，提高水表计量的精确性。设计要求按照规范选用计量等级为B级的水表，各种用途的水表、分户表装有锁闭阀，进表箱水表前装有排气阀等；提高、控制水表质量；验收人员严格按规范验收。

（4）细化片区，加装片区表，在管网上增设计量点，通过分片分级测量，及时确定漏损区域，提高维修效率，减少漏损水量，而且此计量方式也便于指标承包和考核。

（5）对各种计量设备定期检查，进行建档跟踪管理，制定完整的计量设备管理和更新。

（6）增强抄表人员的工作责任心，提高抄表质量，注意对水表的跟踪管理，对有异常情况的水表及时解决。

2. 施工、维修管理

（1）选用新型管材。DN200以上管材必须使用球墨铸铁管、口径较小PE管、PVC管、PP-R管等管材，不再使用镀锌管、钢管等易腐蚀、易产生二次污染的管材。

（2）认真设计供水管道的排气阀。特别在主干管、地势落差大、靠近机房的输水管道上的排气阀设置尤为重要。

（3）抓好管道工程施工质量，做好管道基础处理工作，严格按照规范要求进行回填。严格材料的验收、检查制度，管道在搬运、存放时要按要求执行，钢管及钢制件按标准严格进行防腐。严格按照施工图及施工规范，不可随意变更设计。严格按照规范做好管道试水、试压工作，认真做好竣工图的绘制，及时归档备案，方便管网的管理和维修。

（4）采用有效的激励机制，成立专业的检漏队伍，配备先进的检测设备，有效开展检漏、修漏工作。尤其是通过漏水检查，提高暗漏探测的准确率，减少暗漏损失，整个管网的漏损也将得到控制。专业检漏队伍，暗漏检出率和他们的工资、效益挂钩，并有职能部门对他们的检漏成果进行合理的核测，调动人员积极性，最大限度地降低管网漏损率。

（5）制定《供水突发爆管应急预案》。遇突发爆管事故，公司维修人员迅速到达现场，制定抢修方案，使用现代维修配件，有条件的情况下采用不停水、不降压快速抢修工艺，争取最短时间修复和减少漏水量。

（6）加强供水系统管网的巡查养护工作。把管网分区域管理，每个区域指定专人负责，要求熟悉该片区的管线走向，对该区域管线定期巡检、维护。

（7）制定合理的管网改造规划。结合管网总体规划和城市发展规划要求，不断进行管网优化，从而改善管网水质，增加输水能力，进而降低管网漏损和减少管网修复时间。

（8）在管网运行中应进行有效的压力控制。在供水干管关键处测压点，通过采集的数据来调整水厂出水压力，以预防管网水压过高产生爆管，造成漏损。

3. 其他事项

（1）加强拆迁区用水管理，旧房拆迁时往往出现水费难以回收、水表丢失、管道漏水严重等问题。对此要积极与开发商进行沟通，采取"提前介入、实时跟踪、广泛宣传、现场办公"的方式，做好水费回收、水表拆除、断堵废弃管道等工作，杜绝漏水现象，减少公司的经济损失。

（2）规范新装水表的流程，有效缩短各工序传递的时间，加快水表首次抄表速度。

（3）加大供水稽查力度，一是对偷水、转供水、擅自改变用水性质和破坏供水设施的行为积极进行查处，规范用水秩序；二是加强对司内部员工违规违纪行为的监督和检查；三是坚持实行举报盗用水和举报破坏供水设施奖励制度，提高广大用户和公司员工举报偷漏水的积极性。

7.2.17　低温状态下给水管网设备抗低温性能研究实验报告

源自:《城镇供水系统应对冰冻灾害技术指南》(中国水协会科学技术委员会组织编写)

1. 背景和目的

2016年1月15日至2016年2月2日的世纪寒潮导致南方大面积遭受雨雪冰冻灾害天气,由于缺乏足够的应对经验和有效的技术支撑,城镇给水输配系统受到了严重破坏。为提高供水企业应对雨雪冰冻灾害天气的能力,增强防范和处置工作的科学性和有效性,以建筑给水立管、水表等薄弱环节为重点研究对象,设计实验,系统研究它们的抗低温性能,为将来的防范和应对工作提供参考依据。

综合考虑南方地区的历史低温状况及本次寒潮的低温特性,本次实验设置0℃、-5℃和-10℃三种低温条件,选取具有代表性的不同种类给水管道和水表,研究分析不同条件下给水管道冻裂和水表冻损过程,寻求给水管道、水表等设备和材料在设计、制造、安装等环节的合理抗低温性能或是防寒措施,以确保供水安全。

2. 实验步骤和方法

研究过程分为以下三阶段。

(1)探索实验。

为了探索立管冻裂和水表冻损的影响因素及相应程度,根据表7-9~表7-12中列出的实验变量和种类,采用控制变量法,在冷库中进行了内衬塑镀锌管、PPR管、不锈钢管的立管低温测试和干式水表以及湿式水表的水表低温测试。见表7-9。

探索阶段的实验对象、实验变量及相应种类　　　　　　　表7-9

实验对象	实验变量	种类
立管	管材	衬塑镀锌管/PPR管/不锈钢
	管径	DN50/DN40
	长度	2m/4m
	保温棉厚度	0/25mm/40mm
	管道连接方式	单卡压/双卡压/环压/焊接
	环境温度	0℃、-5℃、-10℃
	水流状况	流动/满管静止
	受风状况	有风/无风
湿式机械表 湿式远传表 干式远传表	保温棉厚度	0/25mm/40mm
	环境温度	0℃、-5℃、-10℃、-15℃
	受风状况	有风/无风
	水流状况	流动/满管静止

(2)验证实验。

为了在探索实验的基础上进一步模拟实际状况,在这一阶段采用了可以保证恒温(-10℃、-40℃)的实验箱。在探索实验阶段中,发现管径、管长、受风情况对立管冻裂和水表冻损没有影响,当管道内水流状态为流动时,所有测试立管均未出现漏水及爆裂现象,所有水表均未出现结冰及玻璃表盘爆裂现象。因此调整了实验变量,采用控制变量法，进行了 12 组内衬塑镀锌管、12 组 PPR 管、24 组不锈钢管的立管低温测试和 12 块干式水表以及 6 块湿式水表的水表低温测试。

同时，增加了 2016 年寒潮中立管出现成片爆裂的小区拆除的旧管道（由于该区域拆除的管道中无不锈钢管道且市面上很难寻找到不锈钢旧管道，因此此次不锈钢管道不做旧管道实验），重点考察不同情况下不同管材的新旧立管内水温下降至 0℃ 的趋势及时间。

另外，本阶段的实验中还选取了：①10 块正在使用中的居民水表，这部分水表均是在寒潮前不久进行更换安装的（截至实验时已用水量在 150～250m³），且寒潮过程中并未损坏，一直正常使用；②6 块超期换表的居民水表。见表 7-10。

验证阶段的实验对象、实验变量和相应种类　　　　　　　　表 7-10

试验对象	实验变量	种类
立管	管材	衬塑镀锌管/PPR 管/不锈钢
	管径	DN40
	长度	3m
	保温棉厚度	0/25mm/40mm
	管道连接方式	单卡压/双卡压/环压/焊接
	环境温度	0℃、−5℃、−10℃
	水流状况	满管静止
湿式机械表 干式机械表 湿式远传表 干式远传表	保温棉厚度	0/25mm/40mm
	环境温度	0℃、−5℃、−10℃、−15℃
	水流状况	满管静止

（3）补充实验。

为进一步研究给水管网计量设备在低温状态下的变化，根据附表采用控制变量法，比较了不同条件下仪表计量的准确性。见表 7-11。

补充实验的实验对象、实验变量和相应种类　　　　　　　　表 7-11

实验对象	实验变量	种类
电磁水表 抗冻水表 电磁流量计	规格	DN15、DN20、DN25、DN40
	实验温度	−5℃、−10℃、−15℃
	保温棉厚度	0/25mm/40mm
	流速	2m³/h、1m³/h

3. 实验结果

（1）探索阶段。

（2）验证阶段。

这一阶段立管和水表的低温测试结果见表 7-12、表 7-13。

不同条件下不同管材的立管的低温测试结果

表 7-12

管材	管径	长度	水流	保温棉厚度(mm)	连接方式	环境温度(℃)	进水温度(℃)	立管温度(℃)	环境温度0℃实验6h	环境温度-5℃实验6h	环境温度-10℃实验6h	环境温度-15℃实验6h	实验终止时该环境温度下已测试时间	情况说明
内衬塑料镀锌管	DN40/DN50	2/4	满管	0	扣连接	-9.2	1.9	-4.4	√	√	×	×	5.75	管道弯头处爆裂，且油汀处有水渗漏
			流动	25/40		实验直至完成内水流未结冰			实验直至完成在-15℃环境温度下测试6h均未出现管道漏水及爆裂现象，将测试管道拆除后锯开管道					
PP-R管	DN40/DN50	2/4	满管	0/25/40	常规连接	实验直至完成内水流已结冰			实验直至完成在-15℃环境温度下测试6h均未出现管道漏水及爆裂现象，将测试管道拆除后锯开管道					
			流动			实验直至完成内水流未结冰			实验直至完成在-15℃环境温度下测试6h均未出现管道漏水及爆裂现象，将测试管道拆除后锯开管道					
不锈钢管	DN40/DN50	2/4	满管	0	焊接/环压	实验直至完成内水流已结冰			实验直至完成在-15℃环境温度下测试6h均未出现管道漏水及爆裂现象，将测试管道拆除后锯开管道					
					单卡压/双卡压	实验完成拆卸时发现卡压处			实验直至完成在-15℃环境温度下测试6h均未出现管道漏水及爆裂现象，出现轻微"脱涨"分离，将测试管道拆除后锯开管道内					
				25/40	单卡压/双卡压/焊接/环压	验直至完成内水流已结冰			实验直至完成在-15℃环境温度下测试6h均未出现管道漏水及爆裂现象，将测试管道拆除后锯开管道					
			流动	0/25/40	单卡压/双卡压/焊接/环压	实验直至完成内水流已结冰			实验直至完成在-15℃环境温度下测试6h均未出现管道漏水及爆裂现象，将测试管道拆除后锯开管道					

表 7-13

不同条件下不同种类的水表的低温测试结果

水表种类	水流	保温棉厚度 (mm)	环境温度 (℃)	进水温度 (℃)	立管温度 (℃)	环境温度 0℃ 实验6h	环境温度 -5℃ 实验6h	环境温度 -10℃ 实验6h	环境温度 -15℃ 实验6h	实验终止时该环境温度下已测试时间 (h)	情况说明
湿式瑞光机械表	满管	0	-5	2	-3.55	√	×	×	×	4	水表玻璃表盘爆裂
	满管	25	-10	2.5	-6.35	√	√	×	×	1.5	水表玻璃表盘爆裂
	流动	40	-12.5	1.5	-6.78	实验直至完成在-15℃环境温度下测试6h后均未出现结冰及玻璃表盘爆裂现象			√		水表玻璃表盘未爆裂，实验完成后拆卸发现表盘内已结冰
湿式华旭远传表	满管	0	-6.3	1.4	-4.87	√	×	×	×	3.5	水表玻璃表盘爆裂
	满管	25	-12.8	1.6	-6.99	√	√	×	×	3	水表玻璃表盘爆裂
	流动	40	-15	1.7	-6.91	实验直至完成在-15℃环境温度下测试6h后均未出现结冰及玻璃表盘爆裂现象			√		水表玻璃表盘未爆裂，实验完成后拆卸发现表盘内已结冰
干式华旭远传表/干式苏州远传表	满管/流动	0/25/40				实验直至完成在-15℃环境温度下测试6h后均未出现结冰及玻璃表盘爆裂现象					
	满管/流动	0/25/40				实验直至完成在-15℃环境温度下测试6h后均未出现结冰及玻璃表盘爆裂现象					

在不同条件的低温测试中，干式水表玻璃表盘均未发生破裂，湿式水表除在−5℃环境下包裹 40mm 保温棉玻璃表盘未破裂，其余所有湿式水表玻璃表盘全部发生破裂。

对所有未破裂的水表进行计量精度检测，环境温度为−5℃下包裹 40mm 保温棉的湿式表，虽然玻璃表盘未破裂，但是最小流量的误差已远远超过误差允许范围。这块水表虽然从外观看来可正常使用，但在实际使用中将会产生水表计量小于实际用水量情况。所有干式水表无论品牌，经检定计量精度都未受到影响。由于此次每块水表只进行了 24h 连续实验，并未像现实情况中经受长期的温度变化，因此干式水表在非极端恶劣低温环境下都应该可以抵抗住了考验并精确计量。

此次冷冻实验东海提供两块耐低温湿式水表和提供两块耐低温干式水表，在−5℃环境及−10℃环境下连续测试 24h，水表玻璃表盘并未发生爆裂。经检定计量精度都未受到影响。10 块在居民家中正在使用的水表计量均合格，未见寒潮对水表造成计量精度的影响。6 块超期换表的水表中有 4 块水表计量不合格，2 块水表计量高于实际用水量，2 块水表计量低于实际用水量。

（3）补充阶段。

在这一阶段，经过不同条件的低温测试，发现在−15℃、−10℃、−5℃的环境温度下，电磁流量计、电磁水表和抗冻水表即使在裸露状态下，当管道内水流速降低至 $1m^3/h$ 时进行 24h 低温测试后送检，流量计计量仍然是准确的，且不同的口径和品牌对实验结果无明显影响。

4. 实验结论

（1）立管。

从管道材质分析：PP-R 管及不锈钢管的抗冻性能优于内衬塑镀锌管。PPR 材质在物理特性上具有弹性及延展性强的优点，不锈钢管在物理特性上具有耐磨抗压的优点。建议在受冻风险较高的区域可优先使用此两类管材，同时可综合考虑现场实际需求和管道特性及成本等因素，使管道材质选择达到最优化。

从水流状态分析：144 组在流动状态下测试的立管均未出现管道漏水及爆裂现象，且将测试管道拆除并锯开后发现管道内未结冰；2 组内衬塑镀锌管漏水、爆裂及 8 组"脱胀"分离的不锈钢管均是在满管静止状态下进行测试的，且将 144 组满管静止状态下测试管道拆除并锯开后发现管道内已结冰。从此可得出，保证流动状态可大大增加立管在面对寒潮时的抗冻能力。

从爆裂或漏水位置分析：此次实验发现使用范围最广、数量最多的内衬塑镀锌钢管爆裂或漏水均发生在弯头及油拧处，因此后续在建设、安装立管以及保温设施的维护管理时，需对弯头及油拧重点部位加强安装规范。

从不锈钢管连接方式分析：此次实验发现不锈钢管出现"脱胀"分离的 8 组管道连接方式为单卡压（4 组）和双卡压（4 组），而连接方式为焊接及环压的不锈钢管均未出现"脱胀"分离。因此后续在建设及安装不锈钢管时，需根据实际情况优先选择焊接及环压这两种连接方式。

从保温棉厚度分析：2 组内衬塑镀锌管漏水、爆裂及 8 组"脱胀"分离的不锈钢管均是在裸露状态下进行测试的，同等条件加装 25mm 厚保温棉与 40mm 厚保温棉后测试并未出现上述情况，因此后续在寒潮来临前对立管进行普查时，可按照实际情况选择包裹

25mm 或 40mm 厚保温棉。

从管道降温时间分析：表面看来，内衬塑镀锌管（旧管道）对立管内水流保温效果最好，但旧管道内结垢厚度及密度情况复杂，结垢物非金属材质会对导温性产生影响。除去内衬塑镀锌管（旧管道），不锈钢管（连接方式不限制）内水温降至 0℃ 所需的时间最长。因此，不锈钢管道对立管内水温保温效果最好，连接方式几乎无影响。

包裹保温棉厚度越厚对立管内水温保温效果越好。

相同材质同一种厚度保温棉、新旧不同的立管内水温降至 0℃ 时间无明显规律。

（2）水表冰冻情况。

从水表品牌分析：不同品牌的水表之间耐低温性能无明显差异。

从水表类型分析：发生不同程度的玻璃表盘爆裂或表盘内结冰的 12 块水表均为湿式水表，24 块干式水表直至在 −15℃ 环境温度下测试结束均未出现玻璃表盘爆裂或结冰现象，因此，干式水表较湿式水表耐低温性能更优。

从水流状态分析：24 块在流动状态下测试的水表均未出现玻璃表盘爆裂或结冰现象，6 块湿式机械表和 6 块湿式远传表玻璃表盘爆裂或结冰均是在满管静止状态下进行测试的。因此，保证流动状态可大大增加水表在面对寒潮时的抗冻能力。

从保温棉厚度分析：2 块湿式机械表及 2 块湿式远传表在裸露状态下进行测试时在 −5℃ 环境温度下出现玻璃表盘爆裂或结冰现象，2 块湿式机械表及 2 块湿式远传表包裹 25mm 厚保温棉进行测试时在 −10℃ 环境温度下出现玻璃表盘爆裂或结冰现象，2 块湿式机械表及 2 块湿式远传表包裹 40mm 厚保温棉进行测试时在 −15℃ 环境温度下出现玻璃表盘爆裂或结冰现象，因此，可按照实际情况选择包裹 25mm 或 40mm 厚保温棉。

（3）从计量精度分析。

低温测试后即使外观看来可正常使用的湿式水表仍存在计量精度不准的可能。因此建议对寒潮期间受冻严重小区的未损坏湿式水表进行校验，校验后计量不合格的湿式水表进行更换。

在 −5℃、−10℃、−15℃ 的环境温度下电磁水表和抗冻水表即使在裸露状态下，管道内水流速降低至 $1m^3/h$ 时进行 24h 低温测试后，计量仍然是准确的。

7.2.18　小榄西区社区 DMA 分区漏损控制

案例来源：广东中山小榄水务

1. 项目背景

西区社区用水户约有 5300 户，由于供水管道服务时间较长（超过 30 年），故管道暗漏严重。

该区域为环状管网，分别有祥龙路 DN300 和太乐路 DN400 两个进水口。

管网分布见图 7-32。

2. 漏损控制手段

2021 年 10 月中旬安排查漏组对整个西区进行一次全面的巡检，利用夜间进行专项查漏。查漏手段主要是通过听声棒普查和对下水道、污水井检查。半个月累计查出漏水点 26 处，其中通过检查下水道、污水井发现 4 处，并在同时对查出的漏水点全部修复。

2021 年 11 月开始对在线水表进行更换，截至 2021 年 2 月底，共更换 3188 块水表，

图 7-32 管网分布

累计完成 60% 的水表更换。数据统计见图 7-33。

时间	总表行度 (m³)				供水量(m³)	抄收量(m³)	产销差量	产销差率
	太乐路（表号：125523）行止	当月用水量	祥龙路（表号：152086）行止	当月用水量				
2021年5月	67399		95774				0	
2021年6月	200625	133226	291728	195954	329180	265233	63947	19.43%
2021年7月	343690	143065	488024	196296	339361	221069	118292	34.86%
2021年8月	479738	136048	695821	207797	343845	226220	117625	34.21%
2021年9月	609553	129815	888949	193128	322934	193128	129815	40.20%
2021年10月	733513	123960	1072275	183326	307286	205395	101891	33.16%
2021年11月	833897	100384	1241091	168816	269200	187948	81252	30.18%
2021年12月	939776	105879	1414564	173473	279352	214486	64866	23.22%
2022年1月	1033011	93235	1567438	152874	246109	194979	51130	20.78%
2022年2月	1105965	72954	1699345	131907	204861	153865	50996	24.89%

图 7-33 数据统计

3. 漏损控制效果

从 2021 年 10 月主动介入漏损控制以后，产销差率得到明显的下降，下降最明显是当年 11～12 月，刚好是修复好查出漏水点之后的时间。

从夜间流量曲线可以看出，2021 年 11 月中旬夜间最小流量降到了 140m³/h 左右，比前期高点 204m³/h 下降了 60m³/h，每月减少漏水量 4 万 m³ 左右，和降低的产销差量基本吻合。夜间最小流量见图 7-34。

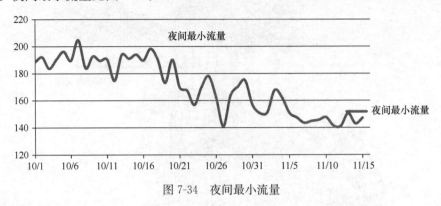

图 7-34　夜间最小流量

4. 后续计划

（1）按半年周期继续对该分区管网进行查漏。

（2）完成剩余的在线水表更换。

（3）继续划小管区的 DMA 分区。

7.2.19　小榄水厂滤池——清水池连通管漏水修复加固

案例来源：广东中山小榄水务

1. 事件背景

连接 B 厂清水池及集水井的 DN2000 管道自投运以来一直存在因地下土质结构使地势下陷导致管道拉裂漏水的问题，不但厂内水损逐渐上升，当清水池水位较低或 B 厂供水机组停运时候，管外泥水会反渗进清水管内，影响出厂水浊度。因此，每年冬季停产约 10d 进行大维修，如：把拉裂处修补、在管内添加支撑柱等。

2. 过程概述

为彻底解决该问题，制定以下施工方案：①挖出管道附近一带的泥土，查看地下其他管道及电线的布局情况，定出钻桩位置；②抽低清水池水位及排空连通管内的清水，安排维修员进入管内查看焊接位置是否存在裂缝，若有漏水情况立刻进行维修；③委托第三方工程公司使用双管高压旋喷桩机在连通管两边打入直径 500mm 的水泥喷桩至管中下 13m 深的夹沙层，旋喷桩的特点是利用打入短直径桩在上升时旋转喷水泥浆至地下几乎所有夹缝，大大提升管道下土质结构的稳固性。施工设计图见图 7-35。

3. 借鉴意义

地势下陷导致 DN2000 连通管连续多年漏了修，修了漏，其根本原因管道口径较大，充满水后载荷较重，设计时应打桩处理地基，再加上不断修漏开挖地基更加松软，因此，为彻底解决该问题，使用双管高压旋喷桩大大提升管道下土质结构的稳固性。这种修复模式在大口径管道修复中具有借鉴意义。见图 7-36。

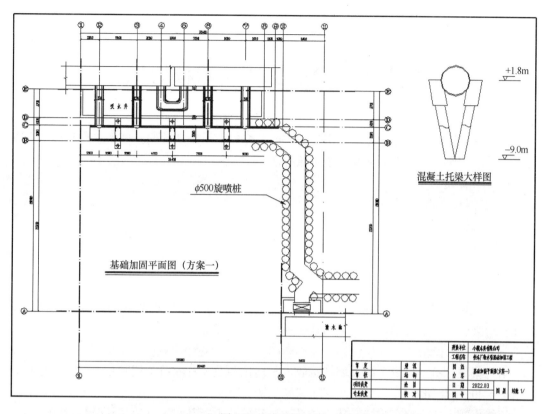

图 7-35 施工设计图

图 7-36 DN2000 管道内部变形漏水焊接加固

附件 1 检漏工岗位考核办法

为进一步贯彻"按劳分配,效率优先"的分配原则,调动检漏人员的工作积极性和责任心,提高工作效率和质量,制订本考核办法。

1. 工作职责

2.1 漏水检测。

2.2 漏水修复。

2.3 数据记录和报告。

2.4 管网维护。

2. 考核办法

2.1 根据检漏工完成检漏工作量向其计发报酬。每月工资性收入为当月工资报酬和其他奖惩之和,上不封顶,保底为当地企业最低工资标准。

2.2 报酬计算:

当月报酬=检漏报酬+漏损率挂钩收入+岗位系数×月效益工资基数×(月度考核分数/100-1)±奖扣款

年终报酬=年底留存工资+年岗位系数×年效益工资基数×(年考核分数/100-1)

检漏报酬=暗漏点检测收入+其他检漏收入

2.2.1 暗漏点检测收入:以所巡检管网暗漏(即地表无水迹象)点的漏量作为计算收入的依据。按月统计当月所检漏点水量,计算其报酬。计算公式如下:

暗漏点检测收入=漏水量×单价

其中,漏水量按漏点现场检测,每一漏点漏水量至少测量 3 次,取测量平均值作为计算检漏报酬的漏水量。暗漏点检测收入按检漏水量进行计价,计酬标准如下:

漏水量(L/s)	报酬(元)	漏水量(L/s)	报酬(元)	漏水量(L/s)	报酬(元)
6.000	2875	1.110	708	0.476	373
5.000	2530	1.000	652	0.454	361
4.000	2070	0.900	597	0.434	351
3.330	1760	0.830	559	0.416	340
2.850	1553	0.760	523	0.400	334
2.500	1380	0.710	497	0.384	324
2.220	1265	0.660	468	0.370	316
2.000	1162	0.620	450	0.357	311
1.810	1070	0.588	432	0.344	305
1.660	997	0.555	414	0.333	299
1.420	875	0.526	400		
1.250	783	0.500	385		

注:每一漏点的漏水量最大按 6L/s 计,<0.333L/s 为最小漏水量,最小漏水量 DN80 以下按每处 172.5 元计,DN100~DN300 按每处 230 元计,DN400 及处上按每处 287.5 元计。同一管道上两漏点 1m 内按 1 处漏点算,超过 1m 按实际数算(消火栓橡皮碗漏水按 57.5 元/处,阀门压口、水表表头子漏按 10 元/处,阀门井、水表井内、立管、明管可见漏水按明漏 20 元/处计酬)。

2.2.2　漏损率挂钩收入：与公司月度漏损率挂钩，公司月度漏损率≤5.5％时，漏损率挂钩收入为1500元，代理制职工为750元；公司月度漏损率＞5.5％，该项收入为零；月漏损率挂钩收入基数作为全年检漏收入的一个组成部分，在年终收入中一次性减除。

2.2.3　其他检漏收入：

2.2.3.1　在无人报告前提下发现明漏的，按23元/处计酬；发现无表用水的，奖励172.5元/处。发现水表故障，以重装新表后的当月准确计量与该户前三月平均水量之差为计酬漏失水量。

2.2.3.2　公司安排的集体户、小用户表内检漏，检出漏点的按115元计酬，由于客观原因没有检出漏点的，按57.5元计酬；单位用户表内检漏，检出漏点按172.5元计酬，由于客观原因没有检出漏点的，按115元计酬。

2.2.3.3　留口明漏按每处23元计，地表无水、肉眼不可见按115元计酬。公司安排的明漏定点按每点57.5元计酬，漏点实际位置距地面冒水点位置在6m以上，按每点172.5元计酬，漏点实际位置距地面冒水点位置在10m以上且地下管线较复杂的，检出的漏点按实际漏量的50％计酬。

2.2.3.4　分公司提供单元考核表内漏水信息的，检出漏点按最小流量计酬。

2.2.3.5　公司安排的非本公司供水区域内检漏，按150元/（日·人）计酬。

2.2.4　每月按岗效薪级工资预发，月效益工资＝（当月计件工资总额—预发岗位工资）/2，月效益工资发放一般最高不超过3500元，结余部分以后月份发放，年终统算。每月计件工资少于预发工资的，可在次月扣除。

2.2.5　检漏人员应按规定缴纳属于个人应缴的各类社会保险费、公积金、医疗保险费等（从每月收入中扣除），公司按劳动部门规定为其缴纳各类规费。

2.2.6　扣奖：

2.2.6.1　漏点定位超过管线方向前后各1m、左右各0.5m范围，管径≥DN400的每处扣200元，管径＜DN400的每处扣100元。

2.2.6.2　因定点失误造成管线损坏的，管径≥DN400的每处扣500元，管径＜DN400的每处扣250元，后果特别严重的另行处理。

2.2.6.3　对于用户表内的漏点应及时在规定时间内安排检漏。未经公司同意，不得从事非公司供水区域内的检漏和用户内部检漏，否则每发现一次扣500元，并按违反厂纪厂规论处。

2.2.6.4　未按公司计划线路实施检漏或未接受临时性检漏任务的每次扣100元。

3　考核程序

3.1　每月的检漏周期为一个考核周期。

3.2　服务公司检漏部每月根据检漏人员的检漏数量、质量和有关事项进行考核，经检漏人员认可后，由服务公司综合部核算报酬，统一造册，经服务公司检漏部、经理室复核确认，公司办公室审核，报公司分管经理审批。

4　其他规定

4.1　检漏收入认定与结算：某分公司检出的漏水量由供水服务公司指定人员和检漏负责人及某分公司相关人员共同主持认定并签证，其他分公司管辖的管网应通知该公司负责人派人到场签证。上述签证须经调度中心人员现场校核审定。一处漏量超过6L/s的，应由分公司负责人到场，并报公司分管经理；由多人参与的检漏，检漏收入应按贡献大小计算分配，一般情况下，主要检测者得 60％，协助者得 40％。

4.2 根据实际情况，1、2、12 月份检漏报酬为原来定额报酬的 1.1～2.0 倍，报酬调整时间和调整系数根据办公室通知执行。

4.3 年漏失水量奖罚与检漏工平时月检漏收入、平时工作表现及年终职工评定结果等挂钩。

4.4 检漏工应妥善保管、使用检漏仪器，不得外借，造成遗失或因违规操作损坏的，根据折旧后的价值或修理费用进行赔偿。

附件 2 《城镇供水管网漏水探测收费标准》（2023）

行业协会计价参考依据

中国测绘学会地下管线专业委员会

2023 年 11 月

《城镇供水管网漏水探测收费标准》
编制单位和人员

主编单位：中国测绘学会地下管线专业委员会
广州番禺职业技术学院

参编单位：保定金迪地下管线探测工程有限公司
深圳市厚德检测技术有限公司
深圳市工勘岩土集团有限公司
北京博宇智图信息技术有限公司
天津精仪精测科技有限公司
厦门之源公司工程有限公司
云南勘正管线探测有限公司
深圳博铭维智能科技有限公司
上海誉帆环境科技股份有限公司
广州迪升探测工程技术有限公司
厦门海迈科技股份有限公司
大连沃泰克国际贸易有限公司
上海汇晟管线技术工程有限公司
厦门市政水务集团有限公司
深圳拓安信物联股份有限公司
北京市自来水集团有限责任公司
北京市自来水集团禹通市政工程有限公司
上海浦东威立雅自来水有限公司
武汉市水务集团有限公司
广州市自来水有限公司
哈尔滨供水集团有限责任公司
乌鲁木齐水业集团有限公司
兰州城市供水集团有限公司

参编人员：朱艳峰　王和平　黄　琛　廖静云　何　鑫
佟景男　陈德明　刘会忠　许　晋　陈　璜
忻盛沛　余海忠　陈　鸿　沈　涛　封　皓
黄志昌　李　彪　代　毅　张琼洁　黄进超
张　泓　陈　粤　李庆富　李　智　黄志昌
詹益鸿　齐轶昆　郑　鹏　秦　静　田　若
谭　俊　曹积宏　赵东升　田　红

1 说　　明

一、为使城镇供水管网漏水探测收费经济合理，符合市场供求规律，促进行业健康发展，为供水管网漏水探测供需双方合理计算漏水探测费用提供依据，制定本标准。

二、本收费标准属于行业协会的指导价格，供行业协会会员单位参考使用，适用于国内城镇、居住小区、学校、工业园区等供水管网漏水常规探测作业项目，非常规作业项目（管道内检测、气体检测、卫星探漏等）费用另计。

三、编制依据：

1.《城镇供水管网漏损控制及评定标准》CJJ 92—2016

2.《城镇供水管网漏水探测技术规程》CJJ 159—2011

3.《工程勘察设计收费标准》（2002）

4.《测绘生产成本费用定额计算细则》（2009）

5.《测绘生产成本费用定额》（2009）

四、本收费标准所指的漏水探测工作范围包括《城镇供水管网漏水探测技术规程》CJJ 159—2011 规定的探测准备、探测作业、成果检验和成果报告等。

五、本收费标准的计费项目按探测类型分为明漏点探测、暗漏点探测及应急探测。其中明漏点探测按漏水点数量进行计费，暗漏点探测包含漏水点数量、漏水量、管道长度三种计费方式；应急探测以 200km 为界按实际工作日计费。

六、本收费标准按 3 人/班组测算，配置管线探测仪、听声杆、听漏仪、相关仪、发电机、钻探棒、电钻及运输车等常规漏水探测所用设备。

七、本收费标准定义的漏水探测费的计算方法：

$$漏水探测费＝探测量×单价×附加调整系数$$

◆ 探测量按计费方式的不同分为漏水点数量、漏水量、管道长度、工作时间等，在使用时具体采用何种计费方式应根据实际情况在合同中约定；

◆ 单价，即本收费标准规定的完成每单位的价格。

八、本收费标准的单价是按照产销差率（城市/地区/片区）大于 25% 的工作难度和探测效率制定的，当产销差率≤25% 时，按下表的附加调正系数进行调整。

产销差率 R_{nrw}	$R_{nrw}{\leqslant}10\%$	$10\%{<}R_{nrw}$ ${\leqslant}12\%$	$12\%{<}R_{nrw}$ ${\leqslant}15\%$	$15\%{<}R_{nrw}$ ${\leqslant}20\%$	$20\%{<}R_{nrw}$ ${\leqslant}25\%$	$25\%{<}R_{nrw}$
附加调整系数	2.5	2	1.5	1.2	1.1	1

注：1. 表中"R_{nrw}"为供水管网所在城市/地区/片区上一自然年产销差率；

2. 产销差率＝（供水量－售水量）/供水量。

九、高海拔地区、寒冷地区供水管网漏水探测增加费，应按国家及地区相关部门颁布的规定执行。

十、本收费标准的解释、补充、修改、勘误等管理工作，由中国测绘学会地下管线专业委员会负责。

2 城镇供水管网漏水探测收费标准

单价表

编号	探测类型	计费方式	适用范围	使用方法	收费标准		
					规格	单价	单价单位
1-1	明漏点探测	按漏水点个数	适用于可直接目视确定的漏水点	1. 探测量：查出明漏水点数量，以"个"为单位计算； 2. 探测费用＝明漏水点数量×单价	个	130	元/个
2-1	暗漏点探测	按漏水点个数	适用于按照探测出的漏水点个数计费的情况	1. 探测量：区分漏水点所在管径，以"个"为单位计算； 2. 探测费用＝∑探测量×对应管径单价	DN≤75	1100	元/个
2-2					75＜DN≤200	3000	元/个
2-3					200＜DN≤400	5300	元/个
2-4					400＜DN≤600	7500	元/个
2-5					600＜DN≤800	10800	元/个
2-6					800＜DN≤1000	16200	元/个
2-7					DN＞1000	19100	元/个
3-1	暗漏点探测	按漏水量	适用于无DMA的情况	1. 探测量：按照漏水点每小时漏水量，以"m³/h"为单位计算； 2. 探测量的统计方法：视现场具体情况可采用：计时称量法①、计量差计算法②和经验公式计算法③等； 3. 探测费用＝探测量×24h×45d④×单价	无DMA	1.245	元/m³/h
3-2			适用于有DMA的情况	1. 探测量：漏水点探测前后夜间最小流量差值，以"m³/h"为单位计算； 2. 探测量的统计方法：Q1⑤－Q2⑥； 3. 探测费用＝探测量×24h×45d×单价	有DMA	1.121	元/m³/h

续表

编号	探测类型	计费方式	适用范围	使用方法	收费标准		
					规格	单价	单价单位
4-1	暗漏点探测	按长度计费	适用于可能存在暗漏点的小区建筑红线内管网周期性探漏	1. 探测量：区分管道总长度，以"次"为单位计算； 2. 探测费用＝探测量×单价。	$L<100m$	1500	元/次
4-2					$100m<L\leqslant1000m$	3000	
4-3					$1000m<L$	3000＋1500元/增加500m	
4-4			适用于可能存在暗漏点的市政管网周期性探漏	1. 探测量：按照管道总长度，以"km"为单位计算； 2. 探测费用＝公里数×单价。	5km 以下市政道路	4320	元/km
4-5					5～30km市政道路	3600	
4-6					30km 以上市政道路	2400	
5-1	应急探漏	按天计费	适用于可能存在暗漏点的，已大致确认漏水点范围，需协助定位确认漏水点的情况	1. 探测量：区分现场至公司的距离，以"工作日"为单位计算；工作日按 8h 工作制计算，4h 以内按半个工作日计算，4h 以上 8h 以内按一个工作日计算； 2. 探测量的统计方法： 　工作日数＝往返时间＋现场时间 3. 探测费用＝工作日数×单价	按天（200km 以内）	6000	元/工作日
5-2					按天（200～600km）	11500	

注：① 计时称量法：漏点开挖后，在正常供水压力下，用接水容器或挖坑等方式接收从漏水点流出的管道漏水，同时用秒表等进行计时。计算出单位时间内的漏水量，即可得到漏点的漏水量数据。

② 计量差计算法：对一个单位，可根据漏点修复前后水表最小流量之差计算漏水量；对一个城市，可根据测漏前出厂总最小瞬时流量与全部漏点修复后的总最小瞬时流量差计算漏水量。

③ 经验公式计算法：根据漏点面积和漏水压力按下式计算漏水量：

$$Q_L = C_1 \cdot C_2 \cdot A \cdot \sqrt{2gH}$$

式中：Q_L——漏点流量（m³/s）；

C_1——覆土对漏水出流影响，折算为修正系数，根据管径大小取值：DN15～DN50 取 0.96，DN75～DN300 取 0.95，DN300 以上取 0.94。在实际工作过程中，一般取 $C_1=1$；

C_2——流量系数（取 0.6）；

A——漏水孔面积（m²），一般采用模型计取漏水孔的周长，折算为孔口面积，在不具备条件时，可凭经验进行目测；

H——孔口压力（m），一般应进行实测，不具备条件时可取管网平均控制压力；

g——重力加速度，取 9.8m/s²。

④ d：天数

⑤ Q_1：被委托方检漏前，该 DMA 小区的夜间最小流量值，单位为 m³/h。

⑥ Q_2：被委托方巡查完毕，确认无漏并且上报漏水点全部修复后，该 DMA 小区修漏结束后 5d 内夜间平均最小流量的平均值，单位为 m³/h。

3 术语和符号

3.1 术 语

3.1.1 城镇供水管网 water supply pipe nets in cities and towns
城镇辖区内的各种地下供水管道及其管件和管道设备。

3.1.2 供水管网漏水探测 leak detection of water supply pipes nets
运用适当的仪器设备和技术方法，通过研究漏水声波特征、管道供水压力或流量变化、管道周围介质物性条件变化以及管道破损状况等，确定管道漏水点的过程。

3.1.3 漏水点 leak point
经证实的供水管道泄漏处。

3.1.4 明漏点 visible leak
可直接目视确定的地下供水管道漏水点。

3.1.5 暗漏点 invisible leak
掩埋于地下、需要借助一定的手段和方法才可能确定的供水管道漏水点。

3.1.6 产销差率 non-revenue water rate
供水企业供水量、售水量差额与供水量之比。

3.2 符 号

3.2.1 R_{nrw}——产销差率。